天然气长输管道投产技术

全恺　编著

中国石化出版社

内 容 提 要

　　本书针对长距离天然气管道投产问题，分析了各种天然气长输管道各种投产工艺的优缺点和适应性；介绍了投产前的检查、氮气置换、天然气置换、管道升压、试供气等投产过程中的关键技术；探讨了管道投产氮气置换的注氮设施、注氮位置、注氮量、注氮温度、注氮速度及氮气封存范围等技术参数的确定方法；分析了投产过程中的风险和 HSE 管理要求。

　　本书可作为相关从业人员和专业技术人员的培训和学习参考资料，也可作为油气储运专业本专科生和研究生的学习教材。

图书在版编目(CIP)数据

天然气长输管道投产技术 / 全恺编著. —北京：
中国石化出版社，2017.8
ISBN 978-7-5114-4646-6

Ⅰ.①天… Ⅱ.①全… Ⅲ.①天然气输送–长输管道–
运行 Ⅳ.①TE983.8

中国版本图书馆 CIP 数据核字(2017)第 202529 号

中国石化出版社出版发行
地址:北京市朝阳区吉市口路 9 号
邮编:100020　电话:(010)59964500
发行部电话:(010)59964526
http://www.sinopec-press.com
E-mail:press@sinopec.com
北京富泰印刷有限责任公司印刷
全国各地新华书店经销

＊

787×1092 毫米 16 开本 14.25 印张 362 千字
2017 年 8 月第 1 版　2017 年 8 月第 1 次印刷
定价:50.00 元

前　言

天然气作为相对清洁、优质的化石能源，顺应了低碳发展的潮流，其应用市场在世界尤其是在中国得到了快速的发展。我国天然气资源主要集中在中西部地区，而消费市场却主要集中在东南沿海地区，需大力发展天然气管道建设，实现天然气分配与消费合理均衡发展。伴随着国内外大气田的勘探开发不断取得重大突破，西气东输管道、川气东送管道、中亚天然气管道等一系列大型天然气管道工程的建设投产，天然气利用必将迎来新的发展机遇。

新建天然气管道必须投产合格后方能投入运营，而安全、经济、环保地投产是管道公司面临的一个重要课题。尽管国内管道相继有涩宁兰管道、陕京管道、西气东输管道、川气东送管道、中亚天然气管道等多条天然气管道投产，在理论和实践方面进行了有益的尝试，形成了部分行业、企业标准规范与施工作业规程，但对天然气管道投产技术系统理论研究仍然比较匮乏。

气体置换是输气管道工程建设投产中一道重要的工序。置换时，天然气与空气之间用氮气隔离，从而排出管道中的空气，引入输送的天然气，防止天然气与空气的混合，形成爆炸性混合物。但由于气体流动状态受众多因素影响，无法绝对保证天然气和空气不接触。一方面，天然气可能与空气混合形成爆炸性气体；另一方面，在管道施工过程中，石块、焊渣、铁锈等杂物有可能被遗留在管道内，在气流的冲击下，这些杂物与管壁相撞可能产生火花，引爆可燃气体，从而引发事故。在环境问题日益突出的今天，氮气置换过程中还应考虑如何合理地节约氮气用量、减少混气量的排放，从而提高天然气管道投产的安全性、经济性，并减少环境污染。

本书结合川气东送管道的投产经验，介绍了投产前的检查、氮气置换、天然气置换、管道升压、试供气等投产过程中的关键技术；探讨了管道投产氮气置换的注氮设施、注氮位置、注氮量、注氮温度、注氮速度及氮气封存范围等技术参数的确定方法；分析了大口径、高压力长输天然气管道采用无清管器用氮气"气推气"投产工艺的混气规律，"先站场、后线路"置换顺序的优点；通过对天然气长输管道投产风险的识别确定防治措施和 HSE 管理要求，并提出了相应的应急预案；总结了天然气长输管道各种投产工艺的优缺点和适应性。最后围绕川气东送对管道的投产过程进行了详细的分析。

本书由中石化川气东送天然气管道有限公司全恺编著，西南石油大学黄坤教授审稿。

在编写过程中得到中石化川气东送天然气管道有限公司、西南石油大学和相关天然气管道运行单位的大力支持，提供了大量珍贵资料，在此一并表示感谢。

本书参考和引用了许多中外文文献和企业有关操作规程，对本书参考文献中提及或没提及的论文(著)作者们表示衷心的感谢。由于作者学识和水平有限，书中疏漏、欠妥之处在所难免，恳请读者批评指正。

编著者

目　录

第一章 绪 论

第一节 天然气长输管道概况

一、我国输气管道发展概况

中国是最早使用管道输送天然气的国家之一，1963年四川巴渝输气管道的建成，拉开了中国天然气管道工程发展的序幕。截至2015年年底，全国干线管道总长度已达到64000km，一次输气能力约为$2800 \times 10^8 m^3/a$，天然气主干管网已覆盖了除西藏外的全部省份。其中，2015年新建成的管道长度约为3500km，已建成投产的管道主要包括沈哈线长春-沈阳段、青岛LNG外输管线、长宁-威远页岩气外输管线等国家级干线管道和甬台温宁海分输站站北段、中缅天然气管线昆明支线、西二线广南支干线广西段贵港至玉林支线、江津-纳溪输气管道等省级干线管道。省级天然气管线长度达到了2898km，占已建成投产管线总长度的82.8%。

2016年全国新建天然气管道约为2883km。新建成天然气管道主要包括西气东输三线东段(吉安-福州)天然气管道，如东-海门-崇明岛输气管道，海南LNG外输管道，江津-纳溪输气管道，山西神池-五台、碛口-白文、临汾-长治煤层气管道工程，广东省管网韶关支干线潼关-华县输气管道，兰州-定西输气管道，鄯善输气管道，四平-白山天然气管道，贵州六枝-水城天然气支线，陕京四线宝坻-香河-西集联络线，港清三线霸州至永清段管道，金坛-溧阳输气管道，北外环集输气管道第三期工程(龙岗-渡口河段)等工程。

根据"十三五"规划并结合2016年已建成的管道情况，2017~2020年需要新建的管道包括：规划建设跨境跨区干线管道中亚天然气管道D线、西气东输三线中段、西气东输四线和五线、陕京四线、中俄东线、中俄西线西段、川气东送二线、新疆煤制气外输、鄂安沧煤制气外输、蒙西煤制气外输、青岛-南京、青藏天然气管道等，新建区域联络的中卫-靖边、濮阳-保定、东先坡-燕山、武清-通州、建平-赤峰、海口-徐闻等跨省管道，同时建设长江中游城市群供气支线。规划新建神木-安平煤层气输气管道，鼓励建设煤层气田与陕京线、榆济线、西气东输、鄂安沧管道等国家天然气输气干线的联络输气管道。在四川盆地等页岩气主产区，积极实施页岩气外输管道建设。在"十三五"期间，新建天然气主干及配套管道达到40000km，预计2020年总里程将增加到104000km，干线输气能力超过$4000 \times 10^8 m^3/a$；地下储气库累计形成工作气量$148 \times 10^8 m^3$。

中俄天然气管道、西气东输三线、西气东输四线、西气东输五线西段、陕京四线、新疆煤制气外输管道、鄂尔多斯煤制气外输管道、沿海大动脉、川渝鄂湘天然气管道等重点管道的建设，更是将四大进口通道与东部市场、产气区与市场、产气区与地下储气库、长输管道与LNG接收站、市场与LNG接收站连接，进一步完善全国主干管道一张网，使孤立管网与全国管网联通，实现全国除西藏外所有省份的管道连接。

1. 中国近几年来建成投产的管道

中缅天然气管道起于缅甸皎漂,途径四省邦,经南坎进入中国瑞丽(云南省西部),管径 1016mm,长度 793km,年设计输量 120×10⁸m³。管道于 2010 年 6 月开始建设,2013 年 5 月底完工并具备投产条件,2013 年 7 月 15 日进气开始试运行。

中俄东线天然气管道工程(黑河-长岭段)包括干线和长岭-长春支线,全长 923km,管径 1422mm,设计压力 12MPa,设计输气量 380×10⁸m³/a,起点为黑河首站,终点为长岭分输站,线路沿线自北向南依次经过黑龙江省的黑河市的爱辉区、孙吴县、五大连池市、克东县、拜泉县、明水县、青冈县、安达市、肇东县、肇州县、肇源县以及吉林省的前郭尔罗斯蒙古自治县;长岭-长春支线长度为 115km,管径为 1016mm,设计压力为 10MPa,设计输量 110×10⁸m³/a,起点为长岭分输站,终点为哈沈线长春分输站,途经吉林省的前郭尔罗斯蒙古自治县、长岭县、农安县和德惠市。2014 年 5 月 21 日,中俄两国签署中俄东线天然气合作项目备忘录及供气购销合同。根据协定,从 2018 年起,俄罗斯将通过中俄东线向中国供气,输气量逐年增长,最终达到每年 380×10⁸m³,累计 30 年。

西气东输三线将中亚天然气和新疆煤制天然气输往沿线中西部、长三角和东南沿海地区,对进一步构建完善中国西北能源战略通道和天然气骨干管网。该工程包括 1 条干线、5 条支干线、3 座储气库和 1 座 LNG 接收站,其中干线起自新疆霍尔果斯,途经新疆、甘肃、宁夏、陕西、河南、湖北、湖南、江西、福建、广东等 10 个省、自治区,干线总长约 5200km,管径 1219mm/1016mm,设计压力 12MPa/10MPa,西段最大输气能力为 300×10⁸m³/a;5 条支干线分别为连接伊宁地区煤制气的伊宁-霍尔果斯支干线、向广东省供气的闽粤支干线、向湖南省南部地区供气的株州-郴州支干线、向福建省北区地区供气的福州-宁德支干线以及与陕京天然气管道系统相连接的中卫-靖边支干线,总长度约 1650km;3 座储气库分别为云应储气库、平顶山储气库和淮安储气库,总设计工作气量约 30×10⁸m³;1 座 LNG 接收站为福州 LNG 接收站,设计接受规模为 300×10⁴t/a。西气东输三线西段和东段于 2012 年 10 月开工建设,2014 年 8 月 25 日西段全线贯通,2016 年 12 月 12 日东段建成通气。2016 年 8 月 15 日,西气东输三线中卫-靖边联络线工程开工建设,计划于 2017 年 10 月与陕京四线同步建成投产。管道起自宁夏中卫市中卫联络压气站,途经宁夏吴忠和陕西榆林,止于陕西靖边县靖边联络站,全长约 377km,设计输量为 300×10⁸m³/a。

陕京四线输气管道为配合国家发布《大气污染防治行动计划》,逐步消除京津冀地区重污染天气,所设立的国家重点工程。该工程包括 1 条干线和高丽营-西沙屯、马坊-香河、宝坻-香河-西集联络线 3 条支线;于 2016 年 8 月全面开工建设,本次开工工程包括 1 条干线和 1 条支线,总长约 1114km。干线管道起自陕西省靖边首站,途经内蒙古、河北,止于北京市高丽营末站,设计输量 250×10⁸m³/a,沿线设置 9 座站场(其中 5 座压气站)。这项工程将联络中俄东线与唐山 LNG 多通道联合供应北京市场,进一步改善首都供气格局,提高供气网络化水平,增强供气可靠性和灵活性,并满足 2019 年北京世界园艺博览会、2022 年北京-张家口冬奥会等重大活动对清洁能源的需求。另外,与陕京四线配套的宝坻-香河-西集联络线工程于 2016 年 11 月 29 日提前建成、进气投产,为京津冀地区天然气安全平稳供应提供了新的通道保障,有助于提升陕京管道系统调气可靠性和灵活性。我国已建成的主要管道的参数见表 1-1。

表 1-1　我国已建成的主要管道的参数

管道名称	管径/mm	长度/km	设计压力/MPa	输气能力/(10^8 m³/a)
陕京一线	660	910	6.3	30
涩宁兰线	660	931	6.4	34
西气东输	1016	4832	10	120
忠武线	711	760	6.4	30
陕京二线	1016	935	10	120
冀宁线	1016/711	1494	10	90
淮武线	610	475	6.3	15
蓝银线	610	401	10	35
永唐秦线	1016	320	10	90
榆济线	711/1016	1045	8	30
陕京三线	1016	920	10	150
秦沈线	1016	406	10	80
西气东输二线	1219	8704	12/10	300
中贵线	1016	1900	10	150
西气东输三线	1219/1016	7378	12/10	300
陕京四线	1219/1016	1114	12/10	250

2. 我国天然气管道的发展趋势

我国未来将重点建设中俄天然气管道东线、新疆煤制气管道、鄂安沧煤制气管道、中海油煤制气管道、西气东输四线、西气东输五线等为主的主干管网，LNG 外输管道、地区联络线为主的联络管道，全面建成全国性一张网，实现国产气与进口气、常规气与非常规气、管道气与 LNG 等间的不同属地、不同气源联通。完善四大进口通道，全面实现"西气东输、北气南下、海气登陆、就近供应"的供应格局。地下储气库与 LNG 调峰互补，实现多气源、多储气库与市场连接。建成华北、东北、长三角、川渝、中南等区域性管网。

二、中国大型输气管道的发展方向

2015 年我国天然气表观消费量达到 931×10^8 m³，"十二五"期间年均增长 12.4%，累计消费量约 8300×10^8 m³，是"十一五"消费量的 2 倍，天然气在一次能源消费中的比重从 2010 年的 4.4% 提高到 5.9%。2016 年，天然气产量为 1371×10^8 m³，同比增长 1.5%；天然气进口量为 721×10^8 m³，同比增长 17.4%；天然气消费量 2058×10^8 m³，同比增长 6.6%。预计 2020 年国内天然气综合保供能力将达到 3600×10^8 m³ 以上，需配套建设大量主干线、支干线、支线天然气管道。根据我国天然气管道现状，结合美国等天然气管网发达国家的成熟经验，预测我国天然气管网发展将呈现以下特点。

1. 管径进一步增大、压力进一步提高、钢级进一步提升

在过去 10 年，天然气管道行业发展较快，从陕京一线、涩宁兰管道管径 660mm、压力 6.3MPa，到西气东输一线、陕京二线、三线的管径 1016mm、压力 10MPa，再到西气东输三线管径 1219mm、压力 12MPa，管径逐步增加，设计压力逐步提高。俄罗斯、伊朗等天然气大国已经建设了 1422mm 的输气管道，我国也将在西气东输五线西段采用管径 1422mm、12MPa 的管道，输气能力可达 420×10^8 m³/a。

随着管径的增大和压力的提高，在相同管道钢级条件下，单位管道长度耗钢量将快速增

加。在管线的口径和压力确定后，钢级每提高一个等级，可以减少用钢量约 10%。为节约钢材和降低制管难度，提升管道钢级将是发展趋势。我国已获得了 X100 和 X120 的初步研究成果，宝鸡钢管宝世顺螺旋工厂已成功试制出国内第一根 X100 钢级、直径 1422mm 螺旋埋弧焊管，华油钢管有限公司已成功研制出 X120 钢级直径 1422mm 螺旋缝埋弧焊管，待技术成熟后可大批量生产应用。

2. 天然气进口渠道进一步拓宽

2006 年 8 月，中国海油第一船 LNG 抵达广东 LNG 接收站，标志着我国海上天然气进口通道已经开通。目前我国已建成福建 LNG、上海 LNG、江苏 LNG、大连 LNG、唐山 LNG，未来 10 年还将建成深圳 LNG、中国石油福建 LNG、威海 LNG、台州 LNG、揭阳 LNG 等接收站，届时海上 LNG 进口能力将超过 3000×10^4 t/a。

中亚天然气管道 A、B、C 已分别于 2009 年 12 月、2010 年 5 月和 2014 年 5 月建成投产，中缅天然气管道亦于 2013 年 7 月建成投运，我国开通了西北和西南陆上天然气进口通道。目前，中亚 D 线和中俄天然气东线已经启动前期工作。各条进口天然气管道建成之后，陆上天然气进口通道能力将达 1300×10^8 m³/a。

随着中俄签署《中俄东线天然气合作项目备忘录》和《中俄东线供气购销合同》，我国第四条进口通道——东北进口通道得到了初步实现。目前已建成供气三大战略进口通道，东部沿海 LNG 进口通道、西南中缅管道天然气进口通道以及西北中亚管道天然气进口通道。"十三五"期间西北战略通道重点建设西气东输三线（中段）、四线、五线，做好中亚 D 线。东北战略通道重点建设中俄东线天然气管道。西南战略通道重点建设中缅天然气管道向云南、贵州、广西四川等地供气支线。海上进口通道重点加快 LNG 接收站配套管网建设。

3. 天然气管道合资建设

随着我国天然气管道的进一步发展，在管道建设技术水平提高的同时，企业与地方关系协调难度逐步加大，合资建设天然气管道将是未来的发展趋势。目前，山东天然气管网建设采用了中国石油和地方政府合资建设模式；在西气东输三线管道建设过程中，中国石油引入了地方政府控制的投资者和其他所有制投资者。管道沿线政府和民企在管道建设中将发挥其灵活性、积极性、主动性等特点，这样不仅能够解决部分资金，又能顺利办理地方关系，还能在管道运行后起到良好的看护作用。

4. 支线管道快速发展，更多省份成立省天然气管网公司

2011 年 5 月 Pipeline Emergency 公布的数字显示，在美国天然气输配管网中，支线总长度是干线长度的 6~7 倍。"十二五"期间我国大部分省份将实现天然气管道"市市通"，"十三五"期间将实现天然气管道"县县通"，部分东部沿海省份将实现天然气管道"村村通"。随着我国干线、支干线天然气管网的进一步完善，为提高省内天然气调运的灵活性，更多省份将成立省管网公司。目前，广东、浙江、山西、山东等省份已成立天然气省管网公司，实现省内天然气一张网的经营模式。

5. 门站价格统一化、终端价格市场化

2011 年 12 月 26 日起，在广东和广西地区进行天然气价格机制改革的试点，"两广"地区将采用与国际接轨的"市场净回值"方法取代现行的"成本加成"法，以上海的燃油料和 LPG（液化石油气）的价格作参考，结合管道运输和其他费用进行综合定价。国家将根据两广地区的试验情况，适时推广门站价格"一省一价"定价机制。另外，随着我国天然气行业的快速发展，天然气销售业务也将由目前的区域内垄断经营向着"自由竞争"的趋势发展，天

然气终端销售价格将逐步市场化。

为逐步理顺天然气价格，保障天然气市场供应、促进节能减排，提高资源利用效率，2013年6月28日国家发改委出台《关于调整天然气价格的通知》，其思路主要是区分存量气和增量气，增量气价格一步调整到与燃料油、液化石油气（权重分别为60%和40%）等可替代能源保持合理比价的水平；存量气价格分步调整，力争"十二五"末调整到位。

通知中指出自2013年7月10日起在全国（除福建、西藏外）范围内实行省门站"一省一价"，增量气与存量气价格并存，其中增量气价格一步调整到2012年下半年以来可替代能源价格85%的水平，存量气价格逐步调整（增量气比存量气高$0.86\sim0.88$元/m^3），此门站价格为政府指导价，实行最高上限价格管理，供需双方可在国家规定的最高上限价格范围内协商确定具体价格。

2014年8月12日国家发改委又出台《关于调整非居民用存量天然气价格的通知》，此次价格调整的思路主要是非居民用气存量气最高门站价格每立方米提高0.4元，居民生活用气、学校教学和学生生活用气、养老福利机构用气等（不包括集中供热用气）门站价格不做调整。进一步落实放开进口液化天然气（LNG）气源价格和页岩气、煤层气、煤制气出厂价格政策。如果上述气源与国产陆上气、进口管道气一起运输和销售，供气企业可与下游用户单独签订购销和运输合同，气源和出厂价格由市场决定。这次天然气定价调整方案出台后，正面影响是资源引进速度明显加快，天然气供应能力显著增强，资源配置趋于合理；负面影响是天然气对外依存度明显增高，下游受价格调整影响，需求也开始出现下滑。

2014年11月国务院出台《能源发展战略行动计划（2014~2020年）》，指出将推进石油、天然气、电力等领域价格改革，有序放开竞争性环节价格，天然气进口价格及销售价格、上网电价和销售电价由市场形成，输配电价和油气管输价格由政府定价。

通过参考电力领域价格改革，2014年11月4日国家发改委发布《关于深圳市开展输配电价改革试点的通知》，确定深圳市开展输配电价改革试点，将现行电网企业依靠买电、卖电获取购销差价收入的盈利模式，改为对电网企业实行总收入监管。政府将以电网有效资产为基础，核定准许成本和准许收益，固定电网的总收入，并公布独立的输配电价。此次在深圳开展输配电价改革试点，将是新一轮全面输配电价改革的前奏，也是对电网企业监管方式转变、电改提速的重要信号。

2015年2月国家发改委出台《关于理顺非居民用天然气价格的通知》，指出自2015年4月1日起，非居民用存量气和增量气门站价格实现并轨，实现了理顺非居民用气价格的目标，同时试点放开直供用户用气价格。增量气最高门站价格每千立方米降低440元，存量气最高门站价格每千立方米提高40元。

2015年11月18日，国家发改委发出通知，要降低非居民用天然气门站价格，并进一步提高天然气价格市场化程度。通知指出，自2015年11月20日起，将非居民用气最高门站价格每千立方米降低700元，由现行最高门站价格管理改为基准门站价格管理，降低后的门站价格作为基准门站价格，供需双方可在上浮20%、下浮不限的范围内协商确定具体门站价格。

"十三五"期间，天然气价格领域的市场化改革将继续推进，市场在天然气价格形成中的作用将进一步增强。

价格方案的不断调整有利于优化能源结构，促进环境保护；有利于促进天然气资源开发和引进，保障能源供应安全；有利于引导天然气合理消费，促进资源节约利用。

6. 关键设备国产化

我国干线天然气管道所使用的压缩机组和大型球阀等关键设备初期均为进口，价格高且售后服务难。

为了打破垄断，提高我国重大装备国产化能力，保障国家能源安全，2009 年国家能源局确定了以西气东输二线工程建设项目为依托，把 20MW 级高速直联变频电驱压缩机组国产化试制作为我国天然气长输管道场站关键设备重大科技专项之一，并按照国能科技 [2009]243 号《国家能源局关于长输管道关键设备国产化工作安排的函》的有关要求，进行国产电驱离心压缩机的研制。最终于 2013 年 8 月实现了在西气东输二线高陵压气站 4 台 20MW 级高速直联变频电驱压缩机组成功投产并平稳运行，于 2014 年 12 月 8 日圆满完成 20MW 级高速直联变频调速电驱压缩机组新产品暨工业性应用鉴定。经现场工业性应用考核，主要技术指标均达到了国外同类产品的先进水平，部分指标居国际领先水平，这标志着我国长输管道压缩机组的国产化。随后沈阳鼓风机集团股份有限公司为国内中国石油、中国石化长输天然气管道提供了 53 套机组。2015 年陕西鼓风机集团有限公司也在长输管道压缩机国产化上迈出关键一步，为陕西省燃气集团提供 3 台燃驱离心机组，于 2016 年 1 月完成了现场测试，经实际运行主要技术指标达到了国外同类产品的先进水平，2017 年 4 月中国机械工业联合会对该机组进行了鉴定。同时高压大口径全焊接球阀已通过出厂鉴定。待技术成熟后，它们将在新建干线天然气管道中推广应用，这不仅节省投资，方便售后维护，也将推动关键设备国产化进程并带动国内其他行业的发展。

三、长距离输气管道的组成及特点

管道输送是天然气的主要输送的方式之一，从油气田井口到最终用户，经井场集气、净化、管道、压气站、配气站以及调压计量等，形成了一个统一的密闭的输气系统。输气管道一般按其输送距离和经营方式及输送目的可分为三类：一是属于油气田内部管理的矿场输气管道，通常被称为矿场集气管线；二是隶属于某管道公司的干线输气管线，通常被称为长距离输气管线；三是由原城市煤气公司或其他燃气公司投资建设并经营管理的城市输气管道，通常被称为城市输气管网。

一条长距离输气管道一般由干线输气管段、首站、压气站(也叫增压站)、中间气体接收站、中间气体分输站、末站、清管站、干线截断阀室、线路上各种障碍(水域、铁路、地址障碍等)的穿越段等部分组成。实际上，一条输气管道的结构和流程取决于这条管道的具体情况，它不一定包括所有这些部分。首站、末站、中间气体接收站及中间气体分输站一般都具有气体计量和调压功能，国外通常将这样的输气站统称为计量调压站(简称 M+R 站)。

通信系统与仪表自动化系统是构成管道运行 SCADA 系统的基础，其功能是针对管道运行过程进行实时监测、控制和运行操作，从而保证管道安全、可靠、高效、经济地运行。

长距离输气管道首站的主要功能是对进入管线的天然气进行分离、调压和计量，同时还具有气质检测控制和发送清管球的功能。如果输气管道从起点开始就需要加压输送，则需要在首站设压缩机组，此时首站也是一个压气站。在某些特殊情况下，一条输气管道上的第一个压气站可能不是首站，例如陕京线的第一个压气站(榆林压气站)就设在离管线起点 100km 处。

中间气体接收站的主要功能是收集管道沿线的支线或气源的来气，而中间分输站的主要功能是向管道沿线的支线或用户供气。一般在中间接收站或分输站均设有天然气调压和计量

6

装置，某些接收站或分输站同时也是压气站。

压气站的主要功能是给气体增压，从而维持所要求的输气流量。压气站的输气设备及其工艺流程相对而言比较复杂。

清管站的主要功能是发送、接收清管器。因为清管作业是间歇进行的，所以为了便于清管站的操作和管理，通常将其与其他站合建在一起，例如压气站一般都设有清管装置，但是有时也有单独建清管站的情况。清管的目的是定期清除管道中的杂物，例如水、液态烃、机械杂质和铁锈等，以维持管道安全、高效地运行。由于一次清管作业时间和清管推进速度的限制，两个清管站之间的距离不能太长，一般在 100~150km 左右。除了有清管器收发功能外，清管站还设有分离器和排污装置。

如果输气管道末站直接向城市输配气管网供气，则也可以称之为城市门站。末站具有分离、调压、计量的功能，有时还兼有为城市供气系统配气的功能。

为了使长距离输气管道能够适应城市配气系统用量随时间的波动，输气干线有时与地下储气库或地面储配站相连。地下储气库通常都设有配套的压气站，当用气低谷时利用该压气站将干线中多余的天然气注入地下储气空间，而当用气高峰期时利用压气站抽出库内的天然气并将其注入输气干线中。由于地下储气空间可能会使储存的天然气受到污染，必须对地下抽出来的天然气进行净化处理后才能将其注入输气干线。

干线截断阀室是为了及时进行事故抢修、防止事故扩大而设置的。我国的国家标准《输气管道工程设计规范》(GB 50251—2015)对于线截断阀室的间距有明确的规定：在任何情况下，其最大间距不能超过32km。对于管道的穿越段，还应在其两端设置干线截断阀。截断阀可采用自动或手动阀门，并且应该和干管相同直径。

长距离输气管道是连接天然气集输系统和城市门站(或配气站)的纽带，将经处理过的洁净的天然气送往城市。与集输管线和城市配气管网相比，其具有输送距离长(从几百千米到几千千米)、管径大(一般在 400mm 以上，最大可以达到 1420mm)、压力高(操作压力在 4.0~12.0MPa)的特点，而且和其他输送方式相比或其他例如油品等长距离输送管道相比，长距离输送天然气管道还具有以下特点：

① 这是一个复杂的动力系统，运送量大，管道绝大部分埋设于地下，占地少，受地形地物及恶劣气候的影响小，能够连续运行，再加上运送介质本身就是很好的动力源，可以靠消耗自身克服摩擦阻力将天然气运送到达目的地。所以是目前最有效、规模最大的运输系统，甚至是大量输送天然气的唯一有效办法。

② 从采气、净化、长输到城市供气各个环节，形成了一个密闭系统，上下游之间紧密相连而又相互制约，一方面便于管理和易于实现远程集中监控，另一方面又存在着矿场天然气生产的相对稳定与城市用户用气的不均衡性之间的矛盾，作为中间环节的长输管道，要解决好这一矛盾，其设计和运行管理要比矿场和城市输气管道以及原油管道更加复杂。

③ 市场经济决定要建设一条长输天然气管道，要考虑一条管道为几家油气田服务，天然气的用户也要照顾沿线途径的城市、城镇和地区，以求取得最大的经济效益和良好的社会效益。由于中间有数个进气点和分气点的存在，再考虑中间进气量、分气量的波动性和不均衡性，对确定线路走向、管道设计和运行管理要求更高。

④ 同油田类似，气田的开发和开采也存在近期和远期的问题，近期产量少而地层压力高，远期产量多而地层压力低。和输油管道不同的是，在输气管道投产期间，可以在首站不设压气站，而充分利用地层压力进行输送，对于远期提高输送量而地层压力低是增设压气

站还是建设复线或采用其他方案，在管道建设时要通过严格的技术经济论证，确定最优建设方案。

⑤ 不同于油品或普通工业用品，天然气输送管道虽然输送的也是燃料，但是它最主要的是负担着向某一个城市或某些城市和地区的居民供气，涉及国计民生和千家万户，甚至是社会稳定的问题，一旦中断，将影响所涉及的这些城市和地区的人民的正常生活秩序和工业生产，因此必须保证安全、连续、可靠地供气。

⑥ 天然气长输管道输送压力高，介质易燃易爆，这和输油管道的安全性质完全不同，输气管道的损伤有可能引发爆裂或撕裂，这种事故会给周围居民和环境带来巨大影响，而且难以短期修复。因此要求在管材的选用上要更加地慎重，管材质量的把关要更加的严格，尤其在管道施工全过程中，注意防止管子装卸碰伤和损坏绝缘层等。在焊接过程中防止产生裂纹，要更加细致地施工。在各方面要建立完善的输气管道质量保证（QA）体系。

⑦ 长输管道要求与之配套的通信、道路交通、水电供给等附属设备，在以电动机为原动机的压气站，电力供应必须保证万无一失，有线和无线通信系统也是必不可少的设备之一，是全线生产调度指挥的重要工具。随着天然气工业的迅猛发展，跨国、跨省、跨地区的天然气输送管道正在建设或即将建设，这就要求如通信卫星、微波技术以及局域网和广域网等这些更先进更完善的技术，应用到天然气长输管道的通信调度指挥系统和生产自动化的详细传输系统中来，确保管道连续、可靠和高效运行。

第二节 国内外长输管道投产技术发展现状

一、国内长输管道投产技术现状

经过 40 年来的努力，尤其是经过近 20 年来较大规模输气管道的建设，中国天然气管道建设的技术水平有了很大的提高。

华北油田向北京供气的第二条输气管线（陕京二线）采用的置换方案是用氮气作为隔离介质进行置换通球。通过该管线置换方案，对比了三种传统置换方法，得出了以下结论：

① 双清管器隔离置换方案只能保证清理掉管内施工遗留杂物，但在置换的过程中，天然气容易通过清管器与管壁的缝隙泄漏至清管器前与空气混合，形成具有高爆炸风险的混气气体，如遇火花则可能发生爆炸等恶性事故；

② 双清管器间充加液体，液体难免会少量地留在管内，液体的沉积将对管道的保护层产生腐蚀破坏，增大管道腐蚀开裂的可能；

③ 双清管器间加氮气的置换方法可有效地将天然气与空气隔离，在防止生成爆炸性气体的同时避免了液体的沉积。从该管线投产过程监测数据来看，两个清管器在距发球筒的范围内相遇，这说明氮气通过清管器缝隙扩散到了清管器的另一端，形成了混气段，消耗了所有注入的氮气，但由于推送压力的存在，氮气只能通过第一个清管器泄漏到空气段，形成氮气与空气的混合物，这样也起到了有效隔离天然气与空气的作用。

氮气置换的原则是分段置换，氮气置换合格标准：长输管线内混合气体中的氮气体积百分比大于 98%（氧气体积含量<2%），并且连续三次对各放散口取样都低于此值时，置换合格。管线全线氮气置换合格后，应使管线内氮气压力保持微正压，当压力达到 0.08MPa 时停止注氮。

根据济南-齐鲁天然气管线投产要求和实际施工环境，对两种天然气管线整体的干燥、置换方案进行了比较。由于甲醇+氮气的干燥、置换工艺具有干燥效果好、应用不受外界环境气温与湿度等因素影响的优点而被采用。依靠甲醇干燥管线，采用氮气置换空气、天然气置换氮气的方法，通过在四个清管器之间分别注入一定量氮气、甲醇、氮气和天然气，组合成"四球三车箱"的方式，实现管线一次性干燥与置换。同时介绍了该工艺在管线干燥与置换过程中的具体实施情况，给出了甲醇实际注入量的计算方法，为其他天然气管线的整体干燥与置换提供了借鉴。

涩宁兰输气管线涩北-西宁段和西宁-兰州段分别采用加隔离清管器和不加隔离清管器的两种置换工艺方案进行比较分析，传统的加隔离清管器置换工艺存在混气量大、隔离清管器损耗大等问题，尤其是在高程变化大的山区地段和管线的多弯头、变径处隔离清管器易被卡住，适用范围较窄；而不加隔离器的"气推气"置换投产方案却具有混气量小，安全可靠，操作简便的特点，具有一定的推广应用前景。

涩宁兰天然气管线氮气置换时采用不同方案的实施结果，得出了不加隔离清管器方案的可行性，并对检测数据进行了定性分析，不加隔离器方法置换效率高；不加隔离器方法费用低；不加隔离器方法安全可靠。提出了一种大口径长距离天然气管线氮气置换方案，采用不加隔离清管器的方案是可行的。

西气东输靖边-上海输气管道段投产置换方案中设计对置换顺序的制定、隔离球的选用、注氮温度、注氮量的确定及天然气推进速度等问题进行了分析探讨，提出了清管段先干线、后支干线、边线路、边站场的置换次序，不加隔离球，5m/s 的置换速度以及注氮量测算等是合适可行的，指出了解决置换过程存在的诸多问题的方法。

为确保置换过程的安全性，对置换过程中气体的混合规律进行研究。根据二元体系气体紊流扩散原理，在实验室内构建了天然气管道投产置换过程的模拟实验系统。利用该实验系统，分别对不同流速、不同背压下管道内气体的扩散过程进行模拟试验，获得了置换过程中受流速和背压影响的天然气与氮气、氮气与空气的扩散规律，为管道投产置换合理确定氮气用量提供了理论依据。

天然气管道氮气置换工艺参数的确定及控制方法是要根据气体状态方程及相关推导和计算，导出注氮温度、注氮压力、注氮量、注氮施工时间以及氮气和天然气的推进速度等参数的定量计算式，分析这些参数的最优值。结果表明：通过预计算天然气管道氮气置换工艺参数及确定其控制方法，可以提高管道的运行效率及安全性。

长输天然气管道的置换投产一直是采用现场的检测仪器加以控制，而目前普遍使用的"气推气"方式在投产过程中缺乏理论依据。根据流体连续性方程、运动方程、能量方程动力学三大方程，结合气体间扩散方程提出"气推气"投产混气规律的一维数学模型，采用差分方程进行求解，编制计算程序计算混气规律。以西气东输西段为目标管道进行计算，其结果与实际相吻合，可以应用于工程分析。该模型也可以为其他长输天然气管道的投产提供理论支撑以及技术支持。

以一维对流扩散方程为基础讨论氮气置换模型中 3 种范宁摩擦系数对混气规律的影响，分析一维模型中各种范宁摩擦系数适用的条件，同时对氮气置换过程的二维混气模型进行讨论，并对两种模型的适用条件进行比较。得出天然气管道投产氮气置换混气规律。

二、国外长输管道投产技术的现状

国外管道专家和企业对投产技术相当重视，进行了大量的研究和实践。国外对置换过程中对流扩散系数的研究大多是通过实验进行的，实验研究对象均为细长管内示踪质对流扩散。

1. 层流轴向对流扩散系数

G. I. Taylor 最早研究了管流中示踪质对流扩散，采用高锰酸钾水溶液作为示踪剂，探讨了直径为 0.5~1mm，长 1520mm 的圆管中流动，轴向浓度分布通过色度计测量。但是忽略了轴向扩散，只考虑了径向扩散。Taylor 得到了层流轴向扩散系数计算公式：

$$D = r^2 u_0^2 / 48 D_m \tag{1-1}$$

式中 D——层流扩散系数，m/s；

r——管道半径，m；

u_0——平均流速，m/s；

D_m——分子扩散系数，m^2/s。

Aris 在 Taylor 实验的基础上改进了 Taylor 的方法，考虑了轴向扩散的影响，得到层流轴向扩散系数公式：

$$D = D_m + r^2 u_0^2 / 48 D_m \tag{1-2}$$

Evans 扩大了研究的范围，分析了管径为 6.35mm，管长为 17.290m 的管内气流。在压力为 101325Pa 和 445800Pa 下，先后采用了几个混合系统(N_2-C_2H_4，Ar-H_2，N_2-SF_6，H_2-SF_6，He-SF_6 和 Ar-SF_6)进行实验，导热析气计测量轴向浓度分布。气体流速变化范围为 1.00~16.00cm/s，实验结果和分析解吻合得很好。得到轴向扩散系数和低气速下分子扩散系数的关系如上式所示。

2. 湍流轴向对流扩散系数

G. I. Taylor 用一条内径 9.52mm，长 16.5m 的直管，对盐水在水中的湍流扩散进行实验研究。通过下游溶液导电率反映盐水浓度，获得管道湍流扩散系数公式：

$$k = 10.1 r u^* \tag{1-3}$$

式中 k——对流扩散系数，m^2/s；

r——圆管内径，m；

u^*——壁面摩擦速度，m/s，$u^* = \sqrt{\dfrac{\tau_w}{\rho}}$。

三、国内外天然气管道投产技术对比

1. 国外直接采用天然气推空气进行置换

国外大部分管道都采用"气推气"，这种方法又分为两种方案：一种置换方法采用惰性气体作为隔离介质；另一种置换方法则是直接采用天然气气推空气，此法被广泛应用于许多大型管道。美国 TUSCARORA 管道和 ALLIANCE 管道都是采用天然气推空气进行置换的。在现实过程中，置换时，置换的气体一般来说都选择氮气。一般采用"气推球"和"气推气"两种方式。"气推球"法，即加隔离球进行置换：

在天然气管道内放进去一组清管器，每个清管器的中间都使其充满氮气，通过在最后一个清管器的后面通入天然气，从而推动氮气置换，使得整个管道内都充满天然气，将空气置换。

"气推气"法，即充氮置换法：该方法直接将氮气充入天然气管道，等到管道内的氮气形成一个氮气柱后，开始通入天然气，此时天然气与氮气直接接触。

而在我国由于管道产业发展较晚，技术发展相对落后，在采用技术时通常采取保守的方案，天然气直接置换空气存在较大的危险性，我国基本没有采用天然气直接置换空气的案例。我国建设的管道相对国外而言，更讲究安全性，但是存在一定程度的浪费。

2. 国内早期投产管道采用加隔离器的置换工艺

在国内较早投用的天然气长输管道中，如长宁管道、陕京管道、鄂乌管道等天然气长输管道，都采用了惰性气体隔离天然气与管道内空气，且为了减少天然气与惰性气体、惰性气体与空气的混气长度，大多数都采用了两个隔离器置换工艺。在国外几乎没有采用隔离清管器的案例，因为没有采用隔离清管器混气段的长度反而比采用隔离清管器的混气段的长度短，由于在国外更讲究经济效益，所以有时候会采取比较冒险的方案。

3. 国内外对输气管道氮气置换的研究方向不同

目前国外主要是以传质理论为基础来进行输气管道氮气置换的研究，通过实验研究得出对流扩散系数，实验研究对象均为细长管内示踪质对流扩散。国内对输气管道投产氮气置换的研究大多是以经验性的施工总结为基础，缺乏一套系统的科学指导理论。因此目前一般只是对施工实践置换方案的选择和讨论，以及对施工步骤的总结，都是经验性的总结和讨论，置换过程存在盲目性，造成了人力以及物力的浪费。

4. "气推气"方案在国内外广泛采用

通过对各种置换模型在已投的国内外输气管道中的应用分析，总结国内忠武线、湿宁兰等输气管道投产经验，加清管器置换的模型并未达到减少混气量的同时并且起到隔离气体的目的，特别是在那些高程起伏不定、内径变化大、弯头多的管段，清管器易被卡住、磨损，存在明显的窜漏气现象，直接影响管道置换工期和置换效果。国内最近投产的潘宁兰复线、西气东输二线、忠武线、安济线等天然气长输管道，均采用了不加隔离器天然气推氮气推空气置换工艺。

5. 国内外普遍存在相同的问题

国内对输气管道投产氮气置换的研究大多是以经验性的施工总结为基础，对置换过程的工艺参数的选择主要靠现场经验积累，缺乏对管线置换过程中影响混气长度各个因素的研究，因此缺乏理论指导。

第三节　天然气长输管道投产技术概述

一、天然气管道投产的目的

新建天然气管道必须投产合格后方能投入运营，而安全、经济、环保地投产是各管道公司面临的一个重要问题。天然气管道建成后不可避免管内会有杂质和空气，或者管体存在缺陷，投产的最终目的就是要排除管内的杂质，发现可能对运营造成威胁的缺陷或隐患，为天然气的注入和输送提供安全的渠道。

气体置换是输气管道工程建设投产中一道重要的工作程序。置换时，天然气与空气之间用氮气隔离，从而排出管道中的空气，引入输送的天然气，防止天然气与空气的混合，形成爆炸性混合物。但由于气体流动状态受众多因素影响，难以绝对保证天然气和空气不接触。一方面，天然气可能与空气混合形成爆炸性气体，另一方面在管道施工过程中，石块、焊渣、铁锈等杂物有可能被遗留在管道内，在气流的冲击下，这些杂物与管壁相撞可能产生火花，引爆可燃气体，从而引发事故。当然，投产过程中还有一项重大隐患是检测人员氮气窒息。另外，在环境问题日益突出的今天，投产过程中的氮气置换还应考虑如何合理节约氮气用量、减少混气量的排放，从而提高管道投产的安全性、经济性，并减少环境污染。

二、术语及定义

Q/SY GDJ 0356—2012 与 Q/SY GD 0208.2—2012 等标准和规范对相关术语进行了定义。

试运投产指新建及改扩建管道机械完工后，开始介入直至交付正常生产前的输送介质的工作阶段。

氮气置换指用氮气稀释、更换管道或站场管网系统中的气体，以使易燃介质在其中的含量低于其爆炸极限下限的操作过程。

天然气置换指用天然气将管道系统内的氮气进行置换的过程。

三、天然气管道投产的工作范畴

一般地，新建天然气管道投产运行流程为：管段初步清管→管段试压→管段初步除水→管段深度除水→连头→站间清管深度除水→站间测径→干燥段干燥→氮气置换→投产运行。

可简单归纳为五大步骤：测径清管、试压、除水干燥、三查四定及中交验收、置换及注气升压投产。

1. 测径清管

新建管道完成管道焊接及验收、管道下沟与回填后，在管道清扫时发送测径清管器，测量管径变形情况。发送清管器扫除管道前期施工中留下的杂物。

2. 试压

对站内管道和站间管道分别进行试压。我国输气管道工程设计规范中规定，输气管道试压分为强度试验和整体严密性试验。强度试验时，位于三、四级地区（按照 GB50251 相关规定）及输气站内的管道应采用水试压，一、二级地区的管道可以采用气体或水试压。严密性试验在强度试验合格后进行，可以用水或气体做试验介质。

3. 除水干燥

除水干燥试压结束后，进行管道排水、扫线，在压缩空气的推动下发送清管器，排除管道中的水，并用泡沫清管器擦除管道中的残水，然后对站间、站内管道进行干燥。

4. 三查四定及中交验收

"三查四定"是石油化工行业在项目中交前要经历的一个过程，"三查"主要指"查设计漏项、查工程质量及隐患、查未完工程量"，"四定"指对检查出来的问题，"定任务、定人员、定时间、定措施"限期完成。

新建成的管道经过吹扫、强度、严密性试压及干燥合格，由施工、设计、运行部门共同进行检查、验收合格后，进入投产试运阶段。

5. 置换及注气升压投产

在天然气管道投产中，一般情况下先在管道内注入一定量的氮气置换空气，再注入天然气置换氮气。置换完成后，通过从上游气源注入天然气给管道逐步升压，同时检测管道连接部位的严密性和设备的承压能力，达到对管道进行严密性试验和强度试验的目的。

步骤 1~4 均为投产前工艺，步骤 5 为投产关键步骤。

四、相关标准和规范

遵循的主要法规和标准规范如下：

GB 17820—2012《天然气》

GB 50251—2015《输气管道工程设计规范》

SY 4203—2016《石油天然气建设工程施工质量验收规范站内工艺管道工程》

SY 4207—2016《石油天然气建设工程施工质量验收规范管道穿跨越工程》

SY 4208—2016《石油天然气建设工程施工质量验收规范输油输气管道线路工程》

SY/T 0043—2006《油气田地面管线和设备涂色规范》

GB 50369—2014《油气长输管道工程施工及验收规范》

QSY GDJ 0356—2012《天然气管道试运投产技术规范》

SY/T 5922—2012《天然气管道运行规范》

第二章 天然气长输管道投产前工艺

第一节 投产试运必备条件与准备

一、必备条件

天然气长输管道线路穿跨越工程、输气管道站内工艺管道工程和输气管道干线阴极保护需分别根据《石油天然气建设工程施工质量验收规范管道穿跨越工程》SY 4207—2016、《石油天然气建设工程施工质量验收规范站内工艺管道工程》SY 4203—2016、《石油天然气建设工程施工质量验收规范输油输气管道线路工程》SY 4208—2016 的规定进行验收。

天然气长输管道全线必须根据《油气长输管道工程施工及验收规范》GB 50396—2014 的相关规定分别进行试压、清管和干燥，并按照《石油天然气建设工程施工质量验收规范输油输气管道线路工程》SY/T 4208—2014 评价合格后方可进行投产。

管道工程经质量初评合格后进行三查四定及中间交接，对管道工程遗留的问题进行整改、验收，满足投产的要求。同时对不参与投产的工艺管道和设备等临时工程进行有效的隔离。为了安全起见，投产前应组织投产条件检查及安全专项检查，确认已符合投产条件方可组织投产。

由此可见，投产前的工艺主要包括：天然气长输管道的试压、清管和干燥。

二、生产准备

1. 组织准备

（1）应根据设计要求和工程建设进展情况，适时组建各级生产管理机构。

（2）投产前应成立由建设、运行、设计、施工及供气、用气等单位组成的投产试运领导机构，确定现场调度指挥者，统一组织、协调全线的投产试运工作。

（3）管道生产运行管理单位应针对管道投产具体实施，在投产试运领导机构的领导下，成立现场投产组织机构，明确投产组织界面、具体职责及人员分工，做好现场投产指挥协调工作。

2. 人员准备

（1）管道生产运行管理单位各岗位人员应适时配齐到位，并根据管道投产试运特点及投产试运需要组织培训和取证，持证上岗率应达到100%，特殊工种操作人员应取得相关部门颁发的操作证书。

（2）由项目部、施工单位、设备供应商人员、管道生产运行管理单位组成的试运投产保驾抢维修队伍人员应在投产前全部到位。

3. 技术准备

① 技术准备主要包括建立各项管理制度、编制管道投产试运方案、各项操作规程、相应的生产技术资料及技术培训。

② 投产前半年应建立健全生产经营组织管理体系、职责、管理制度。

③ 投产前应完成投产试运方案、各项操作规程的编制，并经审查批准。

④ 建设单位应不晚于中间交接前，将阀门、流量计、通信与自控设施设备等各种生产设施的出厂说明书、检验报告、操作维护手册等资料转交给管道生产运行管理单位。

⑤ 投产前应对各级投产试运人员进行专业技术培训，使各级管理人员、技术人员和操作人员熟悉掌握工艺、设备、仪表（含计算机）、安全、环保等方面的技术，使投产试运人员掌握各种装置的生产和维护技术，确保所有参与投产试运人员满足装置顺利投产和长周期安全运行的需要。

4. 物资准备

① 应根据投产需要，做好投产所需的各种物资采购与供应工作，并及时配备到位。

② 应做好随机的备品备件、工器具交接验收及储存、配发，各类设备、物资备品配件的分类、台账、建卡、上架工作，做到账物相符，严格执行保管和发放制度。

5. 资金准备

应提前落实投产所需的各类资金。

6. 营销准备

投产前应与供气、用气单位签订完成输供气销售合同和计量交接协议，并建立输气计划执行机制和生产调度协调机制。

7. 外部条件准备

① 工程中间交接前与外部单位签订供水、供电、通信、供气等协议，并按照投产试运方案要求，落实开通时间、使用数量、技术参数等。

② 工程中间交接前应落实消防、压力容器注册和验收；投产试运前应落实安全、环保、工业卫生等试运投产报告备案，办理必要的审批手续，做到合理、合规、合法投产试运。

③ 投产试运前应落实消防、医疗、试运保驾、应急抢险等队伍。

④ 投产试运前应确定管道沿线没有违法占压，没有遗留的重大工农关系问题。

⑤ 投产试运前应编制完成管道路由图、应急预案和投产告知书，报送管道沿线地方政府相关部门，召开沿线地市管道投产协调会，取得当地政府的支持，并广泛开展对沿线居民的管道保护宣传教育活动。

第二节　天然气长输管道试压

管道试压是管道施工中的一道重要工序，它包括管段划分、试压介质的选择、试验压力的确定等环节，是对管材和焊接质量的综合检验，也是保证管道长期安全运行的重要因素。

一、试压的目的

输气管道在建成后必须经过强度试压和严密性试压方可投产。管道强度试压的目的，一是验证管道的整体强度，检验其能否承受以后运行的压力；二是为提高管道输量、增加管道输送能力提供试验依据。管道试压过程能够暴露和消除管道中的缺陷，从而保证管道安全的运行，管道试压的强度越高，能够暴露出的管道缺陷越多，暴露出来的缺陷尺寸也越小。

二、试压的要求

试压分为强度试压和严密性试压，试压会涉及管道所处地区等级的划分、试压介质的选择、试压压力的确定和选择、试压时间、合格标准、设备仪表要求以及安全措施等诸多内容。

我国标准规定严密性试压试验必须在强度试压合格后方可进行；严密性试验可以分段进行，也可以在全线贯通后进行。

1. 地区等级划分

天然气管道地区等级就是基于人口密度和人类活动等因素定出的地理区域分类。我国天然气管道按设计标准关于管道地区等级划分见表 2-1。

地区的划分不是一成不变的，随着管道沿线经济社会的发展变迁，地区等级划分会发生变化。GB 50215 规定，当一个地区的发展足以改变该地区的现有等级时，应按发展规划重新划分地区等级。

表 2-1　地区等级划分

等　级	划　分　标　准
一级地区	供人居住的建筑物内的户数在 15 户或以下的地区
二级地区	供人居住的建筑物内的户数在 15 户以上，100 户以下的地区
三级地区	供人居住的建筑物内的户数在 100 户以上的地区，包括市郊区居住区、商业区、工业区、发展区以及不够四级地区条件的人口稠密区
四级地区	指四层或四层以上楼房（不计地下室数）普遍集中，交通频繁，地下设施较多的区段

2. 按管段划分

天然气长输管道按照其组分划分为管道线路、穿越段、跨越段、输气站场、管件和工艺设备（包括压力泄放装置）不同特殊管段的试压要求是不一样的。

3. 按管道具体情况划分

可划分为新建管道、运行管道、经改变用途而来的管道、重新启用的管道以及经重新修补、更换后的在役管道。

三、试压介质

管道强度试压介质通常分为压缩空气和水两种，管道试压方案及介质的确定与管道设计压力、管径、用管强度、管材的韧性及焊接质量有关，同时与管道沿线地形条件、供水条件、施工单位的试压设备配置有关系，特别是试压方式选择对今后的管道运行可能造成的影响等因素有关。因此，试压方案及介质的确定应该综合分析各输气管道及各试压段管道的具体情况，从试压安全保证、经济性、可行性、对管道运行的影响等方面全面进行考虑。

1. 水压试压

采用水进行管道分段强度试压，在管道存在缺陷而在试压中出现泄漏或破裂时，由于水具有不可压缩的特性，管道内试压介质的减压速度大于管道的开裂扩展速度，因此不会造成管道的大段破裂和严重的次生灾害。故水压试验是目前进行管道强度试压的首选方式。

世界各国大都采用水进行强度试压，除了安全的因素以外，一个很重要的原因是采用水进行强度试压时，可以将试验压力提高到使所用管材的环向应力达到其屈服强度的 100% ~ 105%，其目的有两个：一是最大限度地在试压过程中消除钢管的残余应力、暴露管材的缺

16

陷。研究表明，试验压力达到管材屈服强度以上时，钢管的残余应力大为消除、管材缺陷的暴露几率大为增加，可以提高管道在运行过程中的可靠性；但是管道的试验压力加大后，会使管材可能存在的微裂纹扩展而在试压中无法暴露但对管道的长期安全运行造成负面的影响；二是可以充分验证管道的能力，为管道今后可能的升压运行作准备。当然，管道强度试验压力的提高与钢管的制管质量和工厂试验压力的要求都有关系。水压试验尽管有安全可靠等众多好处，但是对不同工程建设的各种复杂内部、外部条件而言，必然存在其适用的条件和不足。

2. 空气试压

采用压缩空气进行分段强度试压，在管道存在缺陷而在试压中出现泄漏或破裂时，由于管道内试压介质的减压速度小于管道的开裂扩展速度，在管道止裂韧性不能满足止裂要求时会造成管道的大段破裂和严重的次生灾害。因此在输气管道的设计和制管标准上均有针对管材止裂韧性的特殊要求，同时对空气试压的做法均较为谨慎。然而空气强度试压在水源匮乏、寒冷、山区等地段确是一种适用的试压方式，同时具有经济、清管干燥方便、对管道运营有利等优势。故在国内外的设计和施工验收标准中都允许对一、二级地区的管道进行气试压(对三、四级地区，出于对人口稠密地区的特殊安全考虑，一般不推荐采用空气试压；同时高等级地区管道一般较短、地形平坦、水源容易解决，具备进行水试压的条件)。出于对安全的考虑，国内外输气管道都提出了管材止裂韧性的要求，由于空气试验压力大于管道的工作压力等因素，空气试压需要对管材止裂韧性进行复核，以确保管道试压的安全和减少管道可能存在的缺陷而造成的损失。

3. 试压介质的比较

(1) 优点

在条件允许的情况下，应首选洁净水作为介质，因水压试验有如下几个优点：

① 费用较低；

② 水的压缩性可忽略不计；

③ 水不具毒性和燃烧性；

④ 排放简便；

⑤ 水对管壁施压均匀；

⑥ 在管线出现破裂时，压力会迅速泄掉，安全系数较高；

⑦ 升压设备容易解决。

(2) 缺点

① 要求有足够的洁净水源；

② 对自然高差有一定的限制；

③ 在寒冷地区试压水可能冻结。

但是以压缩空气作介质进行气压试验，对自然高差没有限制，取用也方便，可避免在寒冷地区用水试压增加加热成本和管内水被冻结的危险，但气压试验的安全性较差。

四、管道试压方法

(一) 标准规范对管道试压的要求

国内外输气管道的相关设计、施工、安全标准规范中，均要求对输气管道进行分段强度试压和整体严密性试压，强度试验压力按照管道分段所处的不同地区等级确定，严密性试验压力为管道的设计压力。管道的强度、严密性试验压力的一般要求详见表 2-2。

表 2-2　管道的强度、严密性试验压力的一般要求

地区等级		强度试验	严密性试验
一级	压力值/MPa	1.1 倍设计压力	设计压力
	稳压时间/h	4	24
二级	压力值/MPa	1.25 倍设计压力	设计压力
	稳压时间/h	4	24
三级	压力值/MPa	1.4 倍设计压力	设计压力
	稳压时间/h	4	24
四级	压力值/MPa	1.5 倍设计压力	设计压力
	稳压时间/h	4	24
合格标准		无泄漏	压降不大于 0.1MPa

标准规范对试压介质的选择上，从保证试压安全的角度要求强度试压(强度试压一般均分段进行)优先考虑用水作为试压介质；在试压工作受到水源供应、环境及自然条件限制情况下，对一、二级地区的管道允许采用空气进行强度试压；三、四级地区由于人口密集，一般要求采用水进行强度试压。管道的整体严密性试压均要求采用空气或天然气进行，以保证管道在实际运行条件下的长期安全。

(二) 管道的分段试压

一般而言，管道的分段试压由各施工承包商负责进行，分段试压又分为强度试压和严密性试压。管道沿线的试压段划分由各施工承包商根据地形、管道沿线的地区等级划分、水源等条件、气压试验的技术可行性而综合确定。按照设计规范的要求，结合具体工程试压工作的开展需要，对穿越公路、铁路、中小型河流的管段及线路截断阀室试压应分别对待，一般作法为：

① 管道穿越铁路、二级及以上干线公路应单独进行强度试压，试验压力与所在管段的地区等级而确定的试验压力一致；管道的严密性试压可与所在管段一并进行。

② 管道穿越二级以下公路的管段，其试压可与所在管段一并进行。

③ 管道穿越中无需拖管过河施工的河流和小型河流的管段，其试压可与所在管段一并进行。

④ 对于枯水期流量较大或施工方案确定需要在管道组装后拖管过河就位的大、中型河流(穿越长度大于 40m)的管段，应单独进行试压，试验压力按照穿跨越规范确定。

(三) 整体严密性试压

管道投产前需以站间距为单位进行整体严密性试压，整体严密性试压采用空气或输送天然气进行。天然气管道整体严密性试压必须采用气体介质，主要原因是为了与管道的实际运行条件相一致而对管道可靠性进行验证。采用输送天然气进行整体严密性试压是一种较为经济的方法，但是一般管道的设计压力都大于气田的供气压力，则需要压缩机站加压来实现，而对长距离管道在压气站分期建设情况下，采用天然气进行整体严密性试压的可操作性较差。因此，采用空气进行整体严密性试压仍然是常用的方法。对于站间管道有采用水试压的管段，必须采用气体进行整体严密性试压。对于站间全部采用空气分段试压的管道，实际上可以考虑采用分段严密性试压代替整体严密性试压，这同时也是采用空气进行管道强度试压的另一个好处。

(四) 管线试压的流程

管线试压的流程见图 2-1。

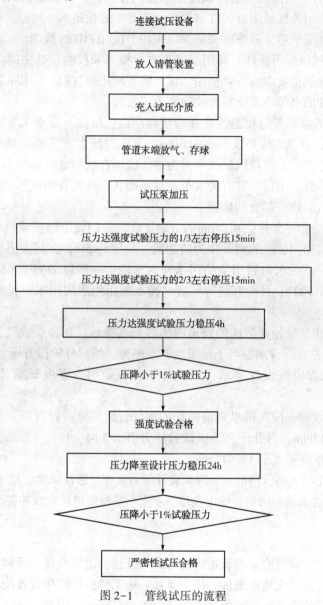

图 2-1　管线试压的流程

如果压降没有小于1%试验压力那么必须查明原因重新试压。

五、卸压排水

压力试验合格后，管道卸压时，要缓慢开关放水阀，保持一定的速率减压，防止水击荷载损伤管道。最高排量以 450m³/h 为限。管段高点压力不应降至 300kPa 以下。防止从高点排水，地面排水点应安装排水缓冲设施，防止冲蚀地面或者损害排水点的植被。

六、管线的试压工艺要点

① 长输管线的试压一般采用清洁水作试验介质，试压时必须配备合适的试压设备，在

19

水源不稳定处应考虑设置临时水箱。

② 长输管线一般为大口径管道，试压用水量比较大，并且大多在野外，取水都相当困难。取水点一般取在河流区域附近，并且周围有空地，方便进水、运输、排水，所以选取进水点至关重要。试压完毕后，最终碰头的焊口采用 UT、RT100% 检测。

③ 试压前，对试压所用管件、阀门、仪表进行检查和校验，其中阀门必须经过强度试验和密闭试验，符合规范要求后方可使用。试压装置所用的材料，应按正规用材采购，具有质量证明书、材质证明书等质保资料，并向监理组报验。

④ 试压用压力表必须经过校验，并在检测周期内；精度不低于 1.5 级，量程为最大被测压力的 1.5~2 倍，表盘直径要求不小 100mm。试压时压力表应装在系统两端的最高点和最低点，且不得少于 2 只，读数以最高一只为准。试压在收到试验通知书后进行，试验结果必须由业主、监理、施工单位三方有关人员，现场确认，并在管道试压试验检查记录表上签字，作为该系统管线验收、移交的依据。

⑤ 在管道的始端和终端开挖 6m×6m×2m 的工作坑，四周用钢板或钢板桩加固。输气管道的始端和终端焊接相同管径的钢管作为清通管，长度约 5m，在其上方安装进出水气管道和阀门。支撑牢固，试压水源利用清洁河水作为水源，一般以 DN80 无缝钢管作为引水管（必要时可调整为 DN100），且做好过滤装置，排水采用挖水沟用水泵排水或用进水管排水到附近河内。

⑥ 强度试验注水，采用放散法使管道内部的空气排尽，在高点放气，低位排放。管道充满水后，停留 1h 左右，待水温与土壤温度基本平衡，然后分阶段升压。

⑦ 强度试验压力应按设计要求，当设计未作规定时，强度试验压力为设计压力的 1.5 倍。

⑧ 强度试验注水时，应先排尽管道内部的空气，然后分阶段升压。当升压至强度试验压力 1/3 时，停压 15min；再升压至强度试验压力值 2/3 时，停压 15min，再升至强度试验压力，稳压 4h，其压降不大于 1% 为合格。

⑨ 强度试验合格后，将管内的压力降至设计压力，作严密性试验，稳压 24h，其压降不大于 1% 为合格，严密性试验合格后，应由监理、业主、质检等单位验收并签字确认。

七、小结

管道试压方案、介质的确定与管道设计压力、管径、用管强度、管材的韧性及焊接质量密切相关，同时与管道沿线地形条件、供水条件、施工单位的试压设备配置有关系，特别是试压方式选择对今后的管道运行可能造成的影响等因素有关。因此，试压方案及介质的确定应该综合分析各输气管道及各试压段管道的具体情况，从试压安全保证、经济性、可行性、对管道运行的影响等方面全面进行考虑。

第三节　天然气长输管道干燥技术

一、长输管道除水干燥的必要性

天然气管道内含水不仅会引发管道内壁和附属设施的腐蚀，也会使所输送的天然气受到污染，而且更严重的是天然气在一定温度和压力下还会和水结合形成水合物。这种晶状物质可使管道的截面积变小、摩阻增加而引起管输效率下降，如果大量形成还有可能造成管道堵塞而引发事故。特别是阀门、仪表管路系统等处更容易因水合物的形成而失灵。这将导致管道运行效率下降、运营成本增加，甚至对管道的安全平稳运行带来严重的危害。避免这些问题的根本途径是在管道水试压结束后立即进行除水干燥，以彻底除去管道中的游离水和水蒸气。

二、管道干燥的要求及标准

根据 SY 0401—1998《输油输气管道线路工程施工及验收规范》要求，管道干燥结束时，管内空气水露点比输送条件下的最低环境温度低5℃。

目前国内把干燥管道末端的水露点测试作为管道是否干燥合格的标准，具体做法为干燥结束时天然气管道出口空气的水露点不应高于-20℃。检测方法为在干燥管道的出口端，用露点仪连续检测出口空气的水露点，当露点连续低于-20℃的时间不小于30min可认为合格。

国外对新建设管道的除水干燥步骤非常的重视，要求也很高。许多天然气管道公司甚至要求管道干燥后露点要达到-39℃以下，即含水 0.11g/m³（标准状态下）以下。但在许多场合，露点低于-20℃也是常用的要求，因为国外研究证实，在管道干燥至露点-18℃以下时，管道内壁的腐蚀几乎已经停止；而且经过投产引入天然气进一步扫除残留的水蒸气，在输送条件下干燥残留的水蒸气已不足以造成析出液态水并进一步生成水合物。现在多数国外天然气管道公司将露点-20℃定为管道干燥的最终标准。我国的西气东输管道就要求干燥至露点-20℃。

三、管道除水干燥技术

（一）管道除水技术

目前管道进行试验试压时，多采用水压实验。试压结束后管道中残留的游离水量一定程度上直接影响管道干燥进行的效果以及管道干燥所需时间。因此管道干燥不应是独立的而要包括除水和干燥两部分，这样可以达到更好的干燥效果。

根据《输油输气管道线路工程施工及验收规范》要求，管道水压试验后，干燥作业前应进行清管扫线，以尽量除去管道中的游离水。管道内积水清扫应达到的效果是管道中的大部分水已经被除掉，除个别的低洼段外，只在管壁上遗留一层薄薄的水膜，水膜的厚度一般在0.05~0.15mm，除水效果好的话，甚至能达到 0.01mm。

除水可用多个清管器的"清管列车"一次完成，也可多次发扫线清管器分步完成，采用的形式要根据管道的具体情况来确定。对于分段干燥的陆地管道，一般采用多次扫线清管器的方式除水。

除水技术的要点包括以下几个方面：

① 管道内壁的清洁度、粗糙度、弯头的数量和曲率是影响除水效果的内在因素；密封性能是能否取得理想除水效果的外在因素，是关键。

② 在除水作业时，清管器（列车）的前进速度要控制在一定范围内，一般控制在 0.6m/s以下。

③ 至于除水效果的判断方法，最常用的方法仍然是传统的目测法。法国燃气公司的做法是：陆上输气管道干燥时，如果除水阶段某一个清管器接收后，清管器未推出明显水迹，而且清管器看起来很干燥，从此时算起24h后再发一个同样型的清管器，如果接收后清管器

状态和前一个没有明显差别，就可以认为管道中的游离水全部以水膜形式存在，除水可以结束，干燥可以开始。

④ 管道除水时，可以使用皮碗式清管器、直板式清管器和涂有聚氨酯外皮的泡沫清管器等各种类型和材料的清管器。除水时可按管段长短分别单发清管器或发清管列车。

（二）管道干燥技术

新建设好的天然气管道经过管道通球扫线将水、气排出。但这种方法不能保证将管道内的湿气完全排出，而天然气中含有大量的酸性化合物，输入管道后与残存的湿气相遇，在管壁上形成一种黏性晶状水合物，越积越多，最终可能造成管道堵塞。管道干燥技术就是解决这一问题的有效途径。目前，国内外天然气长输管道常用的干燥方法主要有干燥剂法、流动气体蒸发法、真空干燥法这三类。

1. 干燥剂法

甲醇和乙二醇具有很强的吸水性，常被用于管道干燥。它们可以和水任意比例互溶，所形成的溶液中水的蒸气压大大降低，从而达到干燥的目的。可达到同样目的的还有乙醇、丙醇和三甘醇等。

除了吸水性以外，上述的醇类还有一项很重要的特性，即当其在液态水中存在时可降低水合物的形成温度，所以在很多场合甲醇和乙二醇作为水合物的抑制剂。当甲醇在水中的含量为50%时，可使水合物的形成温度降低40℃。这在很多情况下足以保证在管道中不形成水合物。在实际应用过程中，由于乙二醇和三甘醇的价格较高，因此一般选用甲醇作为干燥剂。

（1）甲醇扫线干燥法

在用甲醇吹扫干燥时可采用天然气或氮气作为推动力，一般采用"清管列车"运送几个批量的甲醇通过管道，在两个清管器间夹带一定体积的甲醇，形成一定的甲醇浓度梯度，从而达到彻底脱水干燥的目的。"清管列车"过后在管壁上留下一层含有一定量水的甲醇薄膜。理论上，如果使用足够量的甲醇扫线，保证"清管列车通过后这层薄膜中甲醇的浓度大于50%，就会确保管道中不会形成水合物。

常见的两种甲醇扫线"清管列车"如图2-2和图2-3所示。

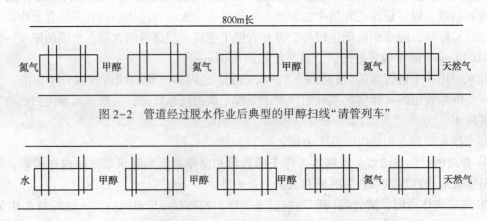

图 2-2　管道经过脱水作业后典型的甲醇扫线"清管列车"

图 2-3　管道充满水时典型的甲醇扫线"清管列车"

图 2-2 中清管列车的前面是氮气段，要求氮气最少是总容积的 10%，来确保空气和甲醇隔离，以免引起失火和爆炸。清管列车上有五个清管器，其中的两个段塞填充甲醇，另外

两个是氮气段，主要用来分离甲醇，最后一个则用来刮扫残余的液体，天然气主要推动清管器前进，陆上管道的干燥经常采取这种工艺。图2-3管道没有预先除水，清管列车除水和甲醇干燥一次完成，海底管道的干燥常采用这种工艺。

在使用甲醇扫线方法的时候，通常用天然气（也可以用氮气代替）来推动清管列车的前进，来保证扫线后可以直接投产。这样可以保证在过程中，即使出现了意外情况，例如甲醇量不足，清管器的性能不好，窜漏严重等，使干燥效果没有达到预期的要求。在这样的情况下，可以重复进行扫线，或者采用氮气来干燥，直到干燥效果达到预期要求为止。需要注意的是，这种情况切记不要使用干空气，因为残留在管内壁的甲醇遇到干空气容易起火。

当清管器投入管道后，采取同样的方法投入到第二个段塞量和第三个清管器。打开阀门，注入天然气或者氮气，随后清管列车开始运行。清管列车通过管道的速率一般是2~10km/h，然后用安装在接收端排气孔上的旋杯风速计进行检测。对于清管列车在上下游的压力也要进行连续检测，如果管段沿途没有太大的高度差，那么合适的压力是0.2~0.5kPa。同时，在管段上适当的距离中，设置相关的仪器，来检测管道的前进速度。首批甲醇或者是清管器从排气孔通过的时候，立即将排气孔上的阀门关闭，停止清管列车的运行，所有从排气孔排出的甲醇要收集起来，放到甲醇储罐内。罐内要充满氮气，并有接地装置，当最后一个清管器到达的时候，再关闭接收装置的阀门，接收装置减压，并从装置中撤出清管器。不同时间到达的甲醇都分别取样，检测浓度，取样的时候，在每个段塞前后，取两个以上的样本，按照平均值来计算浓度。如果最后甲醇段塞的浓度高于预先预定的浓度，就可以认为这次的干燥效果达到。

（2）甲醇扫线干燥的安全注意事项

采用甲醇扫线干燥方法有一个突出的弊端，那就是安全问题。甲醇是剧毒物，会对人的神经系统和心血管系统造成伤害，可以通过上呼吸道进入人体，造成人体中毒。甲醇有挥发性，易燃易爆，甲醇燃烧的时候，火焰无色，不易防范。所以，在采用甲醇扫线方法的时候，需要注意：

① 甲醇在运输的过程和储存的条件中一定要有专人来看管负责；

② 在甲醇的各个环节中，要用防爆泵；

③ 在存放甲醇的容器中一定要有惰性气体；

④ 在管段的两端都要严格采取防火防爆措施；

⑤ 发送清管列车之前，要用氮气将清管列车隔离；

⑥ 接受到的甲醇要妥善处置；

⑦ 驱动含甲醇的清管列车要采用惰性气体，避免接触空气。

（3）甲醇扫线干燥法的优点

① 甲醇扫线是最快的干燥方法；

② 可干燥的管道长度仅受限于清管器的性能；

③ 可用于陆上和海底管道；

④ 干燥的同时投产；

⑤ 在低温环境下依然有效。

（4）甲醇扫线干燥法的缺点

① 单独使用这种方法干燥效果不是很好，对含硫的天然气管道和高纯度的石化管道不是最佳的方法；

② 由于甲醇和天然气都容易燃烧，所以甲醇扫线施工将影响工地上的其他设备工作，尤其是工地必需有热工设备等；

③ 甲醇的易燃和易爆以及局部毒性使得这种干燥技术的难度和风险比其他干燥技术更大；

④ 在管道运行最初，天然气气质会受到影响。

2. 流动气体蒸发法

流动气体蒸发法的原理是流动的干燥气体在管道里与残留在管内壁及低洼处的水接触后使水蒸发，进而达到干燥的目的。这种气体可以是干燥的空气、氮气或天然气，因此流动气体蒸发法又可以分为干空气干燥法、氮气干燥法、天然气干燥法。

干空气吹扫干燥的原理是：低露点的空气进入管道后会促使残留在管壁上的水蒸发，湿气由空气流带走。判断干燥的方法是，源源不断地输入干空气并监测管道出口的空气湿度或露点，当其小于预定值时，表明管道已经干燥；另一种方法是同时监测入口和出口的露点，当两者相等时，表明管道已经干燥。影响干燥时间的主要因素有：水膜厚度、环境温度下饱和湿空气含量、干空气的湿气含量、干空气的质量和体积流量以及管道的长度等。

（1）干空气的制取工艺和设备

干空气的制取方法主要有四种：直接冷却法，冷却加压法，干燥剂吸收法以及分子选法等。由于水在0℃的时候会结冰，而随着温度的下降，用冷却除水的效率也会大幅度下降。所以，冷却方法常用于高于-20℃的空气。而露点低于-20℃的超干空气则不用冷却方法，但是冷却方法可以在干燥剂吸收的最初进行初步干燥。

干燥剂吸收除水这个方法比较传统，但是行之有效。干燥剂是指具有亲水力的固体或液体。常用的固体干燥剂主要有硅胶、氧化铝、分子筛、氯化钙等。液体干燥剂主要有三甘醇、乙二醇等。其中，硅胶可以将空气干燥到-60℃，而氧化铝为-73℃，分子筛为-90℃，三甘醇为-60℃。由于液体干燥剂腐蚀性强，而且重量大，移动过程中会晃动和溅出，因此固体干燥系统是最常用的。

（2）干空气干燥工艺过程

采用干空气干燥法时，实际施工工艺主要有两种方法，一是在通干空气吹扫的同时，间隔一定时间，通泡沫清管器辅助干燥；二是用干空气持续采用低压的方式。第一种工艺，由于采用了泡沫清管器的辅助，所以干燥的效率快，但是泡沫清管器较容易磨损，一般只适用于距离较短的路上管道，一次可干燥的距离在150km左右；第二种工艺可以用于较长的管道上，目前为止采用此工艺干燥的距离最长的管道是Europipe，距离长达620km，但是要求空压机和干空气制取设备的规模很大，典型的干空气干燥工艺曲线见图2-4所示。

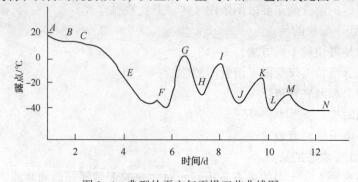

图2-4　典型的干空气干燥工艺曲线图

图 2-4 中最初 $A \rightarrow B$ 的下降，主要是水蒸发引起的降温所致（一般为 0.5~2℃）。从 C 点开始，干燥平衡开始被打破，空气也不再是饱和状态，表明在管道内，大部分甚至全部的液态水已经蒸发，干空气的吹扫会继续降低管道内的露点，到了 F 点以后，干空气吹扫停止，这时候，如果管道内的一些凹处还有液态水的存在，那么液态水会补充到相应的空间，露点会上升，即 G 点。又间隔一段时间后，继续干空气吹扫的方法，这时候，将再次降低露点，即 H 点。在间隔几次的干空气吹扫之后，最终完全清除管道内的液态水，并将露点降至 -20℃ 以下。

从理论上来说，时间的变化会改变管道出口处的空气露点，最低可以达到 -40℃ 以下，也就是途中的 F 点，这也是最好的状态。但是在实际的情况中，除了输送特殊的天然气，如酸性天然气等需要更高的要求，其他的情况则没有必要达到 F 点的要求，只要在 E 点，-20℃ 的状态就足够了。因为从标准的大气压来讲，在 -20℃ 下空气含水量仅为 $1.074g/m^3$，相当于管道内壁的残留水为 $1.3~2.1mg/m^2$。管道正式使用之前，空气会被干燥的氮气和天然气置换出来。另外，露点在低于 18℃ 的时候，在 10 个月内不会对管道造成腐蚀，在干燥后，不马上投产也不会造成腐蚀。

对于陆上天然气长输管道分段采用第一种工艺干燥时，操作步骤见图 2-5。

（3）干空气干燥技术的影响因素

管道干燥是一个复杂的传质、传热过程，其干燥速度取决于干空气与湿空气水蒸气含量的差值，差值越大，干空气稀释的速度越快，干燥时间就越短。干空气干燥技术的影响因素包括以下四个方面：

① 管道中的原始水量及分布状态。管道试压后，内部会存在一定的水分，需要经过推水和泡沫清管球的多次擦拭进一步清除这些水分。水分越少分布越均匀，则干燥的越快。

② 干空气的流量。干燥时间随干空气流量增加而缩短，但流量也不宜过大。因为增加流量会增加空气压力，引起管道内水分快速蒸发吸热而降低温度，使饱和空气的含水量下降，从而需要更大压力的空压机和制取干空气的设备。干空气的经济流速一般为 5~8m/s。

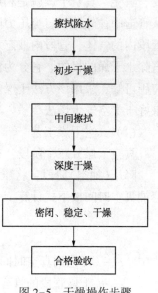

图 2-5　干燥操作步骤

③ 干空气的最初含水量。理论上使用的干空气越干，则干燥的时间越短。但在实际干燥作业中一般采用露点 -40~-50℃ 的干空气，这是因为采用更低露点的干空气对缩短干燥时间的贡献越来越少，相应的制取费用会上升很快。

④ 一次干燥管道的长度。一次可以干燥的管道长度受多种因素的影响，如管径、昼夜温差、站间距、干空气的排量等。如果管道太长，则为缩短干燥时间采取的许多控制措施的作用就会降低，管道长度太短则不经济，比较适用于 30~130km 的管道长度。

（4）干空气吹扫干燥法的主要优点

① 能达到很高的干燥水平。

② 干燥时间相对较短。

③ 干燥的同时若采用除尘工艺可使管道在通天然气前达到很高的清洁水平，这一点是其他干燥技术无法做到的。

④ 设备费用相对较低。

⑤ 非常安全，干燥的进程易于控制。

（5）干空气吹扫干燥法的主要缺点

① 对于大口径管道，设备要占用很大面积。

② 需要消耗大量的燃油或电力来制取干空气。

用氮气替代干空气做吹扫介质时，干燥原理、过程及控制与干空气法完全一致。只是因为氮气露点可以很低（-90℃），能带走更多水分，而且氮气是惰性气体，对系统非常安全，并能适应管道投产时置换作业的需要。空气中含有大量的氮气，所以纯净的氮气是用于管道吹扫和干燥的非常理想的介质。但是管道干燥对氮气需求量较大，野外工作环境比较恶劣，对设备性能要求很高。常规的制氮气方式比较复杂，不太适合野外作业。

3. 真空干燥法

真空干燥法是在控制条件下应用真空泵通过降低管内压力而除去管内自由水的方法。水的沸点随压力的降低而降低，在压力很低的情况下，水可以在很低的温度下就沸腾而剧烈蒸发、汽化。真空干燥就是利用这一原理，用真空泵抽吸密闭管段内的气体，不断地用真空泵从管道中往外抽气，当压力降低到管内温度对应的饱和蒸气压时，继续使用真空泵向外抽取管段内的气体，管段内液态水就会沸腾蒸发变成水蒸气，水蒸气被真空泵抽出，以达到对管道除水干燥的目的。它分为深度排水、减压、蒸发排气、抽真空过程。通过管道工程的实际应用可知，采用该方法干燥长输管道的时间远大于干空气干燥法，将其用于站场管道干燥效果好于干空气干燥法。

（1）真空干燥工艺

真空干燥分三个阶段：初始抽气降压阶段、蒸发阶段和干燥阶段。

降压（抽空）阶段：将压力从管道的初始压力降低到管壁温度下水蒸气的饱和压力。理论抽真空时间按下式计算：

$$t = \frac{V}{Q} \ln \frac{p_0}{p} \qquad (2-1)$$

式中　t——理论抽真空时间，h；

V——干燥管段的管容，m^3；

Q——真空泵排量，m^3/h；

p_0——抽真空前管道内压力，kPa；

p——抽真空结束管道内压力，kPa。

沸腾（蒸发）阶段：重复抽真空和隔离过程，保持管道内压力为降压阶段末的压力值。理论蒸发时间按下式计算：

$$T = \frac{\left(\dfrac{W}{\rho}\right)}{Q} \qquad (2-2)$$

式中　T——理论蒸发时间，h；

W——干燥管段的含水量，kg；

ρ——管壁温度和蒸发压力下水蒸气的饱和密度，kg/m^3；

Q——真空泵排量，m^3/h。

干燥阶段：用真空泵将管道内压力降低到所需露点（干燥指标通常为-20℃）相对应的水蒸气饱和压力。将管道密封隔离，检测管道内压力，重复此过程，直到检测压力没有明显上升为干燥作业合格。

可在真空条件下直接引入天然气，实现管道的投产。干燥所需时间取决于抽真空时间和蒸发过程所需时间。在真空干燥过程中，选用合适功率的真空泵并保持抽真空的速度不致太快是一个非常重要的问题。

（2）真空干燥法的优点

① 可靠性高，管道中所有的水都可以除去。

② 能达到很低的露点，在使用氮气吹扫时最低能达到-68℃。

③ 在管道的一端作业，这对于复杂管道和多汇管等难以用其他方法干燥的管道非常有利。

④ 不会产生明显的废物。

⑤ 进度易于预测。

（3）真空干燥技术的缺点

① 干燥的同时不能清洁管道。

② 持续的时间很长。

第四节　天然气长输管道清管技术

一、清管的目的

① 清除施工时混入的污水、淤泥、石块和施工工具等；清除管线低洼处积水，使管线内壁免遭电解质腐蚀，降低 H_2S、CO_2 对管道的腐蚀。

② 改善管道内壁的光洁度，减少摩阻损失，增加通过量，从而提高管道的输送效率。

③ 扫除输气管道内积存的硫化铁等腐蚀产物。

④ 保证输送介质的纯度。

⑤ 进行管内检查。

二、清管设备

1. 清管设备组成

清管设备是管道在施工和运行过程中需要用到的设备之一。

其作用包括：清管以提高管道输送效率；测量和检查管道周向变形，如凹凸变形；从内部检查管道金属的所有损伤，如腐蚀等；对新建管道在进行严密性试验后，清除积液和杂质。

如图 2-6 和图 2-7 所示，清管设备主要部分包括：清管器收发筒和盲板；清管器收发筒隔断阀；清管器收发筒旁通平衡阀和平衡管线；连接在装置上的导向弯头；线路主阀；锚固墩和支座。此外，还包括清管器通过指示器、放空阀、放空管和清管器接收筒排污阀、排污管道以及压力表等。

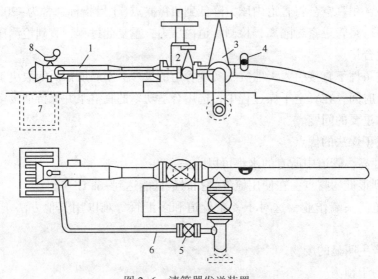

图 2-6　清管器发送装置

1—发送筒；2—发送阀；3—线路主阀；4—通过指示器；5—平衡阀；

6—平衡管；7—清洗坑；8—放空管和压力表

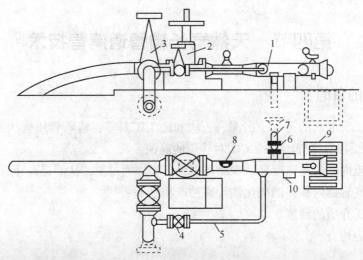

图 2-7　清管器接收装置

1—接收筒；2—接收阀；3—线路主阀；4—平衡阀；5—平衡管；

6—排污阀；7—排污管；8—通过指示器；9—清洗坑；10—放空管和压力表

（1）清管器收发筒和盲板

清管器收发筒直径应比公称管径大 1~2 级。发送筒的长度应不小于筒径的 3~4 倍。接收筒除了考虑接纳的污物外，有时还应考虑连续接收两个清管器，其长度应不小于筒径 4~6 倍。清管器收发筒上应有平衡管、放空管、排污管、清管器通过的指示器、快开盲板。对发送筒，平衡管接头应靠近盲板；对接收筒，平衡管接头应靠近清管器接收筒口的入口端。排污管应接在接收筒下部。放空管应接在收发筒的上部。清管器信号指示器应安在发送筒的下游和接收筒入口处的直管段上。快并盲板应方便清管器的快速通过，并应安有压力安全锁定装置，以防止当收发筒内有压力时被打开。

28

（2）清管器收发筒隔断阀

清管器收发筒隔断阀安装在清管器收发筒的入口处，它起到将清管器收发筒与主干线隔断的作用。如果在主干线上没有安装隔断阀，通常在该阀门的主干线一侧安装绝缘法兰，以隔绝主干线与收发筒和阀门间的阴极保护电流。该阀必须是全径阀，以保证清管器的通过，最好为球阀。

（3）清管器收发筒平衡阀门和平衡管线

清管器收发筒平衡阀门和平衡管线连到收发筒的旁路接头上，其管径尺寸应为管道尺寸的 1/4～1/3。阀门通常是由人手动控制使清管器慢慢通过清管器收发筒隔断阀。

（4）连接清管器装置的导向弯头

连接清管器装置的导向弯头半径必须满足清管器能够通过的要求；对常用的清管器一般采用的弯头最小半径等于管道外径的 3 倍。但是，对于电子测量清管器需要更大的弯头半径。

（5）线路主阀

线路主阀通常用于将主干线和站本身隔开。要求该阀为全径型，以便减少阀门产生的压力损失。该阀靠近主干线处应有一绝缘栏以隔绝主干线阴极保护电流。

（6）锚固墩和支座

通常使用的锚固墩是钢筋混凝土结构。但是根据土壤条件，也有其他类型的锚固墩，如钢桩和钢支架。所有地面管件、清管器收发筒和阀类必须安装在一定基础上，并防止管件在基础上发生任何侧向位移。

2. 清管器

清管器的种类有清管球、皮碗清管器、清管刷等。

（1）清管球

清管球是由氯丁橡胶制成的，呈球状，耐磨耐油，如图 2-8 所示。当管道直径小于 100mm 时，清管球为实心球；而当管道直径大于 100mm 时，清管球为空心球。长输管道中所用清管球大多为空心球。空心球壁厚为 30～50mm，球上有一可以密封的注水孔，孔上有一单向阀。当使用时注入液体使其球径调节到过盈于管径的 5%～8%。当管道温度低于 0℃时，球内注入的为低凝固点液体（如甘醇），以防止冻结。清管球在清管时，表面将受到磨损，只要清管球壁厚磨损偏差小于 10% 和注水不漏，清管球就可以多次使用。清管球对清除积液和分隔介质是很可靠的。

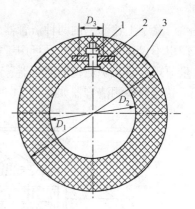

图 2-8　清管球结构图
1—气嘴（拖拉机内胎直气嘴）；
2—固定岛（黄铜 H62）；
3—球体（耐油橡胶）

（2）皮碗清管器

皮碗清管器结构如图 2-9 所示。它由刚性骨架、皮碗、压板、导向器等组成。当皮碗清管器工作时，其皮碗将与管道紧紧贴合，气体在前后产生压差，从而推动清管器的运动，并把污物清出管外。皮碗清管器还能清除固体阻塞物。同时，由于它保持固定的方向运动，所以它还能作为基体携带各种检测仪器。清管器的皮碗形状是决定清管器性能的一个重要因素。

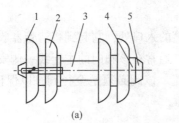
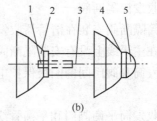

(a)　　　　　　　　　　　　(b)

图 2-9　皮碗清管器结构简图

1—QXJ-1 型清管器信号发射机；2—皮碗；3—骨架；4—压板；5—导向器

按照皮碗的形状可分为锥面、平面和球面三种皮碗清管器，如图 2-10 所示。其中锥形皮碗很能适应管道的变形，并能保持良好的密封，使用广泛；平面皮碗清除块状固体阻塞物能力强但是变形较小，磨损较快；球面皮碗通过管道系统能力好，允许有较大的变形量。皮碗断面可分为主体和唇体。主体部分起支撑清管器体重和体型的作用，唇部起密封作用。皮碗的材料大多采用氯丁橡胶、丁腈橡胶和聚氨酯类橡胶。

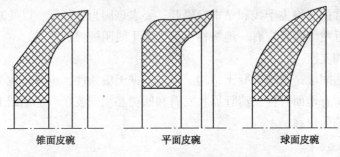

锥面皮碗　　　　　　平面皮碗　　　　　　球面皮碗

图 2-10　清管器皮碗形式

除了上述介绍的两种清管器外，还有一些其他类型的清管器，特别是智能清管器。其作用也不仅仅是清管，并且可用于检测管道变形、管道腐蚀、管道埋深等。智能清管器按其测量原理可分为磁通检测清管器、超声波检测清管器和摄像机检测清管器等。

磁通检测清管器如图 2-11 所示，为磁通检测原理图。探测管壁缺陷的磁力探伤仪按环

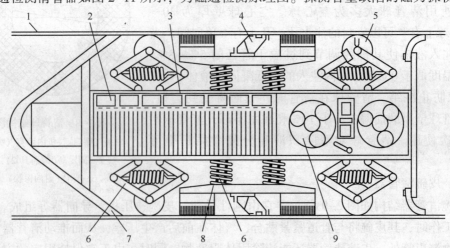

图 2-11　磁通检测清管器示意图

1—管壁；2—电池组；3—压力容器；4—磁漏探测仪；5—里程计轮
6—弹簧；7—橡胶皮碗；8—电子元件；9—磁带记录仪

30

形布置。磁通异常泄漏型探伤仪使用永久磁铁，如图2-12所示。该磁铁磁化管壁达到磁通量饱和密度。传感器随探测仪移动，管壁内外腐蚀和损伤等部位引起异常漏磁场，并感应到传感器。管壁中的任何异常将导致磁力线产生相应的异常，记录器将磁力线变化情况记录下来，如图2-13所示。由此来判断管道是否腐蚀和损伤及其程度。

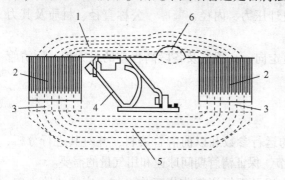

图2-12　磁通探测工作原理

1—弹簧；2—钢刷；3—磁铁；
4—传感器架；5—背部铁板架；
6—腐蚀或损伤部位

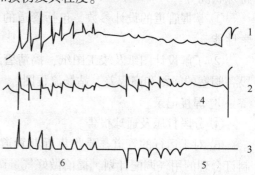

图2-13　探测仪记录范围

1—内壁探伤仪输入信号；2—漏磁通输入信号；
3—解译信号输出；4—内壁缺陷；
5—外壁缺陷；6—实时联机交互作用信号处理

（3）超声波检测清管器。

如图2-14所示为超声波检测清管器测定原理图。它是根据管道内表面反射波与从管道外表面底部反射波的时间差来测定壁厚，即可得知管壁腐蚀缺陷，如图2-15所示。

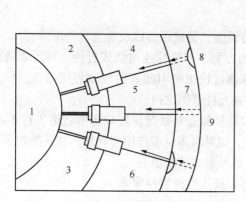

图2-14　超声波检测清管器的测定原理

1—测量数据处理记录；2—检测清管器；
3—超声波探头；4—原油、水；
5—管内断面测量；6—内表面腐蚀；
7—管壁厚度；8—外表面腐蚀；9—管壁厚度测量

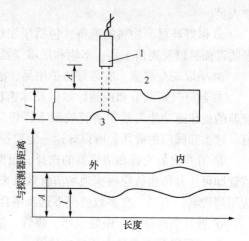

图2-15　超声波清管器的检测范围

1—超声波传感器；
2—内壁上的缺陷；
3—外壁上的缺陷

三、清管工艺

清管作业是一项风险较大的作业，为了保证安全，减少事故率，要提前做好充分的计划和准备，主要包括以下几个方面的内容：

1. 收集资料

调查管道规格，管道长度，管道使用年限，管道安全工作压力，管道相对高程差，管道穿越和跨越情况，管道弯头、斜口，管道变形，管道中间阀室，管道支线、三通，管道地貌特殊状况等。

① 掌握管道的设计参数，包括管道的设计压力、内径、壁厚、公称直径、材质及其力学性能。

② 了解设计图纸及竣工图纸，搞清管道走向、高程差及各段高程差的最大值、所清管段各阀室的间距和高程差、站场流程图。

③ 焊接记录。

④ 分段打压及通球报告。

⑤ 对于运行的管道，要收集近期管道的运行参数和以前清管资料，并对其进行分析，制订合理的用气调配计划，提前做好气量调节，保证清管期间球速和用气量的需要。

⑥ 投产清管要做好实际踏线和勘察工作以及现场资料收集工作，如：实际线路走向，查看工程项目是否完工，所清管段是否满足清管要求，站场是否具备收发球以及应急抢修的条件；设备是否完好、状态是否正确，用电能否保证，通信是否畅通，消防设施是否完备。对于不合格项要及时整改。

2. 制定清管方案

根据管道清管的要求和实际建设情况，制订科学、合理和安全可行的清管方案。

① 做好人员安排。人员主要包括发球人员、收球人员、监听人员以及通信、后勤和抢修人员。

② 做好器材、物料的准备。包括压缩机、清管器、收发球工具、可燃气体检测仪、防爆防毒面具以及通信工具、车辆和跟踪仪器。

③ 采取安全措施。准备好防护用品、消防设施、警戒用具以及安全宣传用品。

④ 制订气量调节和控制计划以及球速控制方案。如果球速过快或过慢，都可能造成清管器的破坏或功能失效，清管效果不理想。球速过快也可引起管道较剧烈的振动，导致管道、弯头和阀门的破坏，所以球速一定要控制在允许范围之内。

⑤ 清管次数安排和清管器的选择。根据以往经验，对状况比较理想的管道进行 3~5 次清管即可，具体次数应根据现场清管效果来定。如果水多，多选用清管球；如果杂物多，多选用清管器。当然，在多数情况下选择组合发放的形式效果更好。

⑥ 做好事故预案。做好卡球、爆管、防毒以及人员疏散预案等。

⑦ 清管段起终点最大压差的估算。

根据管道地形高程差、污水状况、起动压差、目前输气压力差、历次清管记录等估算。一般近似计算公式为：

$$P=P_1+P_2+P_3 \tag{2-3}$$

式中　P——最大压差，MPa；

　　　P_1——清管器的起动压差，MPa；

　　　P_2——当前收、发站之间输气压力差，MPa；

　　　P_3——估算管内最大的积液高程压力，MPa。

⑧ 清管所需推球输气流量的估算

根据清管器运行速度、推球平均压力、管道内径横截面积近似估算。一般近似计算公式为：

$$Q = 240F \times \bar{p} \times \bar{v} \qquad (2-4)$$

式中　Q——输气流量，km^3/d；

　　　$\bar{v}$——清管器运行平均速度，km/h；

　　　F——管道内径横截面积，m^2；

　　　$\bar{p}$——清管器后平均压力，MPa。

⑨ 清管所需总运行时间估算

一般近似公式为：

$$t = \frac{L}{\bar{v}} \qquad (2-5)$$

式中　t——清管器运行时间，h；

　　　L——清管器运行距离，km；

　　　$\bar{v}$——清管器运行平均速度，km/h。

⑩ 清管监听点设置

监听点的设置以管道的全面调查数据为依据。一般情况下，第一个监听点应距清管器始发站 0.5~1.5km，最末一个监听点应距接收站 1~2km。在中间阀室、支线、穿跨越、高程差较大地点一般应设置监听点。

四、输气管道清管操作

（一）清管前现场准备

1. 准备内容

① 组织现场专业人员对清管管段所有站场的工艺设备、自控设备、通信设备进行检查，确保清管操作期间各类设备运行正常，仪表指示准确无误。尤其要检查各站的收（发）球筒、排污罐的排污回路以及放空回路，确保收（发）清管器的安全操作。

② 清管前征得上级主管部门和调度的同意，取消清管段截断阀的自动关断功能，并关掉引压管和检测管的底阀。

③ 检查有关阀门的开关，并检查内、外漏。

④ 检查并维护收发球工具，将组装好的清管器提前运送到站场。

⑤ 在收球站场应提前将缓冲球放入收球筒，防止清管器冲击收球筒盲板。

⑥ 确认现场满足收、发球作业条件，请示调度进行收、发球作业。

2. 对新建管道的投产清管

① 首次清管时，应选择清管球。因为清管球可将管道内的大部分水清出，同时清管球的通过能力较强，被卡住的可能性小。但是初次清管也存在清管球被划破和卡在三通等位置的可能。

② 在清管器通过后，视水量的多少发直板清管器或将直板清管器(最好设置跟踪器)和清管器组合发送。发直板清管器的目的是清除管道内较大的固体物质，同时，如果卡住也可以反吹。组合发放的目的是进一步清除管道内的水，提高清管效果，节省费用，缩短工期。

③ 如果直板清管器顺利通过，可考虑选择密封性能较好的蝶形皮碗清管器(最好设置跟踪器以便丢球后寻找)。根据现场情况，如果需要清除管道内残存的铁锈、焊渣以及其他固

体物，则要选择带钢刷的清管器。

④ 放带测径板的清管器，检测下沟回填后管道的不圆度，同时为下一步进行的智能内检测做好预备工作。

⑤ 如果条件许可，应继续进行智能清管，为将来的腐蚀调查和管道完整性管理提供原始的数据，通过内检测，确定管道投产时固有的缺陷和薄弱环节。

3. 对运行管道

① 确认现场符合发球条件，请示调度进行清管作业。

② 根据管道内杂质的类型确定清管器类型，然后按照清管方案进行操作。

③ 如果对管道进行内检测，最好按下面步骤进行：发射普通清管器将管道内杂质清理干净；发射带测径板的清管器或测径清管器；发射模拟清管器；发射检测清管器。

（二）收发清管器

1. 发送清管器流程

发送清管器流程见图 2-16，其流程如下：

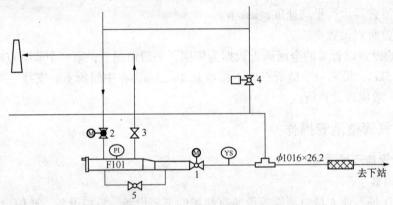

图 2-16　发送清管器流程示意图

① 发送组接到发出指令后，打开 3 号阀，对清管器发送筒进行放空。

② 确认清管器发送筒压力为零后，打开快开盲板。

③ 将清管器送至清管器发送筒大小头处，并将清管器在大小头处塞实。

④ 关好快开盲板。

⑤ 关闭放空阀 3 号。

⑥ 打开清管器发送筒平衡阀 5 号。

⑦ 缓慢打开清管器发送筒进气阀 2 号。

⑧ 待 1 号阀上下游压力平衡后，关闭 5 号、2 号阀。

⑨ 全开清管器发送筒出口阀 1 号。

⑩ 缓慢打开 2 号阀，关闭 4 号阀，将清管器发出。

⑪ 观察清管器通过指示仪 YS，看清管器是否发出，并通过跟踪仪进行检测。

⑫ 打开放空阀 3 号，观察清管器发送筒上的压力表，待压力为零后，打开快开盲板，检查清管器已发出后，关好快开盲板。

⑬ 关闭放空阀 3 号。

⑭ 如果清管器没有发出，重复以上操作将清管器发出。

⑮ 记录清管器启动压力、管线压力及清管器发送时间。

⑯ 通知接收组和跟踪组清管器已经发出，并向操作区指挥领导组汇报。

2. 接收清管器流程

接收清管器流程（见图 2-17）如下：

① 当清管器通过最后一个阀室（离站场最近的阀室），将流程切换为清管器接收流程。

② 打开 3 号阀，待 1 号阀上、下游压力平衡后，打开 1 号阀。

③ 关闭 2 号阀。

④ 间歇打开 5 号、6 号阀进行排污，利用 6 号旋塞阀进行间歇排污，当有水声时打开，有气流声时关闭。

⑤ 观察清管器通过站内指示仪 YS（同时，派专人在进站弯头处进行人工监听清管器是否进入清管器接收筒），清管器进入接收筒后，打开 2 号阀。

⑥ 关闭 1 号、3 号阀。

⑦ 打开放空阀 4 号，待清管器接收筒内压力变为零后，从接收筒上的注水口向筒内注入适量清水。

⑧ 打开快开盲板，根据实际情况决定是否再向筒内注入适量清水。以防止硫化铁自燃和粉尘飞扬。

⑨ 取出清管器，清洗接收筒和快开盲板，并及时将清管器冲洗干净，防止清管器凹凸处的硫化铁自燃。

⑩ 清洗保养后关闭快开盲板。

⑪ 关闭放空阀 4 号。

⑫ 清扫场地，填写记录，描述清管器外观，并测径称重，对排出的泥沙污物进行称重，并留有样品进行化验。利用排污池水的高度计算排水量。

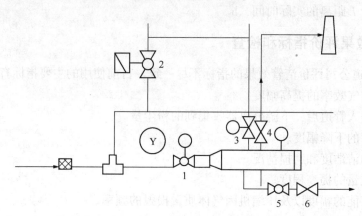

图 2-17 接收清管器流程示意图

五、清管器运行过程工艺计算

当检查清管器确已发出后，开始进行各项工艺计算，结合沿途监听点的汇报，随时掌握清管器的运行情况，及时发现和正确处理各类问题。

（1）清管器运行距离估算

公式如下：

$$L = \frac{Q_b}{10F\bar{p}} \qquad (2-6)$$

式中　L——清管器运行距离，km；

　　Q_b——发清管器后的累积进气量，km^3；

　　$\bar{p}$——器后平均压力，MPa；

　　F——管道内径横截面积，m^2。

（2）清管器运行速度估算

如果能够计算输气流量，可以采用算清管器运行瞬时速度。注意将实际速度值尽量控制在方案规定值附近。

$$L = \frac{Q_b}{240F\bar{p}} \qquad (2-7)$$

式中　v——清管器运行速度，km/h；

　　Q_b——输气流量，km^3/d；

　　F——管道内径横截面积，m^2；

　　$\bar{p}$——清管器后平均压力，MPa。

如果不能计算输气流量，可以采用下式估算清管器运行平均速度。

$$\bar{v} = \frac{L}{t} \qquad (2-8)$$

式中　$\bar{v}$——清管器运行平均速度，km/h；

　　L——清管器运行距离，km；

　　t——运行 L 距离的实际时间，h。

六、清管效果评价指标和检查

目前，各管道公司评价清管效果的指标不尽一致，目前使用的主要指标有以下几种：

① 流量及输气效率的提高幅度。

② 清管器进入管道后，下游分离器收集到的粉尘量。

③ 操作压力的下降幅度。

④ 清管器的清洁度和磨损情况。

⑤ 天然气质量的提高程度。

⑥ 压缩机节能的幅度以及压缩机因气体质量损毁的频率。

⑦ 腐蚀调查结果。

⑧ 腐蚀速度降低的程度（腐蚀挂片试验）。

清管结束后，在天然气流态稳定后的 24h 内，通过对管道输送效率的测算检查清管效果。

管道输送效率计算公式为：

$$\eta = \frac{Q\sqrt{d \times T \times Z \times L}}{5033 \times 12 D^{\frac{3}{2}} \times \sqrt{p_1^2 - p_2^2}} \times 100\% \qquad (2-9)$$

式中　η——管道输送效率；

Q——管道实际通过气量，m^3/d；

d——天然气相对密度；

T——天然气平均温度，K；

L——清管器运行距离，km；

Z——在平均压力下的压缩系数；

D——管道内径，cm；

p_1——清管管段起点站压力，MPa；

p_2——清管管段终点站压力，MPa。

当 $\eta \geqslant 90\%$ 时，表明清管效果良好。

七、清管器运行故障及处理

1. 清管器漏气

由于清管器皮碗磨损而漏气会使清管器运行缓慢或导致行进停止。

处理措施：用增大推清管气量的方法推清管器或再发一个过盈量较大的清管器推出前一个清管器。

2. 清管器破裂

清管器在行进中磨损划伤而导致破裂，使得清管器停止运行。

处理措施：再发一个清管器将遗留在管内的清管器推出。

3. 清管器被卡

由于清管器在行进中遇到较大障碍物或因管道变形而卡在管内。

处理措施：

① 增大推清管器气量，以加大清管器前后压差，使之运行。

② 降低清管器上游的压力，以建立一定压差，使之继续运行。

③ 排放清管器下游的天然气，反推清管器解卡。

④ 以上方法均不能解卡时，采取割管取清管器的办法。

八、清管资料的整理和汇总

清管作业过程中做好各项数据收集、记录，建立表格登记制度，主要记录的表格有：清管作业记录表、清管器到达时间记录表、清管器运行速度曲线图、清管器运行压力曲线图等。各小组由专人详细记录清管作业的时间、地点、经过，清管结束后进行汇总作为资料存档，便于今后查询。清管作业的工作和结论是清管作业结束后的重要工作，总结要求真实、完整、详细地对清管作业过程进行全面描述，将管道运行情况及设备使用状况进行技术分析和指导，得出最终结论，将总结以书面形式提交上级生产主管部门，报公司领导审阅，使公司领导和运行管理者更好地完成天然气管道运行管理工作。

九、清管作业存在的问题及发展

随着计算机技术和通信技术的发展，清管技术日趋成熟，许多操作已完全自动化，尤其在线检测技术发展更为迅速，但目前清管作业仍存在一些问题，需要进一步探讨和解决。

① 改善结构。目前国内清管器结构单一，清管效果不十分理想，清管时丢螺栓和跟踪仪的现象时有发生，建议进行结构改进。

② 清管器的减振效果差。目前清管器在管道中运行时振动较大，不但造成自身螺栓脱落甚至骨架断裂，同时将对管道造成以下威胁：使管道裂纹急剧扩展甚至造成管道断裂；设备损坏；管道连接处泄漏。这些问题可以通过改变皮碗性能、减轻骨架自重、增加弹性导轮以及避开共振频率等手段加以解决。

③ 偏磨严重。目前常用清管器偏磨现象严重，偏磨大大降低了清管器的密封性和清管效果。清管器的自重是造成偏磨的重要原因，目前清管器的骨架主要由铁材制成，可考虑在满足强度要求的情况下，采用铝合金以及有机聚合物等材料，以减轻清管器自重，也可以采用安装导轮的方式来支撑重力，减少偏磨，提高效率。

④ 开发磁性清管器。清管器在管道中运行时，由于清管器设计方面的原因或球速太快、安装不当会造成螺栓、跟踪仪脱落甚至骨架断裂，这些零部件很难通过普通清管器清除干净，对下游压缩机、过滤器和管道干线阀门等设备的安全运行造成很大的威胁。在安全的情况下，建议开发强磁清管器，把管道中的上述遗留物及很难清除的施工遗留物清出来。

⑤ 科学地建立和完善清管标准，确定经济清管次数标准和方法。天然气长输管道清管作业是一项危险、风险较大同时又是一项投资较大的作业，根据各条管道的气体质量情况和现场工况确定经济清管次数是非常必要的。清管除了自身的费用外，同时增大了设备的维护量和维护费用，每次清管后要更换下游分离器的滤芯，有时在清管过程中由于堵塞就得进行更换，同时要对阀门进行维护。

⑥ 目前清管器的跟踪、定位难度较大，在技术可行的情况下，结合 GPS 和 GIS 系统，开发远传定位能力设备，准确上传清管器的位置、速度和所在位置的压力以及温度等参数。

第三章 长输天然气管道投产方式

第一节 投产置换

天然气是一种易燃易爆的气体，天然气和空气混合后遇到火源或者静电极易引发爆炸。选用合适的置换方式可以将天然气和空气隔离开来，这样就可以避免爆炸，保证管道投产运行的安全。

一、投产置换必须具备的条件

1. 天然气管道投产必备条件

天然气管道投产必须具备气源条件、工程完工条件和站场设备条件。

① 投产前必须落实气源，要求气量充足、气质达到《天然气长输管道气质要求》规定的气质要求。

② 天然气管道投产必须具备的工程完工条件为：管道分段清管测径、试压和干燥工作全部完成，有清管测径、试压和干燥记录，并满足相关标准要求；工艺站场及阀室的各放空管、火炬及点火设施具备使用条件；消防安全装置、通信及水电工程等均符合设计图纸（或设计变更单）要求，静电接地系统安全可靠，并按竣工验收规范验收合格；沿线里程桩、测试桩、转角桩等埋设完毕；阀室及工艺场站的预留头已经加装阀门并用盲板盲死。

③ 天然气管道投产必须具备的站场设备条件：工艺站场及阀室的阀门操作灵活可靠，无内外泄漏现象；清管器发送、接收筒的快开盲板密封可靠，无外泄漏现象；通信系统畅通，通话质量达到要求；工艺站场及阀室的各种设备有醒目的编号和气体流向箭头；工艺站场安装的可燃气体报警系统已经投入正常使用。

2. 天然气置换的安全要求

天然气置换是一项非常危险的工作，若置换方案不当或操作失误，可能发生恶性事故，给人民群众的生命和财产造成损失。天然气安全置换是在置换过程中首先要解决的问题，必须符合下述要求才允许实施置换工作：

① 置换前必须进行风险评估。

② 戴上适合的个人防护装置。

③ 准备呼吸器并能正常使用。

④ 准备灭火器并置于适当的位置。

⑤ 管道内空气的置换应在强度试验、严密性试验、吹扫清管、干燥合格后进行。

⑥ 间接置换应采用氮气或其他无腐蚀、无毒的惰性气体为置换介质。

⑦ 现场必须设置"禁止火源"、"禁止吸烟"等安全警示标牌。

⑧ 置换进气端处必须安装压力表，监测压力。

⑨ 放散口高出地面 2.5m 以上。

⑩ 要求管道在置换中接地，特别是连接 PE 管道时必须接地。

⑪ 火源必须距离放散口的上风向 5m 以外。

⑫ 确保气体能畅通无阻地排到大气中。

⑬ 置换过程中放空系统的混合气体应彻底放完。

⑭ 采用阻隔置换法置换空气时，氮气或惰性气体的隔离长度应保证到达置换管道末端空气与天然气不混合。

⑮ 放空隔离区内不允许有烟火和静电火花产生。

⑯ 置换管道末端应配备气体含量检测设备，当置换管道末端放空管口气体含氧量体积分数不大于 2% 或可燃气体体积分数大于 95% 时即可认为置换合格。

二、置换方式

1. 全线置换

全线置换包括分段置换和整体置换，它主要适用于投产时间不确定、空置时间较长的管道。

（1）分段置换

对于长距离输送天然气管道气体置换，一般采用分段置换。分段置换的管道长度一般为 5~20km，通常是以输气站到阀室或阀室到阀室之间进行分段。在管道起点用注氮车将高纯度氮气(99.9%以上)从投产管段起点注氮预留口注入，当氮气注入量等于该段管道的容积时，在本管段的末端阀室放气口取样，检查氮气含量，如氮气含量不小于 98%（即空气含量小于 2% 时），则本段管道置换合格，按此操作，管道全线置换合格后，应使管线内氮气的压力保持微正压状态（表压 0.016MPa）。

（2）整体置换

适用于距离不长（一般为 5~25km）、管径不大（DN600mm 以下）的天然气输送管道的气体置换。具体操作与分段置换过程基本相同。

2. 无隔离器无隔离介质

该置换工艺的原理是直接用天然气置换出管道中的空气，如图 3-1 所示。过程中必须监控置换情况和出口的天然气体积分数或氧气体积分数。从检测管的采样口取样，用高精度

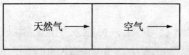

图 3-1　无清管器无氮气置换

燃气检测仪进行实时的监测分析，如果连续 2 次测得天然气体积分数达到 95% 以上或取样中的氧气体积分数在 2% 以下即为合格，可以确定已达到预定的置换标准，置换工作完成。

这种方式一般适用于小口径（一般直径小于 200mm）、管长较短的管道，并且具有经济，置换费用较低等优点。国外有使用案例，在我国还没有使用这种方法的例子，这是因为天然气管道建成后，管内充满了空气，在无清管器无氮气的情况下，管道内空气与天然气的混气段中就有一段在爆炸极限内（即天然气在空气中的体积分数为 5%~15%），随着置换的进行，处于爆炸极限内的混气段将越来越长。如置换速度控制不当，混气段通过弯头或没有开到位的阀门时，如果将管内的石子或沙砾吹起，打到管壁上碰出火花将会引起爆炸，为此必须严格控制，采取各种安全措施，确保无火源。与此同时该置换工艺对置换技术操作要求非常高。因此，不建议用天然气直接置换空气。

3. 有隔离器无隔离介质

有隔离器无隔离介质这种置换工艺的基本原理是：首先选择带有电子定位装置的清管器

放置于管线首站，当发球筒内注入天然气后，将推动清管器向前移动，在末站接收到清管器后进行取样检测，如被排出气体中的氧气体积分数达到预定的标准(氧气含量小于2%)，并且连续三次(间隔为5min)检验都达到此值时，即认为天然气置换合格。

有清管器无氮气天然气推空气投产工艺与无清管器无氮气置换工艺相比，能够一定程度上防止天然气与空气混合，清管器能进一步清除管道内的污物，使操作人员了解各段管道内部的实际情况。该工艺缺点是不易操作，投产时间长，同时受地形及管道安装等因素影响较大，易导致天然气与空气混合，危险系数较高。因为该做法虽然采用清管器能将天然气和空气隔开，但清管器在经过法兰、三通、弯头时，不可避免地产生摩擦，加之压力推动以及碰死口等因素，清管器与管壁之间会因磨损出现密封不严的情况，使天然气从缝隙处溢到清管器前端，从而与空气接触形成混气段，如果混气处在爆炸极限内就会有很大的安全隐患。因此它比较适用于地势平坦、弯头较少、管径一致的管道。采用有清管器无氮气的置换工艺时管道内状态如图3-2所示。

图3-2　有清管器无氮气置换方案

4. 有隔离器有隔离介质

在采用清管器装置的同时，采用氮气进行隔离，能有效防止天然气与空气的直接混合，达到安全置换的目的。使用隔离清管器的主要目的是隔离天然气与氮气、氮气与空气，减少混气量。有清管器有氮气的置换方法可分为双隔离清管器和单隔离清管器两种情况。相比而言这种置换更经济，对技术要求高，操作难度大，但是如果管道距离长，此方法的安全性和经济性优势就更加明显。

（1）双隔离清管器的置换

双清管器有氮气的置换方式的流程为：在两个清管器间注入一段氮气作为隔离段进行氮气置换。通常两清管器之间的距离根据置换总长度和清管站间距而定。在置换过程中将天然气作为推动力，进行氮气置换空气、天然气置换氮气的操作，也就是使空气、氮气、天然气分隔成三个相互独立的区段。其中，氮气的作用是防止天然气和空气混合形成爆炸性混合物，两个隔离清管器的作用分别是减少天然气与氮气的混合以及氮气的漏失。两个清管器的理想距离为50~60km。

这种方法的优点：

① 清管器能进一步清除管道内的污物，了解各段管道内部的实际情况，为以后的清管作业提供详实的技术数据。

② 能够在具有收发球功能的站场重新隔离空气、氮气、天然气，使空气和天然气之间保持一段距离，保证管道安全运行。

但是这种置换方法也有缺点：

① 氮气与天然气的泄漏量非常大，两个清管器都没有起到较为理想的阻隔作用。

② 投产过程不易控制。清管器运行忽快忽慢，在个别管段运行速度达30km/h以上，在清管器启动的瞬间，运行速度甚至可以达到50km/h以上。这一现象非常容易磨损清管器，损坏线路设施，不安全因素较多。另外，由于运行不平稳，很难判断清管器所处的位置，给整个投产过程的安排带来许多不便。

③ 需要的氮气量很大，一是因为漏失量较大，二是为了防止两个清管器在管道内发生碰撞，必须有足够长的隔离段。

④ 在地形较为复杂的地段，由于爬坡段和弯头较多，容易出现清管器停滞现象，使该置换过程更为复杂。

⑤ 为了引球，在部分管段不得不大量放空天然气。

⑥ 当天然气已经进入管道后，如果出现清管器卡死现象，处理方式非常复杂。

有隔离球或隔离清管器的方法广泛应用于国内早期的天然气管线，如靖边西安管线、靖边北京管线、靖边银川管线都采用有双清管器有氮气的置换工艺。采用有清管器有氮气置换方案时管内气体状态如图3-3所示。

| 天然气 → | 清管器 | 氮气 | 清管器 | 空气 → |

图 3-3 有清管器有氮气置换方案

（2）单隔离清管器的置换

单清管器有氮气的置换的方法是：在氮气和空气之间添加一个清管器，使得氮气和天然气与空气隔离开来，如图3-4所示。这种置换方法的优点是把空气与氮气和天然气隔离开，有效地阻止了空气和天然气的混合；缺点是对清管器要求很高，必须具有较高的密封性才能起到隔离作用，并且运行存在一定阻力，不能很好地控制置换速度。

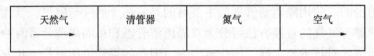

| 天然气 → | 清管器 | 氮气 | 空气 → |

图 3-4 单隔离清管器的置换方法

此外，采用有清管器有氮气的置换方法时，由于受气体的压缩性、管道高差、弯管以及管内杂物的影响，加之不同管线组对内焊缝质量的审核存在差异，在推送清管器的过程中，沿程推送阻力会发生变化；在实际操作中，由于难以控制清管器的运行速度，混气的速度也会随着清管器速度的变化而加快。

当清管站间距离较长时（200～300km），清管器的皮碗易出现过度磨损的现象，这将导致串气增多、速度减慢，严重时甚至会导致清管器停留在管中；由于清管器的皮碗过盈直径的存在，在清管器推送的过程中将产生较大的摩擦阻力，同时在清管器前后也会产生较大压差，压差的存在将导致清管器前后的混气量增加。

采用清管器进行隔离的置换方式，需要在首、末站发送、接收清管这不仅增加了投产置换时间，降低了置换效率，同时还增加了不安全因素。因此，采用有清管器有氮气的置换方法不能达到经济、高效的目的。我国早期投产的管线如涩宁兰管线就是采用有清管器有氮气的置换方案。

5. 无隔离器有隔离介质

无清管器有氮气的置换方法的流程是：先在管线起点站注入氮气到管线入口，当注入到一定长度后，再从起点站注入天然气以此推动氮气前进。氮气置换合格的标准是：管线末端空气和氮气混合气体中氧气的体积分数小于2%，且连续2次（间隔为3min）检验均小于等于此值。氮气置换合格后即可进入正式投产。不使用隔离器使气体间直接接触，减小了管内压强和混气量，且可避免因隔离器卡滞或者磨损带来的窜气现象。如图 3-5 所示。

图 3-5　无清管器有氮气的置换方法

该方法的具体操作过程是先将惰性气体注入管道，在管道末端放散，使用惰性气体置换出空气，直至放散管取样口惰性气体的体积分数达到预定的置换标准为止。在实际操作过程中一般用氧气体积分数来衡量，如果连续 3 次取样中的氧气体积分数达到 2% 以下即为合格（在英国的置换要求中，此数据为连续 2 次测得取样中的氧气体积分数达到 4% 以下即为合格），停止通入惰性气体。然后再将天然气通入管道，同样操作，在检测管的取样口取样，用高精度燃气检测仪进行实时的监测分析，如果连续 3 次测得天然气体积分数达到 95% 以上即为合格（在英国的置换要求中，此数据为连续 2 次测得天然气体积分数达到 90% 以上即为合格），置换完成。

（1）优点

① 地形及管线安装等因素对置换方案影响较小。

② 置换时由于无清管器的存在，摩擦阻力较小。

③ 整个置换过程运行平稳，置换速度容易控制，操作简单，置换成本低，较经济。可以确保进入管道内的燃气不会与管道内空气接触，不会形成具有爆炸性的混合气体。因此，此法可靠性好，安全系数高，成功率也高。

我国近期投产的天然气管道，包括安济线、西气东输二线、溜莱线、庆哈线、陕京三线、中贵线、川气东送、榆济线等管线均采用这种置换方案，这是因为无清管器比有清管器时的混气长度更短，能节约氮气用量。

（2）缺点

① 此法操作复杂、繁琐，需要进行两次换气，不仅耗用大量惰性气体还耗用大量的燃气，费用较高，并且换气时间长，工作量大。

② 每个区段不是相互独立的；天然气和氮气、氮气和空气之间会发生相互扩散现象，扩散的速度受多个因素的影响，影响因素包括环境温度、管线内气体压力、置换速度以及管线长度等。

6. 置换方式的对比与结论

根据国内外对这四种管道置换模型的应用的效果，对四种方式进行了对比总结，各种方案的优缺点如表 3-1 所示。

表 3-1　投产方式比较

方案名称	优点	缺点	适用范围
无清管器无氮气置换	经济，置换费用较低	（1）天然气与空气混合，易使天然气达到爆炸极限，危险系数高 （2）置换技术操作要求非常很高	一般不建议使用

方案名称	优点	缺点	适用范围
有清管器无氮气置换	(1) 较经济； (2) 较无清管器无氮气置换方案能够一定程度上防止天然气与空气结合； (3) 清管器能进一步清除管线内的污物，了解各段管线内部的实际情况	(1) 不易操作，受地形及管道安装等因素影响较大，操作复杂； (2) 易导致天然气与空气混合，危险系数较高； (3) 投产时间长	一般不建议使用
有清管器有氮气置换	(1) 空气、氮气、天然气分成三个彼此独立的区域，每个区域均具有独立性，增强了系统置换的安全性； (2) 降低了技术操作难度	(1) 费用高、操作复杂、氮气需求量大； (2) 受地形及管道安装等因素影响较大，容易增加混气长度； (3) 不易控制，不可预见性高	地势平坦、简单，弯头较少、管径一致的管道
无清管器有氮气置换	(1) 用氮气隔离天然气与空气不易直接混合； (2) 操作简单、速度易控、效率高且阻力小； (3) 不受地形因素及管道安装等影响，费用低； (4) 置换有保持和提高管道干燥程度的效果	(1) 每个区域没有相对的独立性； (2) 环境温度因素、置换速度和管内气体压力因素等影响氮气和天然气、氮气和空气扩散速度受	地形复杂，地势交错、管径不一、弯头较多的天然气长输管道和一些城市燃气管网在氮气置换后立即投产的管道

从安全方面考虑，无清管器无氮气方法和有清管器无氮气方法都存在爆炸的不安全隐患，应尽量不采用这两种方法。从工艺流程特点方面来看，有清管器有氮气的置换方法由于加清管器并不能有效减少混气段的长度，且清管器的存在，增大了运行过程中的阻力，同时清管器的速度难控制，并且存在窜气现象，操作复杂且不经济，所以这种方法也不是最佳的选择。

混气段长度的决定因素并不是是否加了清管器，选择合适的流速、确保管内气体流态处于紊流状态才能有效地减少混气段的长度，由实验得出气体的流速在 $3\sim5m/s$ 时，混气段的长度最短。无清管器有氮气的置换方法由于无隔离装置的存在，置换过程中的阻力较小，置换速度易控制，外界条件对置换效果影响较小，加之置换成本低，经济合理，操作简单，所以该方法成为天然气管线置换方法的最佳选择。目前国内使用最多的投产方式是无清管器有氮气置换工艺。

理论上讲，加隔离器能起到隔离两种不同介质作用。但在天然气管道投产实际工作中采用隔离器很难实现将两种不同气体有效隔离，减少气体混合段长度，尤其是在高程变化较大的山地地段和弯头多、内径变化大的管段处，加设的隔离器容易被卡，这样就会造成隔离器的磨损和变形，密封盘的过度磨损将造成隔离清管器前后窜气，由于清管器过盈量的存在，将使密封盘与管壁间产生较大的摩擦阻力，使清管器前后的压差加大，增加了清管器前后的窜气量，进一步增加了混气段的长度。而且由于气体可以压缩，同时又受管道高差、弯头、管内污物、管道组对间隙和内错边量以及内焊缝高低的影响，因此在置换中还会增加清管器的运行阻力。在实际操作过程中，清管器的运行速度难以控制，在一定程度上影响置换速度计算的准确性，从而影响到置换过程的控制。另外，采用隔离清管器，还会加大实际工作量，增加投资成本。加隔离清管器并不是减少混气段的决定因素，决定因素应是气体的流速，只有当气体处于紊流状态时，才能有效地减少混气段的长度。采用无隔离清管器有氮气方式，即"气推气"方式，不仅避免了由清管器造成的不便，还可以使输气管道置换过程更加安全可靠。天然气管道的投产置换是输气管道工程建设中的一道重要工作程序，在选择操作流程时要进行完善的准备，重视输气管道置换的每一个环节。在置换方案的实际应用中，应优先考虑采用氮气隔离置换空气的方法代替以往直接用天然气置换空气的方法，提高管道置换的安全性。在隔离方式的选择中，也应优先考虑中间不加隔离清管器的方案。采用"气推气"置换工艺是目前比较理想的置换工艺，通过川气东送投产实际检验证明，此种方法具有混合气段长度较短，操作简便易行，置换安全可靠以及置换成本低等优点，应在今后管道投产置换过程中加以推广应用。

同时在置换过程中应该注意以下几个问题：

① 氮气置换必须是在强度试压、严密性试验、吹扫清管、干燥合格后才能进行。

② 在天然气管道通气置换之前对相关技术人员做好技术交底工作，使每一个技术人员熟悉氮气置换方案的内容，让流程操作员、气体检测人员、安全监护人员明白职责及安全措施，让每个技术人员做到心里有数。

③ 在置换前应该成立指挥部，由指挥部统一指挥。并保证各个阀室、站场的流程操作人员、检测人员通信畅通，能将数据及时反馈到指挥部。

④ 置换前要计算出置换过程中所需的氮气注入量，并要求将天然气推氮气的速度控制在 $2\sim5\text{m/s}$。

⑤ 为了避免氮气放空时间过长造成氮气浪费，气体检测人员要及时注意纯氮气头到达检测位置的时间并及时检测。应每 5min 检测一次，检测合格后进行复检。数据相同后方可认为是纯氮气头。当含氧量检测仪显示含氧量低于 20% 时，就可以认为是氮气-空气混合气体到达；当含氧量检测仪显示含氧量低于 2% 时，就可以认为是纯氮气到达。

三、投产置换检测

1. 检测点

长输管道置换作业检测点一般选择在输气场站进、出站压力表口、预留阀和排污阀口处，收发球筒也可作为备选检测点。阀室内检测点一般选择上下游压力表处，阀室内预留阀门可作为备选检测点。

2. 置换界面检测

置换检测的方法具体有以下四种：

① 氮气-空气混气头检测：用四合一可燃气体检测仪(0～25%)检测含氧量。测量时，当分析仪显示含氧量降低至 18% 时，3min 内 3 次确认，认为氮气混气头已到达。

② 纯氮气气头检测：当四合一可燃气体检测仪检测到的含氧量降至 2% 时，3min 内 3 次确认，认为纯氮气已达到。

③ 天然气-氮气混气头检测：用 XP-3140 型便携式可燃气体检测仪(0～100%)检测甲烷含量。检测时，当甲烷含量达到 2%，3min 内 3 次确认，认为天然气混气头已经到达。

④ 纯天然气气头检测：用 XP-3140 型便携式可燃气体检测仪(0～100%)检测甲烷含量，当甲烷含量达到 98%，3min 之内 3 次确认，认为纯天然气已经到达。

根据测算的混气头到达各阀室和场站的时间，提前在下游的阀室和场站进行气体检测。

由置换过程界面(见图 3-6)可以看出：天然气置换过程中，共有氮气和空气混气头、纯氮气气头、天然气和氮气混气头以及纯天然气气头四个界面。当检测仪显示含氧量从

21%（以当地实测为准）降低了1%时，即可认为氮气和空气混气头已经到达；当含氧分析仪检测到的含氧量降至2%时，表示氮气和空气混气段已全部过去，认为纯氮气气头已经到达；当可燃气体检测仪显示值达到1%时，则认为天然气和氮气混气头已经到达；当可燃气体检测仪连续测量显示值超过99%时，即认为纯天然气气头已经到达。

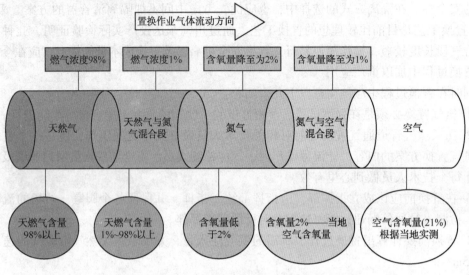

图3-6 置换过程界面检测图

先用便携式含氧量分析仪在主管道上检测氮气含量，当检测到纯氮气时，立即对放空和排污管线进行氮气置换。

然后再接着采用量程为0~100%的便携式可燃气体检测仪对氮气与天然气混气段进行检测，当氮气与天然气混气段通过检测地点时，混气段的天然气含量将从0逐渐上升，当天然气含量高于99%时。即可视为管道内气体已为纯天然气，接着对放空和排污等管线进行天然气置换，直到全线阀室、场站主管线和放空及排污等管线各检测点都检测到纯天然气为止。待全线平均压力升至约为0.2MPa时，天然气置换工作全部结束。

3. 检测时间

在检测之前，首先要根据上游检测到的置换推进速度及上游置换点的距离来估算出气体到达末端检测点的大致时间，然后对末端监测点的气体提前1~2h进行检测。起初检测的时间间隔为20min，不断缩短直到5min。当检测到末端的可燃气体浓度达到10%及以上时，可进行多次点火，直至成功。若检测结果符合可燃气体的规定时，置换过程结束。

四、国内外天然气管道投产技术

1. 国外直接采用天然气推空气进行置换

在天然气长输管道气体置换过程中，有、无清管器的方案在国内外工程实践中都有采用。国内投产较早的天然气管道，大部分采用了有隔离清管器方案，并且大多数都是两个隔离清管器；最近投产的几条天然气管道，如涩宁兰、西气东输、忠武线都开始采用无隔离清管器方案。加隔离清管器的初衷，目的是减少混气段，但是从忠武线投产的结果看来，没有采用清管器隔离的混气段反而比采用两个隔离清管器要短。

国外大部分管道都采用"气推气"方法，具体可分为以下两种：一种是采用惰性气体作为隔离介质的置换方法；另一种则是直接采用天然气推空气置换，这种方法被广泛应用于很多大型管道。而在我国由于管道发展较晚，技术发展相对落后，在投产时常采取较保守的方案，即采用惰性气体隔离的置换方式。天然气直接置换空气存在较大的危险性，我国基本没有采用天然气直接置换空气的案例。

2. 国内早期投产管道采用加隔离器的置换工艺

在国内较早投用的天然气长输管道中，如鄯乌管道(鄯善乌鲁木齐、陕京管道(靖安北京)、长宁管道(靖边西安)等长距离天然气管道，均采用了惰性气体进行了隔离，且为了减少天然气与惰性气体、惰性气体与空气的混气长度，大多数都采用了个隔离器的置换工艺，由于不加隔离清管器的置换方式所产生的混气段的长度反而比加隔离清管器的短，所以在国外几乎没有采用隔离清管器的案例。

3. 国内外对输气管道氮气置换的研究方向不同

国外对输气管道氮气置换的研究主要从传质理论入手，在实验室内设置实验，通过研究细长管内示踪物质的对流扩散现象，从而确定对流扩散系数的大小。国内对输气管道氮气置换的研究还仅限于经验的总结和操作过程的讨论上，没能深入探讨混气的机理，对混气规律没有一定的理论支撑，仅靠经验做法的总结和讨论将在一定程度上造成人力、物力的浪费。

4."气推气"置换方案在国内外被广泛采用

通过国内忠武线、涩宁兰等输气管道的投产，可以看出加清管器置换模型并不能有效地减少混气量，并且在地形复杂、弯头多、内径变化大的管段，易出现清管器卡盘、磨损的现象，造成气体的窜漏，直接影响管道置换工期和置换效果。目前投产的涩宁兰复线、西气东输二线、忠武线、安济线等天然气长输管道，均采用了不加隔离器天然气推氮气推空气的置换工艺。

我国国内已建成天然气管道的投产置换采用的隔离方式如表3-2所示。

表3-2 国内天然气投产置换采用的隔离方式

序号	管道名称	投产时间/年	管径/mm	长度/km	隔离方式
1	中原油田-沧州管道	1986	426	362	空气和天然气之间用清管球隔离
2	鄯善-乌鲁木齐管道	1996	457	291	2个清管器
3	靖边-西安管道	1997	426	450	2个清管器
4	靖边-北京管道	1997	660	907	2个清管器
5	靖边-银川管道	1998	426	292	2个清管器
6	涩宁兰管道	2001	660	924	西段2个，东段无
7	沧州-博淄管道	2001	508	219	无清管器
8	西气东输东段管道	2003	1016	1482	无清管器
9	西气东输西段管道	2004	1016	2308	无清管器
10	忠县-武汉管道	2004	711	718	无清管器

目前，氮气置换在国内已有很多成功的经验，但其置换工艺大多根据以往的经验获得，大多参数的确定也都根据实践应用所得，而室内模拟所得数据与实际偏差较大，因此对于注氮速度、混气段长度的准确计算还需要进行深层次的理论研究与计算，不仅要有理论推导和数值模拟，更要对所得结果与现场进行反复验证和修正。此外，还应对已有的各种实际参数进行记录、整理和分析，以便为以后其他管道安全投产积累经验。

第二节 长输管道投产置换顺序

天然气管道置换包括线路和站场两部分，主要有"先干线后支线"，"边干线边支线"，"边线路边站场"和"先站场后线路"四种置换顺序，一般遵循先干线、后支线、最后输配气站场的原则。置换顺序的选定应根据整个天然气外输系统包括外输管道和站场工艺布局综合考虑。

一般而言，根据气体性质和输气管道运行的特点，站场压力受到输量、温度、高程等因素的影响。其中大口径管道根据气体输量的不同沿程摩阻在压降中所占的比重也不尽相同，随着输量的增大，沿程摩阻所占比重会有所增大。但是在管道输量比较低尤其是投产初期的升压阶段，地形高程起伏对管道的压力会产生一定的影响。由于此时没有气体输量，升压阶段尤其是稳压阶段的压力差完全是由于高程差造成的，但是随着管道的正常运行，引起管道主要压力差的摩阻损失会起到主要作用；相同起点压力时，高程差的影响因素较稳压阶段会有所减弱。这是由于摩阻损失会使终点压力下降，从而降低管道中气体密度。

目前国内已采用的投产置换工艺主要为站场、线路同时进行置换的投产模式。但由于选用"边线路、边站场"投产时，站场的操作比较复杂，会增加混气量。为了能够提前掌握站场工艺情况，简化置换过程中的操作，降低管道投产风险，大落差输气管道干线宜采用先站场、后线路的"气推气"投产置换工艺。

一、"先站场后线路"投产工艺的提出及思路

对于大管径、高压力、长距离的输气管道，沿线经过山区、丘陵、峡谷、水网、平原等地貌，地形复杂多变，管线高差起伏较大，如采用"边线路边站场"的投产工艺，容易造成置换段内气体大量混合，增加注氮量和混气长度，在地形复杂段难检测漏点，给投产置换及检漏补漏工作带来困难，同时也增加了投产指挥的难度。为了简化投产作业中的置换操作，节省置换时间和注氮量，减少混气段的长度，方便检测漏点和投产协调指挥，采用"先站场后线路"投产工艺。

"先站场后线路"投产工艺的基本做法是：先对站场内管线和设备进行注氮置换，提前掌握站场内管道和设备存在的安全隐患，并在整个干线管道进行置换前通过采取有效的措施排除站场安全隐患，有利于投产置换过程的统一置换和协调。图3-7所示为"先站场后管线"投产的工艺流程图。

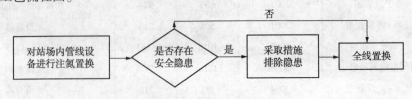

图3-7 "先站场后线路"投产工艺流程

为了保证投产运营的成功，在投产置换前需做到：

(1) 电气投运要先行

与投运站场、线路相关供电部门协调，保证投运期间电量充足可靠，必要时应采用临时发电措施。

（2）安全消防是前提

可燃气/火灾检测报警系统必须在置换投产前调试投运，消防设施配备齐全，通过地方消防部门的检查验收。

（3）单体调试是基础

首先抓线路阀室和站场清管系统的输气设备单体调试，线路和站场的干燥作业合格；其次抓调试置换过程需投用的设备和阀门，并关注安全保护设施的投用；然后再调试其他设备。仪表单体调试要先保证置换过程要提供监视的过程参数及气体计量、分析等仪表调试合格，并同时开展站控系统调试。灵活应用急用先调试投运和根据具体情况穿插进行的原则。

（4）通讯系统要保障

要抓紧站场的 DDN 通信和无线网络的施工和调试，保置换投产期间的通信指挥；同时为 SCADA 系统全线联调创造条件。对移动通信是盲区的管段阀室，置换投产期间要采取临时措施。

（5）按期运营是目标

为用户供气前，全线应带负荷调试所有功能，包括自控系统、分输计量系统、调压系统、燃气发电机组、自用气撬等逐项、逐台投运，达到正式运营的最终目标。

（6）管道保护要同步

紧抓管道阴极保护系统的调试和投运，做到和管道投入运营同步。

二、"先站场后线路"投产工艺的适应性

根据工艺特点，"先站场后线路"置换顺序的优点主要有：

① 能提前熟悉掌握站场大部分漏点质量情况，并利于站场问题提前进行处理；

② 简化置换过程中的操作，减少安全隐患，提高置换效率；

③ 能有效节省投产置换时间；

④ 节省注氮量；

⑤ 增强管道投产的安全性和可靠性，利于统一指挥和协调。

缺点：与其他三种置换顺序相比，"先站场后线路"置换方法需要单独进行注氮，增加了注氮点。

"先站场后线路"投产工艺适用于站场先于管道线路或站场与管道线路同时具备投产条件的情况，对于管道沿线地形非常复杂、地形高差变化大、起伏较大的长输天然气管道，能有效减少混气量和混气段长度，节省注氮量，简化投产置换流程。

三、"先站场后线路"与"边站场边线路"的对比

1. 经济性对比

在不考虑置换顺序的情况下，按管容计算的注氮量是一致的。但由于采取的置换顺序不同，在置换过程中出现故障的频率也就不同，将导致氮气用量的不同。采用"边站场边线路"投产工艺时，投产置换过程中仪器仪表的故障将迫使置换停止，进行故障检修处理，甚至出现更换仪器的状况，这必将导致管内氮气的部分损失，在完成更换后，必须对氮气进行补充。由于仪器仪表主要集中在站场，因此站场是发生此类事故的集中区域。如采用"边站

场边线路"投产工艺时，由于事先没有对站场进行投产置换，在投产置换过程中将出现站场仪器故障导致的氮气损失的现象；如采用"先站场后线路"投产工艺，首先对站场进行投产置换，当出现仪器故障须进行更换时，由于站场管内氮气流动速度很慢，更换仪器时所损失的氮气量也相对较少，进而节省了注氮量。因此，"先站场后线路"比"边线路边站场"投产工艺更为经济。

2. 安全性对比

在管道施工完成后，需要对管道进行清管、吹扫工作，在检测含水量合格后，方能进行投产作业。由于站场内仪器仪表众多，管线弯头、三通、变径管、调压装置处容易出现含水量超标的情况。当采用"边站场边线路"投产工艺，一次性对所有管道进行投产置换时，在站场内含水量超标的位置容易发生冰堵，导致控制设备失灵，甚至冻裂设备，发生安全事故；如采用"先站场后线路"投产工艺，首先对站场进行投产置换，在置换过程中提前对站场内管线发生的故障进行处理，将有效降低故障发生的概率，缩小故障的影响范围，保证投产的安全性。

四、"先站场后线路"天然气管道投产工艺风险

由于天然气管道投产过程中涉及天然气、氮气两种危险气体，升压期间可能发生泄漏、仪器损坏等事故，所以基于天然气管道投产这种特殊性，有必要对天然气管道投产工艺进行风险分析。

天然气管道投产工艺风险分析主要从设计方面、制造安装方面、投产方法流程方面、人员方面和管理5个方面进行。

① 设计方面存在的风险主要有：选材不符合要求；设计计算有误；设备选型有误；未考虑实际情况；设计工艺有误。

② 制造安装方面存在的风险主要有：施工过程中偷工减料；监理不负责；焊接质量差；施工工艺不符合要求；没有安装可燃气体报警仪。

③ 投产方法流程方面存在的风险主要有：溢出点在低位；置换装置上动火；未认真检查、监护各种设备；没有指定事故应急预案；没有使用隔离介质；置换方法选择有误；置换连续平稳；未全管线试压、清管、干燥。

④ 人员方面存在的风险主要有：施工人员技术差；存在第三方破坏；没有对操作人员进行培训；人员态度不端正。

⑤ 管理方面存在的风险主要有：违章操作；违章指挥；没有制定投产方案；操作人员离岗；无关人员进入场站；没有统一的指挥机构。风险分析如表3-3所示。

表3-3 天然气投产工艺风险

风险存在方面	存在风险
设计方面	选材不符合要求
	设计计算有误
	设备选型有误
	未考虑实际情况
	设计工艺有误

风险存在方面	存在风险
制造安装方面	偷工减料
	监理不负责
	焊接质量差
	工艺不符合要求
	没有可燃气体报警仪
投产方法流程方面	溢出点在低位
	置换装置上动火
	未认真检查、监护各种设备
	没有制定事故应急预案
	没有使用隔离介质
	置换方法选择有误
	置换连续平稳
	未全管线试压、清管、干燥
人员方面	施工人员技术差
	存在第三方破坏
	没有对操作人员进行培训
	人员态度不端正
管理方面	违章操作
	违章指挥
	没有制定投产方案
	无关人员进入场站
	操作人员离岗
	没有统一的指挥机构

第四章 天然气管道场站投产

输气站是输气管道工程中各类工艺站场的总称。其主要功能是接收天然气、给管道天然气增压、分输、配气、发送和接收清管器等。按它们在输气管道中所处的位置分为：输气首站、输气末站和中间站3大类型及一些附属站场（如储气库、阀室、阴极保护站等）。按站场自身的功能可分为：压气站、分输站、清管站、清管分输站、配气站等。

站场投产主要是对站场内的计量设备、分离设备、压力控制系统、紧急截断系统、放空系统、排污系统、清管设备的投产。此外还要对站场的电气系统、火灾/可燃气检测报警系统、自控系统等进行调试。关键站场，例如压缩机站，要对压缩空气系统、循环水冷却系统、润滑油系统、干气密封系统、压缩机空冷系统、电气系统、自控系统进行调试。

在对具体输气管道站场进行投产时需要对站场工程概况进行了解，包括投产主要设备和站场设计参数。对仪表自动化系统、通信系统、电气系统、阴极保护系统、消防、供热、给排水等相关系统的概况也要进行了解从而确定该站主要的投产内容。

采用先站场后线路投产时，要先对站场进行置换，并合理选择封存氮气的站场，在置换后，封存氮气。在站场、阀室置换时，还要对站场管道设备进行外漏检测，对阀门进行内漏检测。

第一节 站场投产内容

站场投产包括站内单体设备和各辅助系统的投产。

单体设备的投产包括站内气液联动执行装置、气动执行机构、电动执行机构、各类阀门、收发球装置、分离器、过滤分离器、自用气撬的调试。

电气系统调试包括变压器调试、低压开关柜调试、低压电容器补偿柜调试、低压配出回路调试、UPS 电源设备调试、蓄电池的调试等。

火灾/可燃气检测报警系统调试包括烟感探测器调试、温感探测器调试。

自控系统调试包括仪表单体调试、控制系统内部调试、站控 PLC 系统/阀室 RTU 系统调试、仪表自控系统调试；其中仪表单体包括有压力检测仪表、温度检测仪表、液位检测仪表、均速管流量测量检测仪表、常规电动执行机构、气液联动执行机构、气动执行机构、电动调压阀、气动调压阀、紧急截断阀、电动调节阀、电动调流阀；控制系统内部调试包括计量系统调试、调压系统调试、在线分析系统调试、站控系统内部调试；站控 PLC 系统/阀室 RTU 系统调试包括站控 SCS 系统调试、SCADA 系统临时调控中心测试、寻址功能 SAT 调试、临时调控中心 SCADA 系统功能调试、临时调控中心与站场联合测试、阀室远程终端 RTU 系统投运。

站场氮气置换时，首先要做好准备工作，其次计算注氮量，再按照流程注氮，并进行气体界面检测。

一、投产要点

输气站是输气管道的重要组成部分之一，根据输气站所处位置的不同，各自的作用也有所差异。

输气首站一般在气田附近，如果地层压力较高时，首站可暂时不建压缩机，仅靠地层压力输到第二站甚至第三站，待气田后期气压降低后再适时投建压缩机。首站一般要进行调压、除尘、计量、发送清管器、气体组分分析、气体水露点和烃露点检测等功能。

中间站包括分输站、压气站、清管站等，主要进行气体增压、冷却以及收发清管器。如果中间站为分输站时，也要考虑分输气的调压、除尘、计量等。

末站是天然气管道的终点设施，它接收来自于管道上游的天然气，转输给终点用户。末站具有天然气分离、调压、计量、清管器接收等功能。

此外，为了解决管道输送和用户用气不平衡问题，还设有调峰设施，如地下储气库、储气罐等。

储气库是输气管道供气调峰的主要设施，主要的形式有：枯竭气田储气库；地下盐穴、岩洞储气库；地面容器储气库。

为了便于进行管道的维修，缩短放空时间，减少放空损失，减少管道事故危害的后果，输气管道上每隔一定距离，需设置干线截断阀。

埋地管道易遭受杂散电流等腐蚀，除了对管道采取防腐绝缘以外，还要进行外加电流阴极保护，将被保护金属与外加的直流电源的负极相连，把另一辅助阳极接到电源的正极，使被保护金属成为阴极。由于外加电流保护的距离有限，每隔一定的距离应设一座阴极保护站。

典型输气站场类型、功能、工艺流程、投产主要工作如表4-1所示。

站场投产要点是站场内计量设备、分离设备、压力控制系统、紧急截断系统、放空系统、排污系统、清管设备投产以及各辅助系统投产。

表4-1　典型输气站场类型、功能、工艺流程、投产的主要工作

典型站场类型		功　能	工　艺　流　程	投产主要工作
输气首站		接收并向下游站场输送从净化厂来的天然气；分离、过滤、计量、安全泄放；通常还有发送清管器、气体组分分析等功能。当进站压力不能满足输送要求时，具有增压功能	天然气经分离、计量后输往下游站场（典型流程图见图4-1）	（1）计量设备 （2）分离设备 （3）压力控制系统 （4）紧急截断系统 （5）放空、排污系统 （6）清管设备 （7）增压设备 （8）储气设备
中间站	分输站	分输气体至用户，有时还具有清管器收发、配气等功能	天然气经分离、调压、计量后分输至用户（典型流程图见图4-2）	
	压气站	给管道天然气增压，提高管道的输送能力	天然气经分离、增压后输往下游站场。	
	清管站	保护管道，使它免遭输送介质中有害成分的腐蚀，延长使用寿命；改善管道内部的光洁度，减少摩阻，提高管道的输送效率	清管器接收、天然气除尘分离、清管器发送并输往下游站场（典型流程图见图4-3）	
输气末站		接收来自于管道上游的天然气，转输给终点用户，通常还有清管器接收功能	天然气经分离、调压、计量后输往用户（典型流程图见图4-4）	
附属站场	储气库	供气调峰的主要设施	天然气过滤分离、计量、增压注气；采气、过滤分离、计量、增压输回管道	
	阀室	干线截断、两端放空	便于进行管道的维修，缩短放空时间，减少放空损失，减少管道事故危害的后果	
	阴极保护站	防止埋地管道腐蚀	将被保护金属与外加的直流电源的负极相连，把另一辅助阳极接到电源的正极，使被保护金属成为阳极	

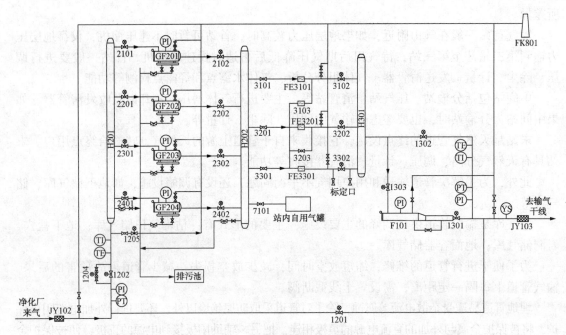

图 4-1 输气干线首站工艺流程

JY102~103—绝缘接头；H201，H202，H301—汇气管；GF201~204—过滤分离器；

F101—清管器发送装置；FK801—放空立管

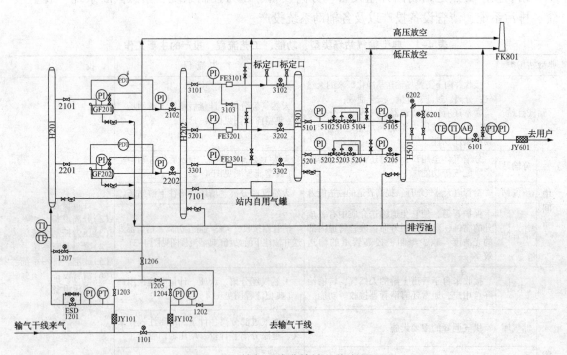

图 4-2 输气干线分输站工艺流程

JY101~102，JY601—绝缘接头；H201，H202，H301—汇气管；GF201~202—过滤分离器；FE3101~3301—流量计；

5102~5202—安全截断阀；5103~5104，5203~5204—调节阀；6202—安全阀；FK801—放空立管

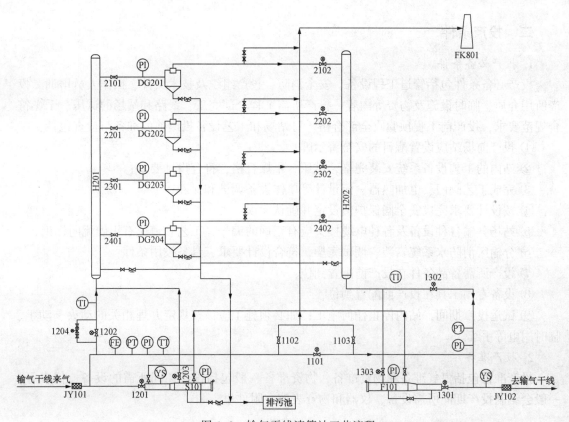

图 4-3 输气干线清管站工艺流程

JY101~102—绝缘接头；S101—清管器接收装置；H201~202—汇气管；

XF201~204—多管干式除尘器；F101—清管器发送装置；FK801—放空立管

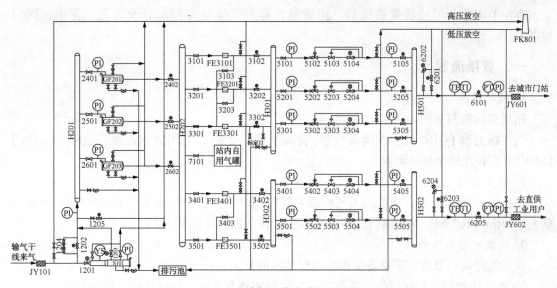

图 4-4 输气干线末站工艺流程

JY601~602，JY101—绝缘接头；S101—清管器接收装置；H201，H202，H301，H302，H501，H502—汇气管；

GF201~203—过滤分离器；FE3101~3505—流量计；5102~5202—安全截断阀；5103~5503，5104~5504—调节阀；

6202，6204—安全阀；FK801—放空立管

二、投产条件

1. 投产必备条件

投产必备条件包括管道工程设备、安全消防、投产组织及技术文件、操作人员培训、投产所用介质、临时设施及物资等内容。投产所需工程全部完工，线路和站场的试压、干燥符合规范要求，投产前工程预验收全部合格。对站场和工艺设备投产前的准备与检查包括：

① 投产前场站应设置醒目的安全警示牌；

② 站内的工艺设备系统安装完毕，试压、干燥合格，符合设计要求；

③ 完成工艺阀门、电加热器、流量计等单体设备调试和保养；

④ 按设计要求完成安全阀保护值设定并确认无误；

⑤ 站场分输各种设备及各种电缆接头应有正确的编号，工艺管道应有正确流向标识；

⑥ 分输区消防水系统安装、调试完毕，符合设计要求，具备投用条件；

⑦ 投产所需备品备件在投产前配置到位；

⑧ 设备专用工具在投产前配置到位；

⑨ 试运投产期间，站内停止任何施工；如必须施工应该按规定办理相关的动火、动土、临时用电等手续。

2. 投产准备

投产准备包括氮气准备和物资准备，物资准备一般包括投产期间所需的设备、仪表等，一般会编制投产期间所需设备、仪器和物资表放在附件里。

第二节 站场置换

本小节主要介绍站场置换流程，注氮量计算，气体界面检测以及设备、管道、阀门检漏。

一、置换流程

1. 站场置换

站场置换流程见图4-5。

当在压力表PG101处检测纯氮气后(含氧量低于2%)，关闭放空流程，全开越站阀门ESDV121，并保持全越站流程。

2. 阀室置换

在压力表PG101处，当检测人员检测到氮气-空气混气头后(含氧量低于18%并3次确认)，关闭CV102阀，其余阀门状态保持不变。阀室置换流程见图4-6。

3. 注氮前准备工作

在注氮之前需要做一下准备工作以确保注氮的安全：

① 确认注氮口与临时管件、注氮管线与注氮加热泵车已经连接完成，符合要求。

② 确定取气点投产人员做好检测氮气头的准备。

③ 检查注氮作业人员、投产人员、操作人员、指挥人员和保驾人员已经就位，做好了准备。

④ 确认站场和管道施工作业已经完成，扫线和干燥已经结束，预验收合格具备投用的

各项条件。

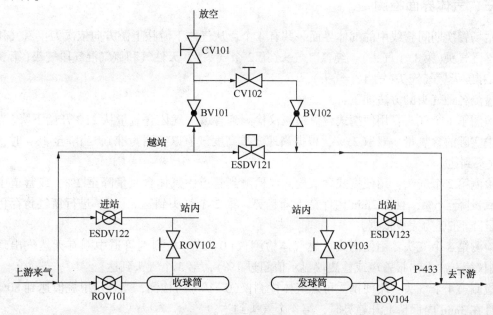

图 4-5　站场置换流程图

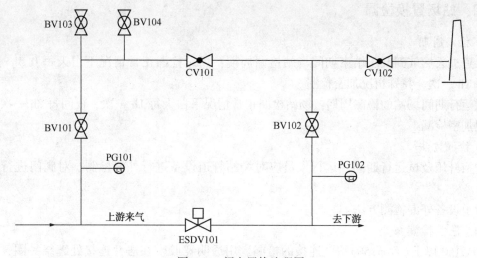

图 4-6　阀室置换流程图

⑤ 安全防护用具已经准备到位，对现场所有人员进行了安全提示，指明应急逃生路线。

⑥ 应急处理人员、设备、机具均已到位处，于指定地点待命状态。

⑦ 各路人员通信设施齐全，通信没有故障盲区。[27]

二、注氮量

对站内管线存量进行计算，排污管线、放空管线吹扫按 2h 速度为 4m/s 来计算管容。1t 液氮转化为 1atm、5℃状态下的气体体积理论上是 808m³，但根据实际经验只能达到 650m³ 左右。一般站场按全部管道注入氮气来计算，计算出总管容便能确定所需的注氮量。

三、气体界面检测

站场置换期间管线中的气体界面一共有 4 个，从气体下游往上游方向依次为：氮气和空气混气段气头(第 1 个气头)、纯氮气气头(第 2 个气头)、天然气和氮气混气段气头(第 3 个气头)和纯天然气气头(第 4 个气头)。

检测各种气头的方法如下：

检测第 1 个气头：用便携式含氧检测仪检测到管道中气体含氧量从 21% 开始下降(当地空气中实际的含氧量一般取 21%，根据当地海拔高度该值以实测为准)，当降至 18% 时，第 1 个气头到达。

检测第 2 个气头：用便携式含氧检测仪检测到管道中气体含氧量降至 2%，或管道中气体含氧量降至 5%，且在 2min 内保持下降趋势，第 2 个气头到达。(注：进行氮气封存仍以含氧量降至 2% 为完成依据)

检测第 3 个气头：用便携式可燃气体检测仪(0~5%)检测到管道中刚有天然气出现时(检测仪第一次发出报警声或检测仪显示值超过 1%)，第 3 个气头到达。

检测第 4 个气头：用便携式可燃气体检测仪(0~100%)检测，当显示甲烷值达到 80% 以上，且在 3min 内保持上升趋势时，第 4 个气头到达。

四、站场置换检漏

1. 检漏周期

管道进天然气到升压结束期间场站检漏周期：场站检漏正常情况下白天每 0.5h 一次，夜间每 1h 一次，特殊情况加密检漏。

试运行期间场站的检漏周期：场站检漏正常情况下白天每 1h 一次，夜间每 2h 一次，特殊情况加密检漏。

2. 检漏方法

置换升压及试运行期间，运行人员应对场站管道设备进行外漏检测，对阀门进行内漏检测。

管道设备外漏检测方法：

(1) 法兰检漏

① φ150 以上(含 φ150)法兰连接的检漏。用透明宽胶带在法兰连接处缠绕一圈，在胶带上扎一小孔，在小孔处检测有无天然气泄漏。如果透明胶带刚缠上，要等一段时间后再检测。如有泄漏，拆除胶带，用肥皂水(或洗涤剂加水稀释)确定漏气点位置。

② φ150 以下法兰连接的检漏。用肥皂水在连接处涂抹，观察是否有气泡产生。也可直接用可燃气体检测仪(0~5%)检漏。

(2) 其他动、静密封点的检漏。除法兰连接以外，管道设备其他动、静密封点直接用可燃气体检测仪(0~5%)进行检漏；

阀门内漏检测需根据适当的流程来进行。

五、注意事项

现场在进行注氮作业时为了保证置换安全有效地进行，经过分析有一些要求及注意事项如下：

① 注氮前应检测氮气资源满足现场试用。

② 注氮作业现场周围 50m 范围设警戒区，有明显警戒标志，与注氮作业无关人员严禁入内，注氮作业人员应佩戴标志。

③ 注氮作业人员负责氮气瓶及其辅助设施的操作，负责拆卸及安装与之有关的管段及注氮接头，其余工艺操作由投产人员负责。

④ 注氮作业人员进入现场前，必须进行安全培训、技术和任务交底，并明确各自职责。

⑤ 注意现场通风，防止造成人员缺氧窒息。

⑥ 做好资料整理、收集和移交工作。

⑦ 注氮作业完成后，做好现场卫生清理工作。

第三节　单体设备及辅助系统调试

一、单体设备调试

首先进行线路阀室和站场清管系统的输气设备单体调试，保线路和站场的干燥作业；其次是调试置换过程需投用的设备和阀门，并关注安全保护设施的投用；然后调试其他设备。仪表单体调试先进行置换过程要提供监视的过程参数及气体计量、分析等仪表，同时开展站控系统调试。

主要包括气液联动执行装置、气动执行机构、电动执行机构、各类阀门、收发球装置、分离器、过滤分离器、自用气撬等。

（一）调试思路

① 主要工艺输气设备单体调试要与工程进度协调，根据工程的需求安排调试的基本顺序，必要时要交叉作业。

② 一种设备的不同调试内容可能要在工程的不同阶段进行。

③ 牵涉到几个专业对同一单体的调试要协调配合。

④ 站场和阀室的阀门操作灵活，阀门开关指示器和阀门实际位置一致，密封可靠，无内外泄漏现象。

（二）气液联动执行装置调试

气液联动执行装置是使用于线路自动截断阀和站场进出站阀门的执行装置。

1. 调试前应先检查

① 检查是否有明显的机械损伤。

② 检查管道引压管和检测管连接是否正确，布局是否合理，是否存在隐患。气液联动执行机构所使用的气源应从上下游取压，执行机构的检测信号应为阀门的上（下）游压力和压降速率信号。

③ 气液联动执行机构全套应包括动力装置、蓄能罐、联轴器、手动操作装置、就地阀位指示器、气液联动限位装置、执行机构调速装置、电磁阀、电子控制单元、手动按钮，以及正确操作执行机构所需的其他任何部件。验收时应全面检查是否缺少零部件、是否损坏。

④ 检查各连接处是否存在外漏。

⑤ 铭牌应由不锈钢制成，应用不锈钢螺钉固定，安装应结实、牢固；并记录铭牌上的

信息，包括：相配阀门位置编号、执行机构系列号和供货商名、阀门系列号、操作压力和设计压力，各种事故信号的检测范围、行程等。

⑥ 检查引压管、检测管上的阀门排污管线上的截断阀门是否开关灵活、好用，是否有操作、检修空间。在进行气液联动执行装置整体功能测试前要保证与执行装置所配的阀门已完成阀门投产前的维护保养工作，阀门已经得到了相应的保护。

⑦ 操作台是否就位，操作空间、高度满足各种操作。

⑧ 执行装置资料齐全，包括工厂测试报告、操作和维修手册，用于组装、调试、包装和运输的有关数据，执行机构的结构图和装配图，电器原理及端子接线图和气液联动功能图，MODBUS 通信数据表，液压油的品牌和牌号，现场检查、调试记录、执行器设备台账。

2. 气液联动执行装置达到运行的条件

① 手动、气动、自动截断功能调试和功能测试完毕，均可达到阀门开关到位和设计要求。

② 气动、自动、远控驱动执行装置时，执行装置全开关行程动作时间在最低压力时的动作时间不超过 60s。

③ 执行装置各点无外漏，液压系统密封性能良好。

④ 执行装置液压油液位满足规定要求。

⑤ 站控系统具有稳定供给执行装置 24V 电源。

⑥ 执行装置远控功能测试完毕，满足设计要求。

⑦ 调试和验收中发现的问题整改完毕。

（三）阀门调试试运

1. 调试、投运前检查

① 安装位置是否正确，安装是否牢靠。

② 没有明显的制造、运输和安装缺陷。

③ 是否有砂眼、裂纹、腐蚀坑等缺陷。

④ 法兰连接的阀门螺栓规格、配件是否齐全，包括钢圈，垫片。

⑤ 操作空间要足够，包括维护与拆卸。

⑥ 配件是否齐全。

⑦ 安装是否有明显倾斜。

⑧ 阀门资料齐全，包括阀结构图以及易损件的制造图、阀门和执行机构安装的外型尺寸图、使用说明书、安装维护手册、用于制造此阀门的材料化学成分和机械性能测试报告、带有时间及压力变化记录的水压、气压试验报告、相应无损探伤的检验报告、阀门操作的实验报告、API 6D 要求的其他试验报告和证书、阀门投运前维护保养、调试记录、阀门台账。

2. 阀门操作性能检查

① 现场操作阀门进行全开关操作，检查阀门在动作过程中是否有异常声响，是否有卡塞现象。

② 在检查的过程中，观察球阀操作是否灵活，能够全开或全关，限位是否准确。

3. 内、外漏检查

① 各连接处是否漏气(法兰、注脂嘴、排污嘴、黄油嘴、泄放口)。

② 注脂嘴检查：是否可以注入清洗液、带压的情况下是否漏气。

③ 排污嘴检查：是否可以开关、螺纹及锥面密封效果是否良好。

④ 检查阀门是否内漏。

4. 阀门投运前维护保养

① 球阀和旋塞阀在施工过程中阀门每一次活动后、在阀门焊接结束后、水压试验后、调试结束后注入或补充注入阀门润滑脂。

② 球阀在阀门安装后进行了阀门密封性能检查，确认阀门辅助密封系统的通道畅通。

③ 吹扫试压结束后对阀门进行排污。

④ 更换已损坏的密封圈(垫片)。

⑤ 在阀门投运之前，保证阀门各类配件(排污嘴、注脂嘴等)均处于密封、锁紧状态。

⑥ 阀门阀位处于正确的运行状态。

5. 阀门达到运行的条件

① 阀门在管线(站场)试压期间内部密封性能良好，阀杆、各外部连接配件部位无外漏。

② 阀门开关操作扭矩满足设计要求或一人在不用加力杆的情况下操作。

③ 阀门开关位置准确。

④ 已完成阀门投产前的维护保养工作。

⑤ 阀门投产前维护保养、调试和验收中发现的问题整改完毕。

⑥ 安全阀已经过有资质的单位标定，已具有合格的标定报告。

⑦ 天然气置换之后，阀门投入正常运行之前，再次对阀门进行排污，清除阀门中残留的杂质。

⑧ 无内漏。

(四) 分离器调试投运

1. 分离器调试投运前检查

① 目测外形美观、表面光滑无凹坑。

② 检查仪器仪表零件附件是否齐全。

③ 检查是否有砂眼、裂纹、腐蚀坑等缺陷。

④ 排污阀和放空阀性能是否可靠，安装是否正确。

⑤ 焊接接头应打磨圆滑，涂漆是否均匀。

⑥ 分离器资料齐全，包括分离器投运前资料验收和记录、设备竣工图、主要受压元件的原材料质量证书或材质复验报告、焊接评定报告、焊接接头质量的检测和复验报告、主要受压元件的无损检测报告、设备热处理报告、压力试验报告、产品质量证明书、产品使用说明书(包括快开盲板)、产品合格证、设备备品、备件和专用工具清单、快开盲板技术资料文件、压力容器安装许可证和压力容器使用登记证、设备台账、运行记录。

2. 分离器调试投产步骤

(1) 进行快开盲板和分离器内部检查

① 打开快开盲板，检查快开盲板内部；取下盲板密封圈检查密封有无机械损坏，损坏的要更换，否则要对密封圈进行清洗；检查并清理密封凹槽内锈蚀和污物。

② 清理盲板颈内部和门在关闭时的接触部分，并对以上部分涂抹油脂。

③ 检查泄压螺栓总成，泄压螺栓孔周围密封面是否清洁、是否存在划伤，如有则进行清理；检查泄压螺栓的安装，确保无倾斜、松紧度适中，扭矩不得超过 27.12N·m。检查泄压螺栓总成密封垫是否存在损坏，如损坏则更换。

④ 检查筒体内部各种连接是否安全、可靠。

⑤ 检查滤芯是否完好，是否有变形、破损现象，如有则进行更换。

⑥ 检查筒体内部零件是否齐全。

⑦ 标定配套压力表及压差计等一次仪表。

⑧ 办理压力容器使用登记证明。

⑨ 检查快开盲板是否可以灵活开关。

⑩ 检查各仪器仪表是否齐全，包括液位计、差压计、压力表等。

（2）检查分离器是否达到运行条件

① 快开盲板各项性能满足设计要求，开关灵活，站场试压期间各密封点和外部仪器仪表密封性能良好。

② 过滤分离器滤芯安装符合要求，滤芯完好。

③ 站场管线吹扫完毕，管道内无大量杂质。

④ 分离器操作平台就位。

（3）分离器的投产运行

① 按照天然气置换方案进行分离器的天然气置换。

② 开启分离器压差计、液位计、压力表等配套仪器仪表根部阀门，检查各项参数是否正常。

③ 通过排污池检查排污阀是否有内漏，对分离器进行排污操作。

④ 通过放空管检查放空阀是否有内漏。

⑤ 过滤分离器投入运行 10 天后，对分离器内部进行检查并进行清理。

⑥ 分离器投入运行后，密切注意监测分离器差压和储液罐液位情况，如压差大于 40kPa，则更换过滤器滤芯。

（五）收发球装置调试投运

1. 收发球装置调试投运前检查

① 目测外观美观、表面良好。

② 涂漆是否均匀，是否达到防锈和美化的效果。

③ 检查仪器仪表零件附件是否齐全。

④ 检查是否有砂眼、裂纹、腐蚀坑等缺陷。

⑤ 排污阀和放空阀性能是否可靠，安装是否正确。

⑥ 清管指示器安装正确。

⑦ 收发球装置资料齐全，包括设备竣工图、主要受压元件的原材料质量证书或材质复验报告、焊接评定报告、焊接接头质量的检测和复验报告、主要受压元件的无损检测报告、设备热处理报告、压力试验报告、产品质量证明书、产品使用说明书(包括快开盲板和清管指示器)、产品合格证、设备备品、备件和专用工具清单、快开盲板全套设计图(包括零部件图)、清管通过指示器的设备结构尺寸图、原理接线图、电器端子接线图以及操作和维修手册、设备台账和运行记录。

2. 收发球装置调试、投产

① 打开快开盲板，检查快开盲板内部；取下盲板密封圈检查密封有无机械损坏，损坏要更换，否则要对密封圈进行清洗；检查并清理密封凹槽内锈蚀和污物。

② 清理盲板颈内部和门在关闭时的接触部分，并对以上部分涂抹油脂。

③ 检查泄压螺栓总成泄压螺栓孔周围密封面是否清洁、是否存在划伤，如有则进行清理；检查泄压螺栓的安装，确保无倾斜、松紧度适中，扭矩不得超过 27.12N·m。检查泄压螺栓总成密封垫是否存在损坏，如损坏则更换。

④ 检查筒体内部各种连接是否安全、可靠。

⑤ 标定配套压力表等一次仪表。

⑥ 检查快开盲板是否可以灵活开关。

⑦ 检查各仪器仪表是否齐全，包括清管指示器、压力表等；仪器仪表安装是否符合规范，仪表位号是否正确。

⑧ 测试清管指示器就地指示功能和手动复位功能。

3. 收发球装置达到运行的条件

① 收发球装置系统阀门已进行阀门投产前的维护保养、调试验收。

② 清管指示器就地指示和手动复位功能测试满足要求。

③ 放空及排污管线和阀门安装正确。

④ 压力表等一次仪表经过标定，标定合格。

⑤ 操作平台就位。

二、电气系统调试

(一) 调试基本思路

① 由于各站场和阀室的电气系统相对独立，因此常规的设备调试投运以站场为单位实施。天然气发电机组、TEG、UPS 等专用设备全线组织，以项目部为主，组织运行单位及相关施工单位、设备供货商等组成三个小组同时进行。各自负责其管辖范围的站场和阀室的电气投运。

② 站内电气施工和外电施工及地方协调工作同步进行，哪个站具备送电条件就先受电投运。

③ 原则上按供-配-用的受电顺序和主-备-保的设备顺序组织调试投运。

④ 试运投产前，保证外电按时送电，并完成变压器、低压柜、配电设备主体、配电设备相关设施、UPS 的调试工作；

⑤ 置换升压期间，完成 TEG 发电机的全部调试及燃气发电机的调试工作。

(二) 调试投运应具备的条件

① 与供电部门的供用电协议已签订，与上级变电所的调度联系畅通。

② 架空线路施工完毕并已带电运行，且一切正常；终端三相电源相序正确。市电输入电缆已铺设完毕。

③ 变电所电气设备已安装完毕，并完成了电气试验和保护设定。

④ 开关柜已经按照回路名称编号，各种标志准确齐全。

⑤ 站场用电设备安装完毕，绝缘电阻符合要求。

⑥ 高压电气设备交接的检验报告齐全。施工安装单位必须提交经有资质的单位认可的

高压交接试验报告，具体包括：变压器的每个档位的直阻测试，变压器变比测试记录，绝缘测试记录，变压器保护定值调试记录。高压电缆，隔离开关耐压交接报告。

⑦ 电工用具及电工仪器仪表配备齐全，必要的备品备件已配备。

⑧ 变电所门窗完好，绝缘胶皮已铺设。

⑨ 工作场地具备防火、防滑措施及足够的照明和良好的通风。

⑩ 天然气发电机组和燃料供给系统已安装完毕。

⑪ UPS电源主机、电池柜和控制柜已经安装就位，UPS电源输入和输出电缆已铺设完毕。

⑫ 配电室和发电机组以及各电器设备接地电阻检查测试合格，站场联合接地系统接地电阻检测合格。

⑬ 消防器材按规定配备到位，消防道路畅通。

⑭ 具备可靠的搬运设备、工具(包括吊具、索具、起重机械和行车等)和保护措施，在使用中要保证安全。

⑮ 调试投产保障及抢修人员到位，机具、材料按规定配备到位。

⑯ 由于管线未通天然气时，RTU阀室的TEG燃气发电机无法投用，建议初期投产时，配备小型柴油发电机临时供电调试。

（三）调试流程

调试流程如图4-7所示。

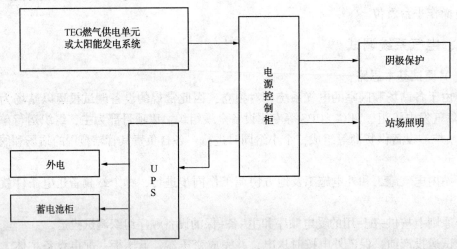

图4-7　站场电气系统调试流程

（四）单体调试

1. 变压器调试

（1）调试前机械安装检查

① 厂家完成对主体和相应附件的组装和调试；

② 安装必须按照施工规范、施工合同、厂家提供的安装使用说明书的要求进行；

③ 变压器器身(不带气体继电器)必须垂直安装；

④ 变压器油位观察窗必须安装在易于查看的位置，要查看变压器的油位是否正常，储油柜的油位应与温度相对应，各部位无渗、漏油；

⑤ 检查变压器的铭牌与工作要求是否相符；

⑥ 变压器本体固定牢固，各连接处的螺丝不得有松动；

⑦ 检查变压器高、低压侧瓷套管是否有裂纹或破损；

⑧ 记录硅胶吸潮剂颜色；

⑨ 检查变压器的分接开关应在 10kV±0 位置；

⑩ 杆上跌落式熔断器安装倾斜角度合适，易于操作；

⑪ 干式变压器的外部表面应无积污，温度控制器接线完好；

⑫ 室内安装的干式变压器运行环境要有足够的运行、散热和维修空间，确保其在正常环境下能安全运行；

⑬ 检查变压器各电缆接头连接是否牢固、无松动；

⑭ 干式变压器的附属设备必须齐全(包括温控器、冷却风机等)；

⑮ 变压器室的门应采用阻燃或不燃材料，并应上锁。

（2）调试前电气安装检查

① 变压器的电气安装必须严格按照操作说明书的要求和有关电气规程进行；

② 确保变压器的所有电气接线连接可靠、牢固；

③ 采用熔丝保护的小型变压器，在送电投运前必须检查所有的熔丝规格是否与规定的数值相符，以满足保护需要；

④ 与变压器连接的金属铠装电缆其技术屏蔽层的两端应做可靠接地，接地电阻在要求范围内；

⑤ 检查变压器本体接地是否完好，接地电阻应≤4Ω；

⑥ 接地软线连接可靠、无断股或散头现象；

⑦ 变压器进、出线电缆走向整齐并绑扎固定，母排走线应固定牢固，整齐，绝缘间距符合要求；

⑧ 避雷器是否安装并投用，接地引下线是否完好；

⑨ 检查变压器中性点是否接地，检查三相分接头位置应保持一致；

⑩ 监视装置的检查，包括电流表、电压表和温度测量仪表等；

⑪ 施工单位应严格按照施工图进行安装。

（3）调试前电气测试检查

① 变压器安装完成后，测量变压器线圈间和线圈对地的绝缘电阻值应符合表 4-2 的要求，其最小允许值为表 4-2 的 70%，测量摇表应使用 1000～2500V 兆欧表(断开变压器的电源进、出线，做好安全措施，测完一相后应进行放电，再行测量)；

② 不同环境温度下变压器的绝缘电阻值如表 4-2 所示，绝缘电阻值与表中要求不符时，变压器应进行干燥处理；

表 4-2 不同环境温度下变压器的绝缘电阻值

温度/℃	20	30	40
绝缘电阻/MΩ	400	200	100

③ 线圈连接组测定；

④ 绝缘电阻测定要求采用 2500V 兆欧表，吸收比不低于 1.3；

⑤ 未经检查清理和测试不得通电试运，以免出现电气事故和损坏变压器；

⑥ 检查变压器有关出厂电气试验规程中规定的内容是否完成并合格。

（4）投运条件

① 变压器安装周围要留有一定的占地面积和空间以便操作和维护；

② 露天安装的变压器四周必须设有安全围栏；

③ 检查外电线路和电缆线路具备运行条件；

④ 查看室外跌落开关应在断开位置，室内安装的干式变压器要查看 10kV 电源进线柜断路器应在断开位置；

⑤ 确认变压器外部无异物，临时设施已拆除，室内 10kV 电源进、出线柜，变压器柜内无遗漏的工具、导线和杂物；

⑥ 变压器的进线高压电缆出线母排连接安装完成，高压电缆绝缘试验合格；

⑦ 变压器低压配出回路均已安装完毕并且符合绝缘要求；

⑧ 自动化系统安装完成，具备单体设备调试条件；

⑨ 变压器输出断路器处在断开位置；

⑩ 变压器停电时，应先停负荷侧，后停电源侧；

⑪ 禁止带负荷拉、合变压器电源侧隔离开关；

⑫ 变压器停电后，挂警示标牌；

⑬ 变压器全压冲击 5 次，检查正常方可通电空载运行。具备远控功能的变压器从站控室发合闸指令，进行空载运行。变压器空载运行 2h，记录空载电流值；

⑭ 按正常送电程序使变压器通电带负载运行，检查是否正常。记录变压器负载参数、变压器温度、电压、电流等，变压器运行 72h；

⑮ 检验故障和报警功能是否正常（干式变压器必须在温控器超温报警和跳闸报警接入用户二次报警电路时方可投入运行），由厂家及调试人员共同进行。

2. 低压开关柜调试

（1）低压开关柜调试投运

① 抽屉式结构的主开关，机械连锁应有效，电气连锁应可靠；

② 检查相位，各相两端及其连接回路的相位应一致；

③ 检查各接线柜和抽屉单元有无遗漏的工具、导线和杂物；

④ 室内电缆沟是否清理干净；

⑤ 拆除各种临时设施。

（2）低压进线柜调试投运

① 操作时必须由两人进行，一人操作，另外一人监护；

② 确认各配出回路抽屉开关置于断开位置；

③ 将断路器转换开关置于就地操作位置；

④ 先进行变压器的送电操作，闭合室外跌落开关；

⑤ 观察电源进线电压指示正常；

⑥ 低压进线柜进行电动合闸操作，检查断路器电动合闸正常；

⑦ 检查仪表和各附件正常；

⑧ 低压进线柜进行电动分闸操作，检查断路器电动分闸正常。

（3）低压抽屉开关柜的调试投运

① 检查各配出低压抽屉开关处于断开位置；

② 检查各配出低压开关柜电压表和指示灯正常；

③ 万用表检查各配出柜无短路、接地故障；

④ 依次对各配出柜低压输出断路器进行空载合闸、分闸操作调试，观察低压带电指示灯和仪表是否正确；

⑤ 依次对各配出柜进行 3 次分、合闸操作；

⑥ 对各送电回路各相进行低压验电检验；

⑦ 挂上"禁止合闸，有人工作"警示牌；

⑧ 检查无故障并记录。

（4）遥测、遥信、遥控功能测试

① 数据传输测试，检查数据采集设备正常，数据传输准确；

② 所测试的数据能否上传至控制室（低压出线柜主断路器分、合闸信号，发电机装置信号数据上传）；

③ 控制室能否执行低压开关柜远程操作指令。

（5）手动与远方自动跳闸、合闸功能测试

① 将选择开关置于"自动"位置，测试能否实现控制室远程控制操作功能；

② 将选择开关置于"手动"位置，测试现场操作功能。

3. 低压电容器补偿柜调试

（1）电容器柜投运前的检查

① 电容器应完好，试验合格；

② 电容器及放电设备外观检查良好，无渗、漏油现象；

③ 电容器应布线正确，电压应与电网额定电压相符合；

④ 三相电容之间的差值不超过一相总容量的 5%；

⑤ 各部连接严密可靠，不与地绝缘的每个电容器的外壳和构架，均应有可靠的接地；

⑥ 放电电阻符合设计要求，各部件完好；

⑦ 电容器组的保护与监视回路完整并全部投入；

⑧ 电容器的断路器符合设计要求，电容器投入前应在断开位置。

（2）电容器补偿柜调试投运

① 检测电源进线仪表或指示灯正常；

② 将电容器投切转换开关置于手动位置；

③ 检查各电容器外观和接线情况；

④ 合上电源断路器；

⑤ 手动依次投切电容器检查是否正常；

⑥ 将电容器投切转换开关置于自动位置检查是否正常；

⑦ 正常带负荷工作时转换开关应置于自动位置；

⑧ 检查无故障并记录。

4. 低压配出回路调试

（1）调试前的检查

① 各配出回路用电设备的各种金属件均需做防腐防锈处理，并做好接地；

② 检查工作质量是否合乎要求，设备上有无遗漏的工具和材料；

③ 各配出回路电力电缆和用电设备电气绝缘应符合要求；

④ 检查用电设备铭牌所示电压、频率与使用的电源是否一致，接法是否正确，电源的

容量与设备容量及启动方法是否合适；

⑤ 使用的电线规格是否合适，引出线与线路连接是否牢靠，接线有无错误；

⑥ 所有接线端子与电器设备连接时，均应加垫圈和弹簧垫圈；

⑦ 熔断器和热继电器的额定电流与所接用电设备的容量是否合适；

⑧ 电动机等旋转设备用手盘车应均匀、平稳、灵活，窜动不超过规定值；

⑨ 检查传动装置连接可靠，无裂伤迹象，连轴器螺钉及销子应完整、紧固，不得松动少缺；

⑩ 检查旋转设备的防护罩等安全措施齐全，电气通风系统是否完好。

（2）低压配出回路的调试步骤

① 对相应的配出回路进行试送电，要求配电室和用电设备现场都有人在场，并通过对讲机联络；

② 试送电过程中观察用电设备相序是否正确，有无其他异常情况；

③ 对于电动机负载，应先试启动一下，观察电动机能否启动及旋转方向是否正确；

④ 观察配出回路配电装置带电指示正常，转动设备运转平稳，无异常振动和响声，电流的大小与负载相当，调试送电完毕。

5. UPS 电源设备调试

（1）UPS 投运前的检查

① UPS 电源主机和电池柜必须垂直安装；

② UPS 电源周围不得有杂物和导电金属物；

③ 电源主机和电池柜、配电柜在防静电地板上安放要牢固，并做好接地；

④ UPS 上部至少要有 50cm 的空间以确保通风，在 UPS 前后两面要保证有 1m 的设备检修净距离；

⑤ UPS 电源不要放置于离水汽较近的地方，防止水或其他液体溅到设备上；

⑥ 确认设备内无遗留物；

⑦ 设备顶部和地板下不要放置杂物；

⑧ UPS 电源保护板和侧板是否上好并紧固，以避免高压电击。

（2）电气安装检查

① 同槽敷设的 UPS 电源输入、输出电力电缆要间隔 10cm 敷设并固定；

② 控制和通信电缆不能与电力电缆同槽敷设，并应避免长距离平行敷设；

③ 所有接在同一地线母排上的电线电缆是否捆扎在一起；

④ 设备外壳是否接地，其活动门板是否有可靠电气连接；

⑤ 拆除与检修有关的临时安全措施，检查盘内应清洁，无杂物，检查绝缘应符合要求；

⑥ 输入、输出相序和极性是否正确；

⑦ 检查系统接线无松动；

⑧ 检查开关位置是否正确；

⑨ 检查输入 380V 电源是否正常。

（3）UPS 电源设备调试要求

① 设备安装、接线时通知设备厂家工程师到现场；

② UPS 电源所接的负载设备接线由现场负责电气运行人员接线；

③ UPS 电源内部接线必须由设备厂家工程技术人员负责接线，其他非设备厂家人员禁止操作；

④ UPS 电源设备通电、开机、调试必须由设备厂家工程技术人员负责，并现场对运行单位人员进行培训指导。

（4）UPS 的投运

UPS 在正常模式下启动：

① 负载由 UPS 供给动力和提供保护；

② 设置开关 Q1 和/或外在电池开关到位置 1（电池电路闭合）；

③ 应用电压到 UPS；

④ 设置开关 Q2 到位置 1（输入市电开始）；

⑤ 等待模拟面板启动；

⑥ 从模拟面板的命令菜单激活启动程序；

⑦ 设置断开开关 Q6 到位置 1（连续输出）。

UPS 电源关机：

① 在模拟面板从命令菜单激活中止程序，等待停机大约 2min（所有服务器的停机都受控于停机软件）；

② 设置断开开关 Q6 到位置 0（输出的逆变器停止）；

③ 设置开关 Q1 和/或电池开关到位置 0（电池电路断开）；

④ 设置开关 Q2 到位置 0（输入市电停止）。

UPS 电源调试：

① 自检功能调试。

检查存储器里的有关数据：检查存储器里的有关数据是否改变，如果数据有变化，显示器将显示提示信息，这表明出厂时设置的数据已经丢失。

检查设备组成：如果有关数据没有变化，则检查设备的组成，如果任何一项与工厂设置不一致，将显示错误信息。

② 通电空载调试。给 UPS 通电、空载启动，观察运行是否正常。

③ 通电带载调试。给 UPS 通电、带载启动，观察运行是否正常。

④ 手动旁路调试。正常工作状态转换到手动旁路状态：在控制菜单中选择 ECO 模式，检查 L1 和 L4 等应亮，把输出开关 Q2 转到"2"，打开电池开关 F1，打开输入开关 Q1 到"0"位置，显示屏上显示旁路输出供电。

手动旁路状态转换到正常工作状态：合上输入开关到"1"位置，在控制菜单中选择"正常模式"，合上电池开关 F1，检查 L4 灯应亮，转动 Q2 到 1 位置，检查所有灯是否恢复到从前状态。

⑤ 蓄电池放电调试。在 UPS 带载运行中，断开 UPS 主电源开关 Q1，UPS 电源自动切换到蓄电池供电状态，由蓄电池供电带载运行 30min。

验收：

① UPS 设备带电正常运行 72h 后，如无异常则参照国家标准和 UPS 设备技术资料对 UPS 设备进行验收。

② 验收工作完成后，厂家技术人员应向川气东送管道分公司移交 UPS 设备调试技术资料。

6. 蓄电池的调试

SOCOMEC-SICON 蓄电池设计使用寿命 15~20 年，正常浮充使用寿命 10 年。使用期间不用加酸、加水和测量电解液的相对密度；每月自放电率≤3%；可适用的温度范围是−15~45℃，推荐使用温度为 25℃，可用以下方法加以校正：

① 采用温度调节设备或改变电池的位置，加强空气循环等措施改善使用环境；

② 采用温度校正法，即温度高，降低电池的浮充电压；温度低，提高电池的浮充电压；

③ 电池的额定单体电压为 2V，电池连接采用镀锡铜芯多股电缆软线连接线或镀锡紫铜排，压降小，可防止电池间外部短路。

三、火灾/可燃气检测报警系统调试

1. 火灾/可燃气检测报警系统流程

火灾/可燃气检测报警系统流程如图 4-8 所示。

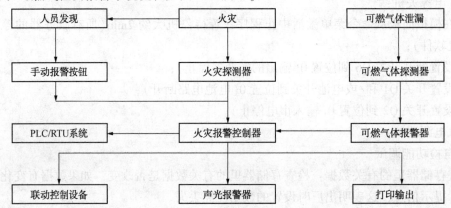

图 4-8　火灾/可燃气检测报警系统流程框图

2. 调试基本思路

① 可燃气/火灾检测报警系统在天然气置换投产前需要有资质的单位进行检定，并在置换投产前检定完毕投入使用。

② 由于系统的相对独立性和专业性，组织专业小组统一调试投运。

③ 根据先具备调试的站场先进行调试投运的原则，视各站进度确定具体调试时间。必要时将加倍投入调试力量，全线一起进行。

④ 投产前可燃气/火灾系统调试投运，并通过地方部门检查验收。

3. 系统调试投运需具备的条件

（1）系统接地要求

采用专用接地系统或共用接地装置。专用接地电阻不大于 4Ω，共用接地电阻值不大于 1Ω。

消防电子设备凡采用交流供电时，设备金属外壳和金属支架等作保护接地。接地干线采用铜芯绝缘导线，其线芯截面面积不小于 25mm²，至少两处与接地极连接；爆炸、火灾危险场所设备均应采取静电接地措施。

（2）系统布线

① 总线、直流24V电源线均选用阻燃屏蔽电缆，可燃气体探测器提供的电缆为铠装电缆；

② 在有吊顶的房间内采用穿钢管暗敷在吊顶内，其余线路采用明配钢管敷设；

③ 钢管表面需涂刷防火涂料并应可靠接地；

④ 穿管绝缘导线或电缆的截面积，不应超过管内截面积的40%；

⑤ 布线须满足《火灾自动报警系统施工及验收规范》（GB 50166—2016）的要求。

4. 火灾探测、报警器调试

（1）烟感探测器调试

① 用一测试磁铁置于探测器塑料外壳的测试插孔对边位置上，对探测器进行测试，控制器能够显示该探测器报警，探测器的指示灯处于恒亮状态；

② 用气溶胶发生器或者相似的加烟工具产生烟气，使烟气靠近烟感探测器，使其报警；

③ 此时探测器的指示灯处于恒亮状态，并且保护区内的警铃响；

④ 站控室报警控制器发出声光报警。

（2）温感探测器调试

① 用一测试磁铁置于探测器塑料外壳的测试插孔对边位置上，对探测器进行测试，控制器能够显示该探测器报警，探测器的指示灯处于恒亮状态；

② 用电吹风机以一定的距离向探测器吹风，使温感探测器报警；

③ 保护区外的警笛响和闪光动作；

④ 站控室报警控制器发出声光报警。

（3）调试过程

① 检查电源电缆、信号电缆连接没有错误；

② 给系统上电，按下测试开关，所有指示灯应该亮；

③ 选择每一个报警器使其报警，看控制器是否报警；

④ 按下静音按钮，警铃应停止鸣响，控制盘内的蜂鸣器应继续鸣响；

⑤ 按下复位开关，报警装置恢复正常状态，控制盘内蜂鸣器静音，输出报警信号复位；

⑥ 按照以上所述检查其他的探测器及报警设施；

⑦ 全部测试完成后确认整个故障后，测试完成。

（4）故障诊断与调整

当探测器故障时，通过微机调制器的显示界面可以查出是何种故障，一般为开路和短路故障。针对确定的故障类型，使用者可以进行处理。当故障无法确定时，则与设备商联系予以调整解决。

四、自控系统调试

自控系统采用先进、可靠的以计算机为核心的监控及数据采集（Supervisory Control And Data Acquisition 简称 SCADA）系统，实现整个管线的动态管理和自动监控。各站场达到无人操作、有人值守的管理水平，降低安全隐患。

站控 SCS 系统主要由过程控制单元（PLC）、紧急关断单元（ESD）、操作员工作站、数据通信接口、计算机网络构成。站控 ESD 与 PLC 通过网络进行数据通信。

阀室设 RTU 远程终端，内设有温度检测、压力检测等，并对 RTU 阀室进行监控，必要时可对干线截断阀进行远程关闭。在阀室、燃气发电机装置区设置可燃气体探测器，在通信仪表间设置可燃气报警控制器，用于对 RTU 阀室安全的监视。现场检测仪表的测量信号传输至 RTU 系统，并通过 RTU 上传至调度控制中心。

本次自控系试运投产包括三部分。第一是仪表，包括过程检测仪表、流量计量系统、气体组分分析仪表、压力调节控制系统等；第二是站控/RTU 系统；第三是调控中心 SCADA 系统。图 4-9 为川气东送输气管道二期一投仪表自控系统调试流程框图。

（一）调试前准备

1. 调试前资料文件准备

调试前资料文件准备如表 4-3 所示。

表 4-3　调试前资料文件

设 计 文 件	系统技术资料	设备、系统操作手册
各站工艺管道仪表流程图； SCADA 系统操作及控制原则； 详细设计文件； 各站控系统实际信号清单； 站控/RTU 系统仪表信号清单； 各站控系统通信网络拓扑图； 各站控系统机柜布置图； 各站控系统供电系统图； 各站控系统接地系统图； 各站控系统电缆走向图； 各站控系统机柜接线图； 各站控系统操作控制逻辑图； 各站场站控系统操作控制逻辑图； 各站控 ESD 系统控制逻辑图； 各站场站控 ESD 系统控制逻辑图； 各站控系统 HMI 系统设计手册； 各站控系统与武汉临时调控中心通信数据表	PLC 硬件技术资料； PLC 软件技术资料； RTU 硬件技术资料； RTU 软件技术资料； HMI 软件技术资料； 网络、通信设备技术资料； HMI 计算机设备技术资料； 计算机辅助设备技术资料； Telvent ESD 系统技术资料； Daniel 超声波流量计技术资料； Daniel 流量计算机技术资料； Fisher 调压控制系统技术资料； 执行器控制系统技术资料； Daniel 在线色谱技术资料； Daniel H_2S 分析仪技术资料； Daniel 水露点分析仪技术资料	站控系统操作手册； 站控 HMI 系统操作手册； Daniel 超声波流量计操作手册； Daniel 流量计算机操作手册； Fisher 调压控制系统操作手册； Daniel 在线色谱仪操作手册； Daniel H_2S 分析仪操作手册； Daniel 水露点分析仪操作手册； 气动、电动、气液联动执行机构操作手册

2. 安装防护检查

① 检查现场仪表、控制设备安装及现场接线。现场仪表、控制设备安装准确、规范；防爆隔离密封接头安装整齐、规范；仪表放空管安装规范，放空口背对操作人员方向。

② 检查控制室内机柜安装、柜内布线、接地线连接，柜内设备安装，色标和标识。柜内设备布局合理，区域划分明确；操作、维修方便；布线整齐、规范；导线色标清晰准确；高、低电压分界清晰，隔离可靠；线缆接头规范、连接牢固；机柜间安装整齐。站控 PLC/RTU 系统设备安装符合设计要求，数量、规格型号正确，开机测试正常，硬件通信接口配置正确，系统联网正常。

③ 站控 HMI 设备安装就位，打印机、网络设备安装就位。站控 HMI 计算机系统安装规范、布局合理，操作系统、应用软件安装正确，功能正常。

④ 防浪涌保护措施检查。浪涌保护措施满足设计要求，信号回路、电源、通信系统全部加装浪涌保护器，浪涌保护器接地满足产品、设计技术要求。

（3）测试检查

① 接地系统检查测试。接地安装规范，接地线标识、线径满足设计要求；连接可靠无松动；对采用导轨接地的方式，导轨必须接地；

联合接地系统汇流排接地电阻测试符合设计要求；所有机柜、系统设备、导轨、柜内接地汇流排对系统汇流排间电阻符合设计要求。

由有资质单位进行防雷防静电接地检测。

② 电源系统检查测试。外、内供电系统安装正确，电源分配、隔离满足设计要求；220VAC 电源火、零、地线接线正确，设有独立开关，危险标识清晰准确；24VDC 电源"+"、"−"极接线正确，设有独立开关；测量来自 UPS 供电电压，电压、频率波动范围满足设计要求。

（二）过程检测仪表、现场控制设备单体调试

1. 现场过程检测仪表单体校验、电缆接线测试

① 压力检测仪表（量程、单位、输出、准确度、阻尼均已按国家标准完成了有效的检定和调校，具有校验合格标识，安装合格）；

② 温度检测仪表（传感器、量程、单位、输出、准确度均已按国家标准完成了有效的检定和调校，具有校验合格标识，安装合格）；

③ 液位检测仪表（量程、单位、输出、准确度均已按国家标准完成了有效的检定和调校，具有校验合格标识，安装合格）；

④ 均速管流量测量检测仪表（量程、单位、输出、准确度、阻尼均已按国家标准完成了有效的检定和调校，具有校验合格标识，安装合格）。

2. 现场控制设备单体调校，电缆接线测试

① 常规电动执行机构（机械阀位、电子阀位、状态、报警、继电器、操作方式设定均符合设计要求）；

② 气液联动执行机构（电子阀位、电磁阀、通信、操作方式设定均符合设计要求）；

③ 气动执行机构（机械阀位、电子阀位、电磁阀、操作方式设定均符合设计要求）；

④ 电动、气动调压阀（阀位、电磁阀、操作方式设定均符合设计要求）；

⑤ 紧急截断阀（阀位、电磁阀、减压阀、操作方式设定均符合设计要求）；

⑥ 电动调节阀（机械阀位、电子阀位、模拟阀位、操作方式设定及调校均符合设计要求）；

⑦ 电动调流阀（机械阀位、电子阀位、模拟阀位、操作方式设定及调校均符合设计要求）。

（三）单元检测、控制系统内部调试

1. 计量系统调试

（1）超声波流量计

超声波流量计调试投运前检查：

① 检查超声波流量计以确定没有由运输引起的损坏以及所有附件（如换能器、变送器）完整无缺；

② 流量计应水平安装，流量计之间要留有足够的检修空间；

③ 流量计的安装尽可能避开振动环境，尤其是可引起信号处理单元、超声换能器等部件发生共振的环境；

④ 避免较强的电磁干扰；

⑤ 色谱分析仪运行是否正常。

图 4-9 为川气东送输气管道二期一投仪表自控系统调试流程框图。

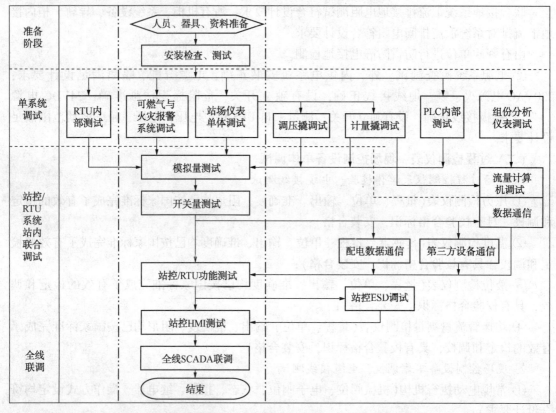

图 4-9 川气东送输气管道二期一投仪表自控系统调试流程框图

超声波流量计的调试投运：

① 按相应国家标准或规程对超声波流量计以及热电阻、变送器进行检定或实流校准；

② 先打开流量计上游截止阀的进口旁通阀，给管道缓慢充气，然后缓慢打开进口截止阀，避免流量计压差过高或流速过高，待上下游压力平衡，缓慢打开流量计下游截止阀，给管道缓慢加压，达到流量计的运行压力，缓慢关闭上游截止阀的旁路阀；

③ 检查所有的法兰连接处和引压接头及温度传感器的插入接头处是否有气体泄漏；

④ 接线检查：对照厂家提供的系统接线图，检查所有接线无误。

超声波流量计达到投运的条件：

① 各种信号线、电源线连接完好，站控系统提供稳定电源；

② 检定或实流校准已经完成；

③ 超声波流量计远传信号良好正确；

④ 超声波流量计运行正常。

（2）涡轮流量计

涡轮流量计投运前检查：

① 检查气体涡轮流量计是否水平安装，避免垂直安装；

② 检查涡轮叶轮是否缺叶、是否积聚固体物或腐蚀以及是否有会影响涡轮叶轮平衡和

叶片配置的其他损坏;

③ 检查气体涡轮流量计安装位置距上游至少 10D(D 为管道直径),当有整流器时,整流器出口到涡轮流量计入口端面至少为 5D 的直管段(分别从流量计的上、下游端面算起)。其内径与流量计公称内径 DN 之差,一般应不超过 DN 的±1%,并不超过 5mm;

④ 用于静压补偿的取压孔应位于气体涡轮流量计叶片相对应的位置处;

⑤ 测温元件的位置应安装在流量计下游,在叶轮下游的 5D 内,尽可能靠近流量计;

⑥ 为避免涡轮流量计受到超高速天然气气流的冲击,可在其下游安装限流元件。

涡轮流量计的调试投运:

① 按相应国家标准对涡轮流量计进行检定或实流校准。

② 压力试验:试验在 20℃(标称)下进行,施加的最低内压为 1.5 倍最大允许工作压力;根据试验装置的具体情况,能用水、煤油或黏度不大于水的任何其他合适的液体,或用气体(空气或任何其他合适的气体)进行压力试验,彻底清除流量计中含有的空气;在已装配好的具有密封接头的流量计上进行试验,压力施加在其承压的内壁上。

③ 流量计泄漏试验:在已装配好的流量计上用气体进行试验,输入的最小压力为 1.1 倍最大允许工作压力;压力缓慢地增加到试验压力,并在该压力下应最少保持 1min。试验期间流体不应从流量计中逸出;如果泄漏试验是在水压试验后进行,由于可能形成水封,因此在装配仪表机芯和进行泄漏试验前应使流量计干燥。试验后,压力释放的速率应不大于加压的速率;流量计管路投产时,应缓慢升压,逐步增加流速;运行中检查气体涡轮流量计运转的声音或壳体振动来判断涡轮叶片及轴承是否工作正常。低流速下应关注其声音变化情况,高流速下观察其壳体振动的变化。

④ 检查所有的法兰连接处和引压接头及温度传感器的插入接头处是否有气体泄漏。

⑤ 接线检查:对照厂家提供的系统接线图,检查所有接线无误。

涡轮流量计达到投运的条件:

① 涡轮流量计各项参数满足设计要求;

② 流量计在其指定的流量范围内,满足国家规定的误差要求;

③ 传感器应远离外界磁场,或采取必要的措施;

④ 涡轮流量计安装时气体流动方向与传感器外壳上指示流向的箭头方向一致,且上游直管段应≥10DN,下游直管段应≥5DN。

2. 调压系统调试

(1) 调压橇调试投运前检查

① 目测调压橇外形美观、阀门、管道表面光滑无凹坑,检查是否有砂眼、裂纹、腐蚀坑等缺陷;

② 检查仪器仪表零件附件是否齐全,安装正确;

③ 排污阀、放空阀、安全阀、调压器、安全截断阀安装正确,性能可靠;

④ 设备底座安装正确,接地良好;

⑤ 焊接接头应打磨圆滑,涂漆是否均匀;

⑥ 调压橇资料齐全,包括设备竣工图、主要受压元件的原材料质量证书或材质复验报告、焊接评定报告、主要受压元件的无损检测报告、压力试验报告、产品质量证明书、产品使用说明书(包括调压器、流量计)、产品合格证、设备备品、备件和专用工具清单、电气仪表接线图、设备台账、运行记录。

（2）调压橇调试投运

① 标定调压橇压力表、压差计，校验安全阀；

② 天然气置换之前，手动操作调压橇所有阀门，进行全开全关操作，带有电动头的阀门确认阀门远传阀位和远控功能；给电加热装置通电，确认正常运行；确认流量计算机各项参数正确；

③ 按照川气东送管道工程置换升压投产方案进行调压橇的天然气置换，确认进口压力数据；

④ 开启调压橇压差计、压力表等配套仪器仪表根部阀门，检查各项参数是否正常；

⑤ 按照数据表确认、调整各项参数满足要求；

⑥ 各监控调节阀和工作调节阀出口压力确认调试；

⑦ 全阀放散压力确认调试；

⑧ 流量计算机运行正常确认。

（3）调压橇达到投运的条件

① 调压器、电动头电气仪表接线完成，站控系统提供稳定电源；

② 调压橇压力表、压差计标定完成，安全阀校验完成；

③ 调压橇阀门远控功能、远传信号良好正确；

④ 流量计算机运行正常；

⑤ 工作调压管路和备用调压管路的调压器出口工作压力在适用范围内的精度符合设计要求；

⑥ 监控调压器出口工作压力设定值应高于主调压器出口工作压力设定值。

3. 在线分析系统调试

① 取样管路吹扫，排出空气；

② 取样系统调试，样气压力满足设备要求；

③ 载气、标样气准备完成，设定压力满足设备要求；

④ 在线色谱分析仪调试，与流量计算机通信调试；

⑤ H_2S 分析仪输出信号调试，手动标定；

⑥ 水露点分析仪调试。

4. 站控系统内部测试

（1）站控 PLC 系统内部调试

① 站控 PLC 上电，模块状态指示检查；

② 站控 PLC 程序运行；

③ 站控 PLC 与第 3 方设备通信功能检查；

④ 站控 PLC 模拟检测数据检查；

⑤ 站控 PLC 模拟控制输出检查。

（2）站控 ESD 系统内部调试

① 站控 ESD 上电，模块状态指示检查；

② 站控 ESD 程序运行；

③ 站控 ESD 现场模拟检测数据检查；

④ 站控 ESD 模拟控制输出检查。

（3）站控 HMI 系统内部调试

① 站控 HMI 上电，状态指示检查；

② 站控 HMI 操作系统运行；

③ 站控 HMI 系统应用软件运行；

④ 站控 HMI 与 PLC/RTU 通信测试；

⑤ 站控 HMI 画面组态，是否满足设计要求；

⑥ 站控 HMI 数据库检查，数据连接是否准确；

⑦ 站控 HMI 画面操作是否满足设计要求；

⑧ 站控 HMI 报警、报告输出是否满足设计要求。

（四）站控 PLC 系统/阀室 RTU 系统测试

1. 站控 SCS 系统测试

（1）控制设备、系统上电

① 顺序。PLC 系统 I/O 上电-PLC 系统 CPU 上电-计算机辅助系统设备上电-计算机网络系统设备上电-站控计算机上电，开机进行系统诊断，病毒查杀，系统软件安装和运行。

② 观察设备、系统状态。观察 PLC 系统 I/O、CPU、电源、通信模块状态指示灯显示正常；确认打印机、网络设备工作状态正常；计算机 HMI 系统工作正常。

（2）HMI 系统登录及操作检查

① 登录。用管理员级密码登录，启动 OASYS 系统，之后退出；用操作员级密码登录，启动 OASYS 系统，正常。

② 观察 HMI 画面及数据。观察 HMI 画面数量、风格、颜色、布局；观察 HMI 显示数据、单位、分布。站控 HMI 画面数量及显示分布合理、颜色对比清晰、符号及色标正确；数据显示准确清晰、数据刷新速度满足设计文件要求、单位符号正确。

③ HMI 操作。画面选择操作；画面间切换操作；下拉菜单操作；命令操作；维护操作。画面切换操作方便；屏幕命令控制操作方便；HMI 组态符合设计文件要求。

（3）模拟量实际测量值、模拟变化值、维护值检测测试

① 在 HMI 屏幕上观察各模拟量数据要与现场一致；

② 逐点用手操器或多功能校准仪模拟全量程测试；

③ 数据维护状态下实测值和维护值显示，维护值修改。

（4）开关量检测测试

通过现场操作设备或短接线模拟状态测试，在 HMI 屏幕上观察各开关量状态要与现场一致；HMI 画面设备符号颜色随相应开关量变化的对应性。

（5）阀门远程控制功能测试

通过 HMI 操作画面对现场电动阀、气液联动阀、气动阀逐一进行远程手/自动切换、维护设定、开、关、停操作；在现场和 HMI 上同时观察操作状态。

（6）计量系统功能测试

① 检查流量计算机组态参数；

② 观察流量计算机显示输入数据、计算数据、归档数据及单位；

③ 观察流量计工况下"零流量"值，设定小流量切除值；

④ 观察流量计算机显示的超声波流量计状态参数，与 CUI 软件数据比较；

⑤ 通过 PLC、HMI 观察流量计算机上传参数，与流量计算机数据比较，检查读数据功能；

⑥ 观察流量计算机和 HMI 时钟，检查校时功能；

⑦ 通过 HMI 写入组分数据，检查写数据功能。

（7）调压系统功能测试

① 检查压力控制器组态参数；

② 观察压力控制器显示输入数据、计算数据、状态数据及单位；

③ 检查现场调压阀、紧急截断阀状态、设定；

④ 通过阀门控制器手动操作调压阀，观察阀门动作状态；

⑤ 通过阀门控制器自动操作调压阀，在阀门控制器上修改压力/流量设定值，观察阀门动作状态；

⑥ 在站控手动方式下通过 HMI 系统逐一修改各调压阀压力/流量设定值，观察各调压阀设定值变化及阀门动作状态；

⑦ 在站控方式下通过 HMI 系统统一修改站压力/流量设定值，观察各调压阀设定值变化及阀门动作状态；

⑧ 在 MCC 远控方式下通过 HMI 系统统一修改站压力/流量设定值，观察各调压阀设定值变化及阀门动作状态。

（8）与分析仪系统数据通信测试

通过 PLC、HMI 观察 GC 分析报告，与 GC 显示数据比较。

（9）与配电系统通信测试

通过 PLC、HMI 观察配电系统上传参数，与配电系统实际数据比较。

2. SCADA 系统临时调控中心测试

① 临时调控中心机房和控制室装修完毕具备使用条件；

② 临时调控中心 SCADA 系统所使用的 UPS 正常工作、空调满足计算机机房标准；

③ 通信至少有一路具备与现场进行数据的正常传输；

3. 寻址功能 SAT 测试

（1）测试目的

主要验证临时调控中心和站场控制系统之间的数据通信正确性。同时，验证通信系统对自控通信协议支持的正确性、稳定性、可靠性。

（2）测试步骤

① Telvent 公司（中控）设备与 Telvent 公司（站控、RTU）设备的通信测试；

② Telvent 公司设备与通信系统、第三方公司设备联合测试。

（3）测试内容

① 所有数字量正确上传；

② 所有 16 位整型数、32 位浮点数正确上传；

③ 所有命令下发正确；

④ 时钟同步。

4. 临时调控中心 SCADA 系统功能测试

① SCADA 服务器功能；

② 操作员工作站功能；

③ 冗余切换；

④ 人机界面；

⑤ 报表；

⑥ 报警；

⑦ 短消息；

⑧ 接地电阻测试。

5. 临时调控中心与站场联合测试

（1）临时调控中心与站控 SCS 系统数据通信测试

① 分别在 PLC、SCS–HMI、MCC–HMI 上核对上传数据；

② 在 PLC 上模拟临时调控中心写入数据和命令，观察 PLC/HMI 数据变化；

③ 在临时调控中心实际写入数据和命令，观察 HMI 上数据变化和设备状态。

（2）临时调控中心与 RTU 阀室数据通信测试

① 分别在 RTU、MCC–HMI 上核对上传数据；

② 在 RTU 上模拟临时调控中心写入数据和命令，观察 RTU/HMI 数据变化；

③ 在临时调控中心实际写入数据和命令，观察 HMI 上数据变化和设备状态。

6. 现场 SCADA 系统测试中出现的问题

（1）站控 SCS 系统的 PLC 系统投运

① 控制设备、系统上电，启动。顺序：PLC 系统 I/O 上电-PLC 系统 CPU 上电-计算机辅助系统设备上电-计算机网络系统设备上电-站控计算机上电，开机启动软件系统；观察 PLC 系统 I/O、CPU、电源、通信模块状态指示灯显示正常；确认打印机、网络设备工作状态正常；确认计算机 HMI 系统工作正常。

② HMI 系统登录及操作。登录：用管理员级密码登录，启动 OASYS 系统，之后退出；用操作员级密码登录，启动 OASYS 系统。确认正常；确认 HMI 画面及数据；确认进入站控 HMI 画面选择相应的工作选项可进行操作，画面选择操作；画面间切换操作；下拉菜单操作；命令操作；维护操作；模拟量实际测量值、模拟变化值、维护值的确认；确认在 HMI 屏幕上确认各模拟量数据要与现场一致；逐点用手操器或多功能校准仪模拟全量程进行数值确认；确认数据维护状态下实测值和维护值显示，维护值修改。

③ 开关量确认。确认现场操作设备状态与 HMI 屏幕上观察到的各开关量状态一致；HMI 画面设备符号颜色随相应开关量变化的对应性。

④ 确认阀门远程控制功能。通过 HMI 操作画面对现场电动阀、气液联动阀、气动阀逐一进行远程手/自动切换、维护设定、开、关、停操作；确认现场和 HMI 上同时观察操作状态相对应。

⑤ 确认计量系统功能。确认流量计算机组态参数；确认流量计算机显示输入数据、计算数据、归档数据及单位；确认流量计工况下"零流量"值，设定小流量切除值；确认流量计算机显示的流量计状态参数，与 CUI 软件数据相符合；通过 PLC、HMI 观察流量计算机上传参数，与流量计算机数据比较，确认读数据功能；观察流量计算机和 HMI 时钟，确认校时功能；通过 HMI 写入组分数据，确认写数据功能。

⑥ 确认调压系统功能。确认压力控制器组态参数；确认压力控制器显示输入数据、计算数据、状态数据及单位；确认现场调压阀、紧急截断阀状态设定；通过阀门控制器手动操作调压阀，确认阀门动作状态；通过阀门控制器自动操作调压阀，在阀门控制器上修改压力/流量设定值，确认阀门动作状态；在站手动方式下通过 HMI 系统逐一修改各调压阀压力/流量设定值，确认各调压阀设定值变化及阀门动作状态；在站控方式下通过 HMI 系统统

一修改站压力/流量设定值，确认各调压阀设定值变化及阀门动作状态；在调控中心 MCC 远控方式下通过 HMI 系统统一修改站压力/流量设定值，确认各调压阀设定值变化及阀门动作状态。

⑦ 确认与分析仪系统数据通信。通过 PLC、HMI 观察 GC 分析报告，确认与 GC 显示数据相符合。

⑧ 确认与配电系统通信。通过 PLC、HMI 观察配电系统上传参数，与配电系统实际数据比较确认。

⑨ 站控系统控制功能确认。站远控/站本地/站手动控制切换，通过操作站控方式选择开关，选择不同的控制方式，分别在 MCC HMI、SCS HMI 上进行操作，确认命令能触发相应的动作。

站关闭功能确认，通过 HMI 下达站关闭命令，确认阀门动作满足设计程序；

站启动功能确认，通过 HMI 下达站启动命令，确认阀门动作满足设计程序；

过滤器连锁控制功能确认，通过 PLC 程序修改边界条件，确认分离回路阀门动作满足设计程序；优先级设定及选择满足设计程序；

计量回路连锁控制功能确认，通过 PLC 程序或流量计算机修改边界条件，确认计量回路阀门动作满足设计程序；优先级设定及选择满足设计程序；比对流程数据归档和回路控制满足设计程序；

调压回路连锁控制功能确认，通过 PLC 程序修改边界条件，确认调压回路阀门动作满足设计程序；优先级设定及选择满足设计程序；

调压系统压力/流量选择控制功能确认，通过修改站压力、站流量设定值，确认调压系统实际工作模式(压力/流量)符合设计程序；

自用气橇块调压橇自动控制功能确认，通过 PLC 程序修改边界条件，确认燃气压力、流量回路阀门动作满足设计程序；优先级设定及选择满足设计程序。

⑩ HMI 显示及操作的确认。

确认 HMI 画面数量和分布满足设计要求和实际操作要求；

确认 HMI 系统分级登录；

确认 HMI 画面颜色满足设计要求；

确认 HMI 画面符号、字符、数据满足设计要求；

确认 HMI 画面操作满足设计要求、使用方便；

确认 HMI 数据维护功能满足设计要求；

确认 HMI 趋势画面满足设计要求；

确认 HMI 报表的格式、数据、存储、打印满足设计要求和生产要求。历史日报表按日期自动存储，可人为调出；

确认 HMI 报警信息分级显示，报警/事件实时打印，满足设计要求。

⑪ PLC /HMI/通信冗余确认。

确认 PLC 系统的 CPU 冗余、网络冗余，人为通过插拔模块、网线进行测试；

确认 HMI 系统的冗余、网络冗余，人为通过开关计算机、插拔网线进行测试；

确认 HMI/PLC/通信冗余切换无扰动、无间隙。

⑫ 时钟校时确认。

确认流量计算机、PLC 时钟保持一致；

确认 RTU、HMI、MCC 时钟一致，时钟变化偏差小于 1s。

⑬ 报警确认。

人为设置报警数据，包括模拟量、开关量数据，确认在 HMI 上显示报警信息，报警名称、时间、描述、分级；

确认对于 1 级报警，蜂鸣器报警声音。

⑭ ESD 系统功能确认。

确认站 ESD 关闭功能，分别通过 ESD 辅操台按钮操作、现场 ESD 开关操作、临时调控中心下达 ESD 命令，阀门动作满足设计程序；

模拟调压系统超压，确认 ESD 系统自动程序及阀门动作满足设计要求；

确认操作 ESD 复位按钮，在 PLC 或 HMI 上显示 ESD 命令的复位。

7. 阀室远程终端 RTU 系统投运

（1）控制设备、系统上电

① 顺序。RTU 系统 I/O 上电-RTU 系统 CPU 上电-计算机网络系统设备上电-触摸屏上电，开机进行系统诊断，系统软件安装和运行；

② 确认设备、系统状态。

确认 RTU 系统 I/O、CPU、电源、通信模块状态指示灯显示正常；

确认 HMI 触摸屏系统工作正常。

（2）确认 HMI 系统登录及操作程序

登录：用管理员级密码登陆，启动之后退出；用操作员级密码登陆，启动系统。

HMI 操作：

确认画面选择操作，画面间切换操作，菜单操作，命令操作，维护操作方便；

确认画面切换操作方便；屏幕命令控制操作方便；HMI 组态符合设计文件要求。

（3）模拟量实际测量值、模拟变化值、维护值的确认

确认在 HMI 屏幕上观察各模拟量数据与现场一致；逐点用手操器或多功能校准仪模拟全量程进行确认；数据维护状态下实测值和维护值显示，维护值修改。

（4）开关量检测确认

确认在 HMI 屏幕上观察各开关量状态与现场一致；HMI 画面设备符号颜色随相应开关量变化的对应性。

（5）阀门远程控制功能确认

通过 HMI 操作画面对气液联动阀进行远程手/自动切换、维护设定、开、关、停操作；在 MCC HMI、RTU HMI 和现场同时确认操作状态。

（6）控制功能确认

站远控/站手动控制切换确认，通过操作站控方式选择开关，选择不同的控制方式，分别在 MCC HMI、RTU HMI 上进行操作，确认命令能够触发相应的动作；

站关闭功能确认，通过触发机柜上设置的 ESD 开关下达站关闭命令，确认阀门动作能够满足设计程序。

（7）HMI 显示及操作的确认

确认 HMI 画面数量和分布满足设计要求和实际操作要求；

确认 HMI 系统分级登录；

确认 HMI 画面颜色满足设计要求；

确认 HMI 画面符号、字符、数据满足设计要求；

确认 HMI 画面操作满足设计要求、是否方便；

确认 HMI 数据维护功能满足设计要求；

确认 HMI 报警信息分级显示，满足设计要求。

（8）时钟校时确认

RTU、HMI 时钟一致，时钟变化偏差小于 1s。

（9）报警确认

人为设置报警数据，包括模拟量、开关量数据；

确认在 HMI 上的报警信息，报警名称、时间、描述、分级。

第四节　天然气长输管道压缩机站投产

压缩机组是输气工程的重要组成部分，压缩机组投产试运是全面检验机组主机及其附属设备的制造、安装、调试、生产准备等质量的重要环节；是保证压气站场安全、可靠、经济、顺利地投入生产，形成生产能力并发挥投资效益的关键性程序，是一项复杂而细致的系统工程。

压缩机站投产包括压缩机本体调试、压缩机辅助系统调试。压缩机本体调试包括压缩机工艺阀门的全面检查及开关状态记录、压缩机与齿轮箱的对中、压缩机进出口管线与本体无应力连接、机组进出口阀门的检查、防喘振及热旁通控制阀门的调试、放空阀及加载阀的调试、排污管线检测、齿轮箱振动及温度检测系统。压缩机辅助系统调试包括压缩空气系统调试、循环水冷却系统调试、润滑油系统调试、干气密封系统调试、压缩机空冷系统调试、电气系统调试、自控系统调试；其中空气压缩系统调试主要是空压机调试；电气系统调试包括高压电缆调试、滤波系统调试、MCC 系统调试、阻尼柜调试、隔离变压器调试、变频器调试、电机调试。

一、压缩机站投产内容及条件

1. 压缩机站投产内容

（1）辅助系统投产调试

首先进行电力系统投运，做到电力投运要先行的原则，再进行其他辅助系统投运，包括：空气压缩机系统、自控系统、冷却系统、润滑油系统、干气密封系统。辅助系统调试成功才能进行压缩机本体调试。

（2）压缩机本体调试

压缩机组投产测试分变频器调试、电机现场调试及试验、24h 不间断机械运行测试、喘振线测试、近似工况性能测试、机组切换、负荷分配测试、SCS 远程控制测试等阶段进行。

2. 压缩机站投产条件

（1）投产硬件条件

投产硬件条件如表 4-4 所示。

表 4-4　投产硬件条件

序号	硬件项名	内　　容
1	组织人员准备	压气站根据初步设计定员安排，将压缩机管理和操作人员配齐到位；
2	气源准备	根据站场管容，准备符合标准的氮气与天然气；
3	规章制度准备	具备站场管理制度、操作规程及工艺流程图；
4	记录表准备	绘制编写投产期间工艺参数记录表；
5	物资准备	包括各类设施、设备、检测仪表、工器具等；
6	电气与防雷防静电接地系统	站场防雷击装置检查合格，站场接地网的接地电阻检查测试合格，供电系统正常；
7	消防与可燃/火灾检测报警系统	经当地消防部门检定验收合格并投入使用，消防设施配备齐全；
8	通信系统	具备临时及应急的通信手段，确保投产期间通信指挥的需要；
9	压缩机组系统	压缩机、齿轮箱、电机安装完毕，对中数据合格；压缩机机组配套管线连接完成；
10	压缩机辅助系统检查	各辅助系统的检查合格；
11	厂房系统	设计标准完成规定要求，并通过验收；
12	消防系统	消防系统投用可靠，经有关部门验收合格；
13	站场设备	设备安装、编号完毕，验收合格。

注：具体细则见附录二。

（2）投产软件条件

投产软件要求主要包括仪表自控系统、辅助系统、工艺条件和人员培训几个部分，具体内容见图 4-10。其中，压缩机组辅助系统和仪表、自控系统需在投产前就进行试运调试。

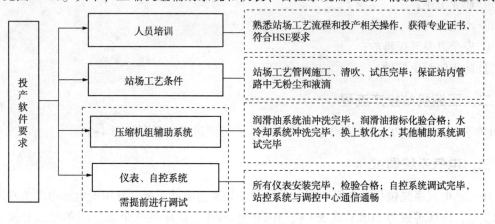

图 4-10　投产软件要求

（3）站场设备条件

① 站场压缩机、工艺系统及防雷防静电接地系统按设计图纸建设安装完毕，土建验收合格。

② 站场工艺系统管线及设备试压、干燥合格。

③ 站场工艺阀门等设备调试验收合格，开关操作灵活，阀位指示正确，阀门无内外漏。

④ 电气系统施工完毕，签订了供用电协议，电气设备及供配电系统安装调试完毕，具备供电条件。

⑤ 移动消防设施配备到位。可燃气体、火灾检测报警系统安装调试后，经有资质单位鉴定合格，并投入使用。

⑥ 铺设管线的隔离措施已经拆除，管线贯通。站场各工艺设备有醒目的编号和气体流向箭头。

⑦ 站场压力容器按规定办理注册登记和使用许可手续，安全阀校验合格。

⑧ 带有执行器的阀门具备开闭功能，阀门指示状态正确。

⑨ 站场有关压力表根部阀、安全阀前控制阀门全部打开。

⑩ 置换期间，应使用小量程压力表进行检测。

⑪ 站内通信设备正常完好。

⑫ 站内便携式可燃气体检测仪及含氧量分析仪正常完好。

⑬ 站内有关电器、自控设备安装调试完毕。

（4）其他条件

在压缩机站试运投产前，应在试运投产前与天然气供应单位、氮气供应单位、天然气销售单位、通信单位、水力单位、电力单位签署相关协议，以保证试运期间水、电、通信、氮气的供应，同时确保投产气源的供应及连续运行。

此外，站场所在当地政府还需要对相应项目进行审批，以确保投产过程中的相关活动和操作符合法律规范，包括：

① 消防系统；

② 压力容器；

③ 计量器具；

④ 职业卫生；

⑤ 水土保持；

⑥ 安全以及环保排放；

⑦ 防雷防静电接地。

二、压缩机站投产流程

GE 公司成撬的 PCL503 型离心压缩机组压缩机试运投产程序见图 4-11。

三、电气系统调试

压气站电气系统包括变电所变配电系统和变频调速驱动系统。其中变电站电源为双回双电源供电，电压等级为 110kV 或 35kV、10kV 及 400V，低压系统全部采用单母线分段主接线方式，10kV 及 400V 低压系统具备备用电源自动投入装置，在一路电源停电时，另一路电源能自动投入，确保站场输气设备的正常运行。

（一）变电所变配电系统调试

变电所变配电系统主要设备包括：主变压器、SF6 GIS 组合电器（包括配套隔离刀闸、接地刀闸、互感器、避雷器等）、10kV 开关柜、站用变压器、低压配电柜、保护测控屏、交直流电源屏及低压配电箱等。

1. 变压器调试

① 测量绕组连同套管的直流电阻。

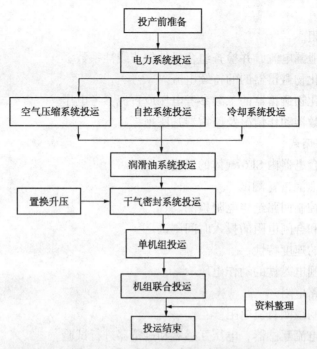

图 4-11　压缩机组试运投产程序框图

② 检查所有分接头的变压比。

③ 检查变压器的三相结线组别。

④ 测量绕组连同套管的绝缘电阻、吸收比。

⑤ 测量绕组连同套管的介质损耗角正切值。

⑥ 测量绕组连同套管的直流泄漏电流。

⑦ 测量与铁芯绝缘的各紧固件及铁芯接地线引出套管对外壳的绝缘电阻。

⑧ 绝缘油试验。

⑨ 额定电压下的冲击合闸试验。

2. 10kV 真空断路器调试

① 测量绝缘拉杆的绝缘电阻。

② 测量每相导电回路的电阻。

③ 交流耐压试验。

④ 测量断路器的分、合闸时间。

⑤ 测量断路器主、辅触头分、合闸的同期性。

⑥ 测量断路器分、合闸线圈及合闸接触器线圈的绝缘电阻和直流电阻。

⑦ 断路器操动机构的试验。

3. 互感器调试

① 测量绝缘电阻。

② 绕组连同套管对外壳的交流耐压试验。

③ 测量 110kV 或 35kV 互感器一次绕组连同套管的介质损耗角正切值 tgδ。

④ 测量电压互感器一次绕组的直流电阻。

⑤ 测量铁芯加紧螺栓的绝缘电阻。

4. 避雷器调试

① 测量绝缘电阻。

② 测量电导或泄漏电流，并检查组合元件的非线性系数。

③ 测量金属氧化物避雷器的的持续电流。

④ 测量金属氧化物避雷器的工频参考电压或直流参考电压。

⑤ 检查放电记数器动作情况及避雷器基座绝缘。

5. GIS 组合电器调试

① 测试 GIS 组合电器内 SF6 气体的湿度。

② 对 SF6 气体泄漏进行测试。

③ 辅助回路和控制回路绝缘电阻检测。

④ 合闸电阻值和合闸电阻的投入时间测试。

⑤ 测试断路器的速度特性。

⑥ 测量分、合闸电磁铁的动作电压。

⑦ 测量导电回路电阻。

⑧ 测量分、合闸线圈直流电阻。

⑨ 对 GIS 中的电流互感器、电压互感器和避雷器进行试验。

6. 保护装置调试

① 外观及接线检查。

② 绝缘电阻检测。

③ 逆变电源的检验。

④ 保护装置的通电检验。

⑤ 定值整定。

⑥ 开关量输入回路检验。

⑦ 模数变换系统检验。

⑧ 零漂检验。

⑨ 功能试验。

⑩ 装置整组试验。

⑪ 带开关整组传动试验。

(二) 变频调速驱动系统调试

变频调试驱动系统主要设备包括：滤波器、阻尼柜、变频器、主电机、MCC 柜、UPS 电源、隔离变压器等。

1. 调试内容

主要调试内容如下：

① MCC 柜的上电及带负荷调试；

② 阻尼柜、隔离变压器、变频器、滤波器、电机的上电检查；

③ 阻尼柜、隔离变压器、变频器、滤波器、电机的单体调试；

④ 变频器与 10kV 变频器馈线柜、阻尼柜、隔离变压器、电机、压缩机组 PLC 的联调；

⑤ 滤波器与站控系统、滤波馈线柜的联调。

调试流程如图 4-12 所示。

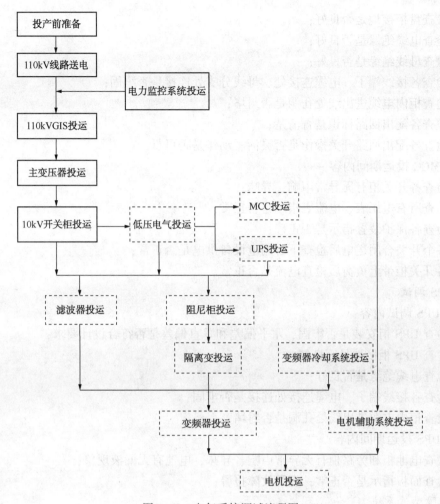

图 4-12　电气系统调试流程图

2. 高压电缆试验

（1）试验项目

① 测量所有高压电缆绝缘电阻；

② 直流耐压试验及泄漏电流测量；

③ 检查变频调速驱动系统的所有的电缆线路的相位。

（2）绝缘电阻的试验方法

① 采用 2500V 兆欧表测量绝缘电阻，试验结束后及时放电。

② 试验时确保绝缘测试合格，试验电压可分 4~6 个阶段均匀升压，每阶段停留 1min，并读取泄漏电流值。做好试验记录，测量时非试验相要可靠接地，试验完毕放完电后，再次测量绝缘电阻，测量值应和直流耐压前无明显变化。测试完毕及时放电。

③ 根据电缆色带标识核相，让两端标识一致的电缆利用接地线形成一个回路，在回路中串一个万用表并把万用表调到欧姆档便可以完成试验。

3. MCC 系统调试

（1）MCC 调试内容

① 检查盘柜安装是否牢固，水平偏差和垂直偏差是否符合设计要求；

② 检查盘柜接地是否良好;

③ 检查电缆绝缘是否良好;

④ 检查母线绝缘是否良好;

⑤ 检查各接线端子、电缆连接处、母线分支处连接是否牢固;

⑥ 检查柜内电缆进出线处孔洞是否封堵;

⑦ 检查各配出回路标识是否清楚;

⑧ 检查各配出回路开关操作是否灵活、动作是否可靠。

（2）MCC 投运期间内容

① 检查各开关柜有无异常声响、异味;

② 检查所有电压表、电流表指示是否正常;

③ 检查各保护装置指示是否正确;

④ 各个开关合闸送电后检查下游用电设备供电是否正常;

⑤ 各开关柜带上负荷后检查电流是否正常。

4. UPS 调试

（1）UPS 调试内容

① 检查 UPS 柜安装是否牢固，水平偏差和垂直偏差是否符合设计要求;

② 检查 UPS 柜接地是否良好;

③ 检查电缆绝缘是否良好;

④ 检查各接线端子、电缆连接处连接是否牢固;

⑤ 检查柜内电缆进出线处孔洞是否封堵;

（2）UPS 投运期间内容

① 检查电池柜和旁路柜有无异常声响、异味，电池有无漏液现象;

② 检查面板指示是否正常，有无故障报警;

5. 故障录波系统

① 检查故障录波柜安装是否牢固，水平偏差和垂直偏差是否符合设计要求;

② 检查各接线端子、电缆连接处连接是否牢固;

③ 检查柜内电缆进出线处孔洞是否封堵;

④ 检查屏柜外观无破损、划伤痕迹;

⑤ 检查计算机数量、型号是否与设计图纸及配置清单一致;整个计算机系统外观无破损、划伤痕迹，操作系统可正常开启、运行、关闭;

⑥ 检查故障录波柜接地是否良好;

⑦ 检查电缆绝缘是否良好;

6. 滤波器调试

（1）滤波器调试前需要确认的事项

① 检查滤波器是否满足安装手册的要求;

② 完成滤波器与外部的所有接线，包括主电源电缆和控制电缆;

③ 与滤波器连接的 10kV 真空断路器应按 MR 公司技术要求配备"欠压脱扣器"线圈，10kV 断路器保护装置 REX521 的低电压保护投入;

④ 400V 控制电源和辅助电源应接入滤波器柜内，滤波器柜随时可以通电;

⑤ 10kV 滤波馈线开关柜小车应处于试验位置，允许来自滤波器的控制信号进行测试;

⑥ 输入滤波器的电缆连接顺序必须符合设计硬件连接图；

⑦ 滤波器的使用环境满足技术要求，环境温度不得高于40℃。

（2）滤波器柜内器件上电测试

上电之前检查控制柜各电源回路（220V UPS 电源、220V 辅助电源、380V 动力电源），确保各回路电源正确无误后（电压正确、380V 电源相序正确）引入控制柜内并开启柜内电源开关进行柜内各器件性能检测。

① 检查保护装置 CPR04、S7-315、7SJ80 的参数设置是否正确。

② 查看 POCOS 控制器显示，正常时，所有 LED 显示红色。

③ 将 10kV 滤波器馈线开关柜小车推入工作位置，并合闸。

④ 此时无补偿单元接入，当无报警或故障状态时（即 1~6 个的 LED 灯未点亮，故障 LED 灯未点亮）逐步进行开关手动测试直至得到设定值。

⑤ 将控制器打到自动模式进行测试，直至得到设定值。当存在一个或者多个 LED 指示灯为红色并在闪烁时，此时系统不能进行操作。

⑥ 与 10kV 滤波器馈线开关柜进行联调；查看开关状态是否能正确反馈至滤波器，并按设计要求进行功能测试。

⑦ 与 10kV 母联进行联调，查看开关状态是否能正确反馈至滤波器。

⑧ 与主变出线柜进行联调，实现功能为：滤波器故障跳 10kV 滤波馈线柜开关，当 10kV 滤波馈线柜开关故障无法实现跳闸，为了保护滤波器，将跳开 10kV 进线开关。（注：此功能需进行调试，但控制线暂未连接。）

⑨ 检测滤波器的电流、电压测量装置读数是否正确。

⑩ 与 DCS 系统进行联调，DCS 系统能显示滤波器运行、报警、故障信号。

⑪ 调试完成后，断开 10kV 滤波器馈线开关，滤波器电容将自动进行放电 10min。只有放电完成后，方可进行下次操作。

7. 阻尼柜

① 检查阻尼柜内电阻、母排、互感器及所有内部接线有无松动现象；

② 测量阻尼柜内电阻阻值，与额定值比较，不能大于 10%的差异，若存在此差异，将各连接部分重新拧紧；

③ 清洁所有电阻元件及绝缘子；

④ 在运行中，内部元件将发热，不要触摸阻尼柜外壳；

⑤ 核对阻尼柜与变频器、阻尼柜与 10kV 变频馈线柜之间的二次接线，完成三者之间的功能测试。

8. 隔离变压器

（1）隔离变压器调试内容

① 检查一次侧、二次侧的电缆引线相序与设计图纸相符。

② 检查隔离变压器顶盖上无杂物，本体和附体完好，符合安装手册要求，消防设施齐全。

③ 测量绕组连同套管的绝缘电阻及吸收比，绝缘电阻值换算至同一温度下，与前一次测试结果相比应无明显变化，吸收比（10~30℃范围）不低于 1.3。

④ 阴雨潮湿天气及环境湿度太大时，不宜进行测量。

⑤ 检查呼吸器的颜色是否正常，正常时为橙黄色，失效时变为无色。当变为无色后，

可用120~130℃的热量对呼吸器内的珠状颗粒加热直至其变成橙黄色，即可再次使用。

⑥ 检查变频装置是否能正确收到隔离变压器瓦斯报警和瓦斯跳闸信号。

⑦ 检查变频装置是否能正确收到隔离变压器温度报警和温度跳闸信号。

⑧ 调整油位指示计，检查变频装置是否能收到最大油位和最低油位信号。

⑨ 气体继电器与储油柜间阀门应在打开位置，气体继电器内无气体且充满油。

⑩ 变压器铁心、夹件接地线和外壳接地线应接地良好，采用接地电阻测试仪测量接地电阻值≤1Ω。

（2）隔离变压器投运检查内容

① 储油柜和充油套管的油位、油色是否正常，器身及套管无渗漏现象；

② 变压器油温是否正常；

③ 变压器声音是否正常；

④ 磁套管应清洁、无破损、无裂缝和打火放电的现象；

⑤ 冷却器运行正常，无漏油现象；

⑥ 检查呼吸器的颜色是否正常，正常时为橙黄色，失效时变为无色，必要时进行处理；

⑦ 气温骤变时，检查储油柜和磁套管油位是否有明显的下降；

⑧ 在变压器投入运行4h内，应重点检查以下项目：

（a）变压器声音是否正常，如发现响声特大、不均匀或有放电声，应认为内部有故障；

（b）油位变化应正常，应随温度的增加略有上升，如发现假油面应及时查出原因；

（c）用手触及每一组散热器，温度应正常，以确定散热器的有关阀门已打开；

（d）油温变化应正常，变压器带负荷后，油温应缓慢上升；

（e）气体继电器内有无气体。

9. 变频器

（1）变频器调试前现场需要确认

① 完成变频装置与外部的所有接线，包括主电源电缆和控制电缆。必须保证能够提供电源，而在实际调试前必须断开。

② 与变频器连接的真空开关应按西门子产品要求配备"欠压脱扣器"线圈。

③ 变频装置主回路的输入、输出电缆不应当连接到变频装置，以避免危险电压接入。

④ 400V控制电压应接入变频器柜，变频器柜随时可以通电。

⑤ 10kV中压开关柜小车应处于试验位置，允许来自变频装置的控制信号进行测试。

⑥ 输入变压器到变频装置和变频装置到电机的电缆连接顺序必须符合西门子提供的硬件连接图。

⑦ 电机和隔离变压器完成绝缘测试。

⑧ 变频室的空调工作正常，环境温度处于25℃左右。

（2）变频柜柜内器件上电测试

上电之前检查控制柜各电源回路（220V UPS电源、220V辅助电源、380V动力电源），确保各回路电源正确无误后（电压正确、380V电源相序正确、满足变频器负载要求）引入控制柜内并开启柜内电源开关进行柜内各器件性能检测，其主要检测及结果如下：

① 柜内电源端电压正常。

② 柜内及柜门上各仪器指示灯、柜门指示灯工作正常。

③ 柜门仪表工作正常。

④ 柜内照明正常。

⑤ 柜内加热器工作正常，逻辑控制正常(变频器停止工作后，柜内温度过低，加热器自动投入使用)

⑥ 柜内各元器件工作状态正常。

⑦ 柜内冷却风机工作正常。

⑧ 母排预充电正常。

⑨ 急停按钮工作正常。

(3) 测试变频器控制功能及反馈信号

控制和反馈信号主要包括以下几种：

① 中压开关柜控制与反馈信号；

② 控制室 GE 控制器控制与反馈信号；

③ 变频器与控制室的 Profibus 通信。

(4) 设置变频器的相关参数

(5) 调试变频器循环冷却水设备

循环冷却设备(RKE)是将变频器将损失的热量带走。变频器投入运行前，必须首先灌注过滤水循环系统，在变频器内只允许灌入少量过滤水(蒸馏水或脱盐水)，灌注时所规定的导电值<30μS/cm。完成灌注后开启变频器前，必须通过所安装的循环冷却系统的离子交换装置将过滤水的导电值降低至允许工作值<1μS/cm 范围内。pH 值必须在 5~7。过滤水循环系统的灌注过程详见《变频器水冷却系统安装运行手册》。

(6) 变频调速驱动系统启动

完成投运前所规定的各项检查内容和调试内容后，确认各部分均已达到投运条件，特别注意必须拆除可能有的短路接地线。

① 阻尼柜是否达到通电条件。

② 隔离变压器是否达到通电条件。

③ 变频装置是否达到通电条件。

④ 辅助装置是否连接正确，如防冷凝加热器、轴承和电机绕组的振动、温度、监控系统等是否达到投运条件。

⑤ 变频器循环冷却水是否达到启动条件。

⑥ 电机调试完成，是否到达投运条件。

⑦ 压缩机组是否准备完毕，达到投运条件。

⑧ 确认条件全部满足后，通知站控室值班人员，变频调速系统达到投运条件。在站控室可通过 UCP 或 SCP 启动机组，也可在机组就地启动。

⑨ 机组转速调节可根据模式选择开关位置，分别在 UCP 或 SCP 上进行，也可由流量控制系统自动调节。(注：变频器 AOP 操作面板上的启动、停止、速度增加、速度下降、点动、反转等键已锁死，不允许进行操作。)

(7) 变频调速驱动系统的停运

1) 变频装置的正常停运

① 正常停运是根据川气东送输气管线整体工艺系统的要求，由压缩机组自动化系统(UCP)控制进行的。

② 在 UCP、SCP、或 LP 位置按停机按钮，通过程序自动停止变频器。

③ 变频器正常停运后，运行人员应对系统进行必要的检查、记录，保证设备处于待用状态。

2）紧急停机

遇有紧急情况时，可随时通过主、从变频装置上、站控室和就地控制盘上的紧急停机按钮（ESD）实行紧急停机。必须注意，紧急停机只是停掉变频装置，并不能使转动装置立刻停下来，且变频装置的输出及内部仍存有高压。此时如进行检查和维修工作，必须严格按照厂家技术资料中的有关规定进行。

（8）变频装置故障停机

① 出现故障时，变频装置将自动停机，并且操作面板 AOP 上红色的"FAILURE"灯亮。故障内容按成组故障信息的形式显示。

② 按照操作面板 AOP 上显示的故障信息，由两人以上进行检查并排除故障，同时作好记录工作。

（9）变频运行检查内容

① 检查空调系统是否正常完好，以 25℃左右为好，不得高于 40℃。

② 变频器风扇运转正常，保持散热风道通畅。

③ 检查变频装置操作面板上的指示灯及显示是否正常。

④ 检查变频装置各项运行参数（包括扭矩、转速给定值和实际值、电压、电流等）是否正常。

⑤ 检查变频器运行中的故障报警显示。

10. 电机

（1）电机投运前调试检查内容

① 检查电机主接线相序是否正确，各测量元件接线是否正确。

② 检查电机相与相、相与地的绕组绝缘是否良好。绕组受潮可能导致漏电、放电、击穿。

③ 检查电机加热器处于工作状态。

④ 检查通风管是否清洁，有无堵塞，确认通风系统已完成调试，并完成电机吹扫。外部供气压力为 0.5~1.6MPa，经过正压通风系统，使电机外壳内压力比外部环境压力大 50~150Pa，且指示灯"Pressured"由红色变成绿色，指示灯"Purging"由黑色变成黄色，20min后，由黄色变为黑色。

⑤ 确认电机润滑油系统工作正常，轴承润滑最大油压为 80kPa，流速为 8L/min；

⑥ 确认电机水冷却系统完成调试，冷却水温度最大不超过 35℃，出口温度为 40℃，工作压力为 1MPa。

⑦ 检查电机轴与齿轮箱轴的同心度是否符合要求。

⑧ 所有固定螺栓是否牢固。

（2）电机空载性能测试

① 脱开联轴器，关闭电机电加热器。

② 在没有负载的情况下，分别通过 STARTER 调试软件、UCP 启动电机，由低速到高速测试电机和变频器的性能；

③ 检查电机磁力中心线的位置是否正确。

④ 通过监控系统察看电机震动、轴温和绕组温度是否正常，电机能够从低速到高速平

稳运行无抖动，无任何运行噪音，电机的各项运行参数正常。经过多次升降速测试后，电机平稳运行，开关柜能正常响应控制系统的分合闸命令，阻尼柜开关切换正常，变频器风机运行正常，柜内温度正常，无异常报警，空载测试完毕。

（3）电机带载测试

① 联轴器、压缩机及外围辅助设备（润滑、冷却系统）检查。

② 控制系统 ESD 等其他连锁信号检查测试。

③ 按照工艺要求设定电机运行参数。

④ 通过上位控制启动机组变频器（按照正常工艺要求启动设备），并在最低速度下稳定运行一段时间，满足工艺要求。

⑤ 全速运行状态，按照工艺要求的最高速度运行，从"0"转速逐渐升至最高速度的过程中观察设备能否顺利启动，如启动失败需提高 U/F 比值或增大初始启动频率，观察电流情况，如果电流过大，可适当延长启动时间。

⑥ 全速停止检测，当全速停止过程中如果直流电压过高而跳闸，可适当延长减速时间以达到顺利停车目的。

⑦ 电机带载升降速测试。

⑧ 与电机出厂时的测试数据进行对比，据判断电机运行时振动是否偏高（不是超标），如振动偏高，检查电机与齿轮箱间的对中情况，如有必要，进行调整。

⑨ 控制系统联动试车。上位机、PLC、变频器和现场电机组成全自动控制系统进行联动试车，在满足工艺要求的前提下对变频器参数进行优化，并借助 PLC 程序对变频器进行适时的、动态的微调，以达到工艺流程的要求。

⑩ 检查基座固定螺栓是否松动，如有，应紧固并检查对中情况。

四、压缩机辅助系统调试

压缩机辅助系统主要包括压缩空气系统、循环水冷却系统、润滑油系统及干气密封系统等。

（一）压缩空气系统调试

压缩空气系统主要由空气压缩机、缓冲罐、过滤器、干燥系统、储气罐等设备组成。空气压缩机主要为压缩机组的密封隔离气、气动阀门、变频电机的正压通风提供气源，供气压力为 0.5~0.8MPa。下面以英格索兰生产的 MM75 喷油风冷螺杆空气压缩机为例进行调试说明：

1. 空压机启动前检查

① 检查空压机撬安装是否平稳牢固，有无明显歪斜；

② 检查空压机驱动电机的相位是否正确；

③ 检查空压机油位是否正确；

④ 检查空压机的冷却器和空气进口滤清器是否清洁；

⑤ 给空压机控制盘上电，检查控制盘显示是否正常；

⑥ 检查、输入空压机控制盘的设定值。

2. 空压机启动调试

① 接通空压机电源，控制面板上指示灯亮；intellisys 控制器自动检查，显示屏上显示

CHECKING MACHINE：如所有检查参数均正常，显示屏显示 READ TO START。按控制面板上的 START 按钮，机器便启动并自动加载，检查空压机启动情况；

② 检查储气罐压力，应能够达到 0.6MPa 以上；

③ 检查记录空压机排气压力、温度等参数，电机的电压、电流等参数，是否符合设计要求；

④ 检测干燥空气水露点，应达到-30℃的要求。

⑤ 运行 5min、30min、1h 时检查空压机撬的振动情况；

⑥ 导通储气罐出口流程，空压机应能够根据出口压力的高低自动加载、卸载。

3. 正常停运调试

停机时按"UNLOADED STOP"（卸载停机）按钮，如果空压机正在加载运行，空压机立即卸载并继续卸载运行约 7~10s，然后停机；如果空压机正在卸载运行，空压机立即停机。

4. 紧急停运调试

按"EMERGENCY STOP"（紧急停机）按钮，空压机立即停机。

5. 空压机无热再生吸附式干燥机系统启动前检查

① 检查电源电压是否正常；

② 检查空气管路是否正常和清洁；

③ 确认工作流程，打开其进气阀、排气阀。

6. 空压机无热再生吸附式干燥机启动调试

① 接通电源，控制面板指示灯亮；

② 检查确认再生时间设置是否正确，按下控制面板上的启动按钮，A、B 罐干燥机自动进行相互切换工作模式。

7. 空压机无热再生吸附式干燥机停止调试

按下控制面板上的停止按钮，干燥机停止工作。

8. 空压机性能试验

① 将空压缩机运行方式设定为自动方式，向仪表风储罐供气。期间监视空压机控制面板上显示的压力值和仪表风储罐上的压力值上升情况。当空压机卸载时，注意控制面板上显示的压力值是否与压力上限设定值相符。

② 保持压缩空气系统排气阀门在关闭状态，注意系统空气压力下降速度，校验系统泄漏情况；保持系统压缩空气压力在设定下限值，注意空压机卸载到电机停机的时间间隔是否与设定时间相符。

③ 调试过程中重点验证空压机气量是否满足正常生产需要，空压机仪表风主要用于电机正压通风系统，压缩机隔离气以及启动阀门。

（二）循环水冷却系统调试

压气站使用的循环冷却水系统主要是用于离心压缩机组的驱动电机冷却水、润滑油站冷却水和变频器冷却水。

循环冷却水系统属于集中外循环冷却，循环水系统主要设备有：循环水箱、循环水泵、电机水换热器、润滑油站水换热器、变频器水换热器、冷却水塔等。

1. 调试前检查

① 循环冷却水系统的管道铺设安装已完毕，管道连接阀门、计量仪表、水处理设备、

水泵安装完毕；

② 循环冷却水系统的管道试压、清洗已完毕；

③ 循环冷却水系统的管道防腐和保温已按标准规范制作完毕，检验合格；

④ 软化水装置安装调试完毕，系统注满软化水，定期(每周)对软化水进行化验；

⑤ 循环水路与各设备接口已连接正常，无泄漏；

⑥ 循环水路各隐蔽工程施工验收合格；

⑦ 循环水系统各单体设备装置资料齐全，包括工厂测试报告、操作和维修手册、用于组装调试包装和运输的有关数据、各装置的结构图和装配图、电气原理及端子接线图、现场检查和调试记录、循环水质检测报告、设备台账。

2. 调试内容

① 首先检查确认循环水路所有放空、排污口均已关闭，其他阀门打开；

② 按顺序轮流启动一台循环水泵，检查电机水泵运转是否正常平稳，有无异常噪音和振动；

③ 检查循环水路各密封点有无泄漏处；

④ 检查循环水路温度、压力仪表，工作是否正常；

⑤ 循环水路连接单体用电设备电力供应正常；

⑥ 设定循环水泵的控制设定，检查水泵是否按要求切换；

⑦ 将水泵电源控制开关置于远控位置，在站控系统人机界面中，点击循环水泵启动、停止按钮，实现远程控制功能。

⑧ 检查主水路压力是否正常，流量是否足够，否则再启动第二台循环水泵。

⑨ 检查单台循环水泵工作时，其压力、温度和流量是否满足单台压缩机系统的正常生产需求。

（三）润滑油系统调试

单台机组都有一套独立的润滑油系统，与压缩机组成撬。每套润滑油系统包括两台油泵（一用一备）、两个冷却器、储油箱、高位油箱、蓄能器、油雾分离系统等主要部分，为压缩机、变速箱和主电机提供润滑油。

润滑油系统投运前确认隔离气系统已投入使用。

1. 调试前的检查

① 确认润滑油系统已经清洗完毕，管道中无任何污物。

② 检查确认合格的润滑油已经按照要求加注完毕；检查润滑油油箱液位，确认达到加装线(不低于 16.5%)。

③ 检查并确认所有电气线路接头正确、牢固、绝缘、无腐蚀、检查防爆接线箱螺钉已经固定好，进线密封良好，油泵电机接线正确。

④ 检查管路无磨损，接头、套管、卡子等无损坏，各管路接头处均不得泄漏。

⑤ 油箱内油位和油箱盖处已用惰性气体冲洗，避免油箱内出现氧化和易爆气体环境。

⑥ 润滑油系统连接单体用电设备(油泵电机、油箱加热器、油雾分离器电机)电力供应正常。

⑦ 润滑油系统各单体设备装置资料齐全，包括工厂测试报告、操作和维修手册、用于

组装调试包装和运输的有关数据、各装置的结构图和装配图、电气原理及端子接线图、现场检查、设备台账;

2. 调试内容

① 检查确认润滑油系统所有阀门状态。检查确认油泵的进口和出口隔离阀打开;检查确认控制阀 PCV305、PCV310 的旁通阀关闭,隔离阀打开;检查确认冷却器、过滤器、液位计和管线的所有放油阀关闭;检查压力开关、压力表、压力变送器、液位计、开关和阀门启动器的隔离阀打开;检查确认高位油箱进油阀关闭;检查确认油冷却器的冷却水管隔离阀关闭;检查确认液压气动蓄能器入口管线上的隔离阀关闭。

② 润滑油压力控制阀调试运行正常。背压控制阀 PCV305 设定正常,控制油泵出口总管压力为 0.75MPa;润滑油总管压力控制阀 PCV310 设定正常,控制润滑油系统总管压力为 0.25MPa;检查确认径向轴承的润滑油进油压力在 0.1~0.13MPa 范围内;检查确认推力轴承的润滑油进油压力在 0.03~0.05MPa 范围内。

③ 观察轴承侧视镜是否有回油流过。

④ 确保油压和油温达到启机要求的正常值;当油温高于 25℃时,允许启动润滑油泵。

⑤ 主、备油泵单体调试运行正常,备用油泵自动启动控制调试运行正常。

⑥ 检查储能罐内氮气压力,如果压力不合格则重新调整。

⑦ 高位油箱紧急润滑系统调试运行正常,主、备油泵故障造成紧急停机时,高位油箱紧急提供充足的润滑油,其供油时间能够使机组完全停止。

⑧ 润滑油冷却器调试运行正常,在设备供油不中断的情况下能够让任一冷却器退出运行,进行检查和维护;经过冷却器后润滑油温度能够达到设定值。

⑨ 润滑油过滤器调试运行正常,在设备供油不中断的情况下能够让任一过滤器退出运行,进行检查和维护;过滤器前后压差达到设定值时能够报警,滤芯可以正常更换。

⑩ 油箱内电加热器由温度开关控制,根据温度设定值实现正常"启动"和"关闭"。

⑪ 检查确认油雾分离器正常工作。

⑫ 润滑油系统整体调试运行正常。

(四) 干气密封系统调试

单台机组有独立的一套干气密封气系统,为机组提供密封气,主要包括干气密封盘,密封气管线,隔离器管线,附属阀门等。

1. 调试前检查

① 检查隔离气密封供给流程是否正确,各阀门是否已经开关到位,保证隔离气供给压力符合要求;

② 检查干气密封供给流程是否正确,各阀门是否已经开关到位,保证密封气能够正确供给到压缩机的驱动和非驱动端;

③ 检查各管路有无磨损,接头、套管、卡子等有无损坏,各管路接头处均不得泄漏;

④ 检查并确认干气密封、隔离气密封管线是否吹扫干净。

⑤ 检查增压加热撬能否正常运行。

2. 调试内容

① 增压加热撬动力气及干气投用正常,对增压泵及加热系统运行测试运行,确认工作

正常。

② 对干气密封组件进行静压密封试验，确认其密封性是否良好。

③ 主放空背压控制阀 PCV162、PCV163 运行正常，维持主放空管线内压力为 0.15MPa，安全阀工作正常。

④ 启动压缩机前先投运空气压缩系统，保证隔离气的供给，并检查隔离气供给压力是否正常。

⑤ 密封气管线上过滤器调试运行正常。

⑥ 启动和停机时，气体流量通过外部密封气管线上的流量控制阀 FV135 控制；正常运行时，压缩机排气口出来的工艺气体用作密封气。

⑦ 外部密封气管线上的流量控制阀 FV135 调试运行正常。

⑧ 密封气压力由压差控制阀 PDCV153 控制，差压控制器 PDIC153 和压差控制阀 PDCV153 调试运行正常，保持过滤后的密封气压力一直高于平衡气管线内的压力（即吸气压力）。

（五）压缩机空冷系统调试

空冷器主要用于压缩机对工艺气进行增压后的降温处理，当压缩机出口天然气温度超过 60℃时或当压缩机发生喘振时，自动关闭空冷器旁通阀并打开空冷器电机，使天然气经冷却后输往下游。

1. 调试前检查

① 检查各连接处牢固，螺丝是否拧紧。

② 检查电机周围有无杂物。

③ 检查电机轴承润滑脂是否加足。

④ 检查电机接地线是否接触良好。

2. 调试内容

① 电机皮带松紧度是否合适，用手轻压皮带中段能压下 10cm 左右为适度。

② 调试电机皮带轮旋转方向。

③ 调整扇叶角度，符合设计要求。

④ 空冷器振动测试。

⑤ 测试电机接地是否符合要求。

五、压缩机本体调试

离心压缩机组本体，主要包括一个静装置（机壳、扩压器、密封和轴承）和一个动装置（转子包括主轴、叶轮和平衡盘）。压缩机本体调试内容包括：

① 对压缩机机组所有工艺阀门进行全面检查，确认各阀门的开关状态。

② 压缩机与齿轮箱、齿轮箱与压缩机的对中符合要求，压缩机进出口管线与压缩机本体进行无应力连接。

③ 机组进口阀门、出口阀门的检查测试。

（a）机组进口阀门、出口阀门上电，进行阀门的就地和远控开关性能测试；

（b）测试机组进口阀门、出口阀门的开关时间，是否与控制程序设定时间相适应。

④ 防喘振、热旁通控制阀门的调整测试。

（a）检查、调整机组的防喘振控制阀门的控制气压力符合工作要求；

（b）对机组的防喘振控制阀门进行阀位控制信号与反馈信号对比校验；

（c）测试防喘振控制阀门的故障电磁阀的功能：在故障电磁阀带电后，防喘阀立即全部打开；

（d）防喘振阀和热旁通阀调试完毕，工作正常。

⑤ 放空阀、加载阀的调整测试。

（a）检查放空阀的阀位应在故障下打开位置，使放空阀的控制电磁阀带电后，放空阀应当立即关闭，并且放空阀的阀位显示状态变为关闭状态；

（b）检查加载阀的阀位应在故障下关闭位置，使加载阀的控制电磁阀带电后，加载阀应当立即打开，并且加载阀的阀位显示状态变为打开状态。

⑥ 对压缩机本体进行排污检查。

⑦ 压缩机本体连接管线没有泄漏。

⑧ 压缩机、齿轮箱振动与温度检测系统。

（a）确认所有振动探测器和轴承温度检测器完好，接线正确；

（b）检查振动与温度报警值的设定；

（c）对各部位的振动传感器进行预测试；

（d）检查确认 UCP 振动监控仪正常工作；

（e）检查各部位轴承温度传感器。

六、自控系统调试

1. 自控系统调试应具备的条件

（1）自控设备资料准备

① 资料及安装图纸；

② 设备随机资料及设备操作手册；

③ 控制功能说明及控制逻辑图；

④ UCS 系统接线图和 I/O 点表；

⑤ 工艺管道仪表流程图；

⑥ 自控系统、通信、消防报警系统图纸资料。

（2）自控系统设备调试前需具备条件

① 电气系统调试完成，性能良好。

② 站内工艺管网及机组上所有仪表安装完毕、检定合格、性能良好。

③ 站内工艺管网及机组的所有控制阀门调试完毕、性能良好。

④ 压缩机组控制及 ESD 系统(包括压缩机区消防系统)安装、检查、单调、联调完毕。

⑤ 机组监控系统软件及站控软件调试完毕、功能完备、监控正常。

⑥ 压气站站控系统与武汉调控中心通信畅通、可靠。

⑦ 站场数据传输通信通道调试完成，满足系统所需并保持畅通。

2. 自控系统投产流程

自控系统是管道 SCADA 系统的构成部分，主要包括站控系统(SCS)、机组控制系统、紧急停车(EDS)系统、压气站电力监控系统和火气检测系统。自控系统投产流程如图4-13所示。

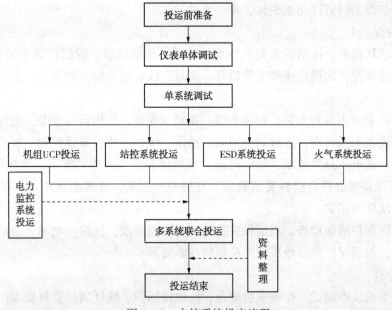

图 4-13　自控系统投产流程

3. 自控系统调试前检查

① 现场工艺设备及管路(含仪表采样点根部元件)已完成安装，达到投用要求；

② 现场检测仪表已全部完成安装，并完成检定和调校，已具备正式投用条件；

③ 现场控制设备已全部完成安装，动力电缆、控制电缆敷设及连接完成，提供正式动力电源；

④ PLC 系统机柜及硬件设备已全部完成安装，动力、控制电缆、通信电缆敷设及连接完成，模块全部安装到位；

⑤ 站控 HMI 系统设备已全部安装完成，包括通信线和动力电缆。

⑥ 电气系统 UPS 设施已完成设备安装、调试，满足正式投用条件；

⑦ 接地系统已安装，接地电阻测试满足资料要求，控制系统和现场设备接地可靠、规范。

⑧ SCS 应用软件组态和操作员计算机显示画面完整、准确，并与现场设备对应一致，满足正式投用条件。

⑨ 现场红外式可燃气体探测器和火焰探测器安装、调试完成，满足正式投用条件；

⑩ 可远程启停机组冷却循环水泵，并且其状态能远传至控制室。

⑪ 电气系统 UPS 设施已完成设备安装、调试，满足正式投用条件；

⑫ 可燃气探头校验完毕；

⑬ 火焰探头测试完毕，符合要求。

⑭ 感温、感烟探头测试完毕，符合要求。

⑮ 安装在爆炸危险环境的仪表、仪表线路、电气设备及材料，其规格型号符合资料文件规定。防爆设备应有铭牌和防爆标志，并在铭牌上标明国家授权的部门所发给的防爆合格

证编号。

⑯ 保护管与仪表、检测元件、电气设备、接线箱、拉线盒连接时，或进入仪表盘、柜、箱时，安装的防爆密封管件充填密封，符合要求。

⑰ 安装检查。

（a）检查现场仪表、控制设备安装及现场接线。现场仪表、控制设备安装准确、规范；引压管配管整齐规范；防爆连接管安装整齐、规范；仪表放空管安装规范，放空口背对操作人员方向。

（b）检查控制室内机柜安装、柜内布线、接地线连接，柜内设备安装，色标和标识。

（c）柜内设备布局合理，区域划分明确；操作、维修方便；布线整齐、规范；导线色标清晰准确；高、低电压分界清晰，隔离可靠；线缆接头规范、连接牢固；机柜间安装整齐。站控 PLC 系统设备安装符合资料要求数量、规格型号正确，开机测试正常，硬件通信接口配置正确，系统联网正常。

（d）防浪涌保护措施检查。浪涌保护措施满足资料要求，回路、电源、通信系统全部加装浪涌保护器，浪涌保护器接地满足产品资料技术要求。

⑱ 测试检查。

（a）接地系统检查测试。接地安装规范，接地线标识、线径满足资料要求；连接可靠无松动；对采用导轨接地的方式，导轨必须接地；联合接地系统汇流排接地电阻测试不大于 4Ω；所有机柜、系统设备、导轨、柜内接地汇流排对系统汇流排间电阻不大于 4Ω。

（b）电源系统检查测试。外、内供电系统安装正确，电源分配、隔离满足资料要求；220VAC 电源火、零、地线接线正确，设有独立开关，危险标识清晰准确；24VDC 电源 "+"、"−" 极接线正确，设有独立开关；测量来自 UPS 供电电压，电压、频率波动范围满足资料要求。

4. 自控系统调试内容

（1）UCS 系统调试内容

① 控制设备、系统上电。上电顺序按厂家 PLC 使用说明书中给出的上电顺序执行。观察设备、系统状态，观察确认 PLC 系统 I/O、CPU、电源、通信模块状态指示灯显示正常；确认打印机、网络设备工作状态正常；确认 UCSHMI 工作正常；UCSHMI 显示页面检查。

② 回路测试。对照 I/O 点表，将每一个点都逐一进行测试。

DI 点：在现场实际动作设备，如不具备条件的可用短接线的方式，检查 HMI 画面设备符号颜色随相应开关量变化的对应性。

DO 点：在程序中强制或人机界面中下发命令，在现场检查设备动作是否能够执行命令，如不具备条件可在现场相应端子处检查电压或者通断情况等排除故障。

AI 点：压力变送器：选择变送器全量程的五个点（即满量程的 0%、25%、50%、75%、100%），在现场用打压泵将压力打至所要求的压力，对照 HMI 界面、FLUKE 多功能校准仪、变送器示值，检查三者是否一致，如果不一致则进行相应的调整校准。

温度、流量、液位变送器：选择全量程的 5 个点，在现场用 hart 手操器模拟电流，检查人机界面中数值与电流值是否相符。

AO 点：在程序中强制，或者在人机界面中下发命令，在现场检查设备动作情况，如不具备条件可在现场相应端子处检查电流值等排除故障。

③ 本特利 3500 系统调试。系统上电、检查各模块指示灯是否正常。

连接装有组态软件的笔记本电脑，检查各模块的组态及参数设置是否正确。

对压缩机、变速箱和电机的振动探头、转速探头进行回路测试和功能测试；使用设备为 Bently Nevada 的 TK-3e 振动测试仪；使用 TK-3e 进行回路测试和功能测试时，首先将探头安装在正中间，用万用表测量前置放大器输出电压为-10V 时（真实模拟探头安装到位时的位置），固定好探头，首先打开 TK-3e 开关，使得中间圆盘开始转动，然后将探头向圆盘边缘靠近，当人机界面上显示高报或者高高报时，测试完毕；测试人员根据经验判断探头转动到什么位置，应该达到报警值，如果转动偏差很大，可能是探头有问题，需要校准。变速箱壳振探头，通过用木桩敲击变速箱外壳，来测试探头是否报警。在安装探头时，使用万用表测量 OUT 和 COM 两端电压为-10V 左右即探头位置距离轴距离为 10/7.87 = 1.27mm 左右时，将探头位置固定好。

逻辑功能测试：用 TK-3e 和振动探头模拟机组径向振动高高报，观察本特利系统的振动高高报相应的继电器开关是否动作；模拟机组轴向位移 3 选 2 高高报，观察本特利系统位移高高报相应继电器开关是否动作。

④ 本特利振动、位移诊断服务器调试；

⑤ 逻辑功能测试：

气动阀门的控制逻辑功能测试；

电动阀门的控制逻辑功能测试；

防喘控制阀的 PID 控制功能测试；

密封气/平衡管差压控制阀控制功能测试；

润滑油电加热器控制系统测试；

机组正常停机逻辑检查；

机组紧急保压停机逻辑检查；

机组紧急泄压停机逻辑检查；

机组公共报警逻辑检查；

机组允许启动逻辑检查；

机组运行至现场柜检查；

机组启动至 SCS，机组综合停机去现场柜检查；

机组启动过程结束至 SCS；

远程（SCS）/就地启动控制状态；

自启动润滑油泵逻辑检查；

启动/停止 1 号润滑油泵逻辑检查；

启动/停止 2 号润滑油泵逻辑检查；

主电机空间加热器停止逻辑检查；

油箱加热器停止逻辑检查；

排烟风机停止逻辑检查；

允许启动润滑油泵逻辑检查；

盘车电机停止逻辑检查；

干气密封加热器允许启动逻辑检查；

启动停止干气密封加热器逻辑检查；

压缩机入口阀控制逻辑检查；

压缩机出口阀控制逻辑检查；

入口加载阀控制逻辑检查；

出口旁通阀控制逻辑检查；

放空阀控制逻辑检查；

增压电磁阀控制逻辑检查；

防喘振电磁阀控制逻辑检查；

启动变频器控制逻辑检查；

合 QF 给变频器控制逻辑检查；

分 QF 给变频器控制逻辑检查；

UCP 系统同 ESD 系统独立性测试；

控制时序测试；

负荷分配测试；

SCS 远程启/停机组测试；

SCS 机组远程负荷调整测试；

用 Hart 手操器模拟润滑油箱的液位和油箱润滑油温度的变化，实验以下逻辑联锁：当润滑油箱液位低报时，电加热器自动停止；当润滑油箱液位不低，并且油箱温度低报时，电加热器自动启动；当润滑油箱温度高报时，电加热器自动停止；当润滑油箱温度高高报时，加热器温控开关切断 MCC 供电电源。

润滑油主泵/备用泵互起试验。当油箱液位和温度都正常，并且压缩机组隔离空气已经投用，压力正常时，启动 1 号润滑油泵，该泵默认为 1 号主油泵，在现场模拟润滑油泵送压力和润滑油总管压力低报，此时，辅助油（2 号）泵应该自动启动；反之，先启动 2 号油泵，则 2 号为主泵，模拟润滑油泵送压力和润滑油总管压力低报，此时辅助油泵（1 号）应自动启动。

润滑油油雾分离器逻辑功能测试；

压缩机组的启动控制逻辑功能测试。满足以下条件，方可允许启动机组：

（a）润滑油压力正常：≥0.25MPa(g)；

（b）润滑油温度正常：≥35℃；

（c）防喘振调节阀：全开；

（d）润滑油液位正常；

（e）电机处于微正压模式；

（f）系统没有紧急保压停机和泄压停机信号；

（g）PCS 允许启动。

润滑油压、油温正常、与机组有关的全部锁定状态消除、与机组有关的阀门位置正常等，如果条件满足，系统将自动给出允许开车指示；

并且停车回路已通过人机界面中的停车复位按钮进行复位。此时压缩机准备好指示灯亮，按下启动按钮，检查压缩机机组启动步骤是否正确：

如果有吹扫请求存在：

第 1 步：开 SV480；

第 2 步：开 ROV402，开 ROV403；

第 3 步：关闭 ROV403；

第 4 步：开 ROV401，开 ROV406；

第 5 步：关 ROV402；

第 6 步：开 ROV405；

第 7 步：关 ROV406。

如果没有吹扫请求只执行第 1、2(只执行开 ROV402)、4、5、6、7 步。

机组联锁停机系统逻辑功能试验：

压缩机轴位移≥0.7 mm(绝对值)停机；

变速机轴位移≥0.45mm (绝对值)停机；

压缩机轴振动≥88.9μm 停机；

变速机轴振动≥125.4μm 停机；

压缩机轴承温度≥115℃停机；

变速机轴承温度≥126℃停机；

电机轴承温度≥85℃停机；

电机定子温度≥135℃停机；

润滑油油压≤0.1MPa 停机；

压缩机出口温度≥85℃停机；

干气密封仪表风减压阀后压力≤0.15MPa 停机；

驱动端一级泄漏气压力≥0.6MPa 停机；

非驱动端一级泄漏气压力≥0.6MPa 停机；

⑥ 压缩机组运行意外情况试验。

(2) 站控系统调试内容

① 控制设备、系统上电。

顺序：PLC 系统 I/O 上电-PLC 系统 CPU 上电-计算机辅助系统设备上电-计算机网络系统设备上电-站控计算机上电，开机进行系统诊断，病毒查杀，系统软件安装和运行。

观察设备、系统状态：

观察 PLC 系统 I/O、CPU、电源、通信模块状态指示灯显示是否正常；

确认打印机、网络设备工作状态是否正常；

HMI 计算机系统工作是否正常。

② 回路测试。

模拟量输入检查：

逐点用手操器或多功能校准仪模拟全量程测试；

在 HMI 屏幕上观察各模拟量数据要与现场一致；

数据维护状态下实测值和维护值显示，维护值修改。

开关量输入检查：通过现场操作设备或短接线模拟状态测试，在 HMI 屏幕上观察各开关量状态要与现场一致；HMI 画面设备符号颜色随相应开关量变化的对应性。

开关量输出：通过 HMI 操作画面发出命令，检查继电器触点动作及现场设备动作情况；在现场和 HMI 上同时观察操作状态。

③ 逻辑功能测试。空冷器及其旁通阀逻辑功能测试：

（a）正常工况。当压缩机出口温度超过 60℃（可现场调节）时，关闭 ROV105，空冷器风机运行，即切换至空冷器流程，如果压缩机出口温度低于 58℃（可现场调节），则打开 ROV105，退出空冷器流程，同时关闭空冷器风扇。

（b）喘振工况。如果压缩机发生喘振，即接收到喘振信号，报警并立即关闭 ROV203A（不再判断出口温度），打开空冷器风扇。喘振工况解除后，自动切换至（a）并解除报警。

（c）紧急停车时，当接受到 UCS 发出的紧急停车信号时，打开 ROV105。

模拟压缩机出口温度信号、喘振信号以及紧急停车信号，从而对空冷器和 ROV105 的逻辑逐一测试。

ESD 逻辑：

（a）按下一级 ESD 按钮后，确认现场是否关闭站场和压缩机进出口阀门，进行全站放空。

（b）按下二级 ESD 按钮后，确认现场是否关闭站场和压缩机进出口阀门，对压缩机及其进出口管线进行放空。

（c）按下紧急停 1 号、2 号、3 号、4 号压缩机按钮后，确认现场是否紧急停相应的压缩机。

房间温度控制轴流风机启停：

在设置了房间温度检测的部位，模拟房间温度，当温度达到 40℃ 时，启动轴流风机；当温度达到 35℃ 时，停轴流风机。

④ 通信测试。与压缩机组控制系统通信测试：

通过站控 HMI 画面观察压缩机组 UCS 上传参数，与压缩机组 HMI 显示数据比较，检查读数据功能；

通过 HMI 写入设定值数据、控制命令，检查写数据功能。

与电力监控系统和 VSDS 调试：与变电所电力监控系统的 RS485 通信正常，在站控可以检测到变电所数据；站控紧急停压缩机 ESD 按钮动作时，VSDS 可以收到紧急停车信号。

（3）空压机控制系统调试

① 现场空压机控制机柜上电；

② 由厂家现场工程师进行空压机参数设定；

③ 命令和状态检查调试；

④ 控制系统与站控 PLC RS485 通信正常；

⑤ 散热风扇运行良好；

⑥ 远程启动测试；

⑦ 完成双机联控测试；

⑧ 运行观测与数据比对。

七、机组性能测试

（一）24h 不间断机械运转测试

1. 测试目的

① 验证成套机组的机械安装质量良好。

② 验证各子系统组成的整个机组整体性完好、各橇间及机组与系统的所有连接完整和正确。

③ 验证轴系和设备各部位无异常的振动。

④ 验证各个法兰连接处等静密封点无润滑油、天然气或者空气的泄漏。

⑤ 验证控制和保护系统完整，功能有效。

2. 测试要求

① 机组 24h 机械运转测试不受管道和压气站的工况条件影响，机组利用站内循环流程进行无负荷测试。

② 测试前上报机组 24h 机械运转测试计划。

③ 开始 24h 不间断机械运转测试之前，整台机组包括辅助系统必须已经完成调试，功能完全和具备可操作性，特别是控制系统，消防和安全系统以及紧急停车按钮功能正常有效。

④ 测试前所有监控机组运行状态的一次仪表和二次仪表均已经安装就位且完好正常投用，确认测试期间所需监控参数全部可以使用已经安装在机组上的仪表采集或读取，无需额外的仪表。

⑤ 空冷系统调试完成，处于可控状态，并且在整个测试期间需保持稳定运行状态，以保证工艺气体温度稳定。

⑥ 测试过程需由机组供应商进行，保证机组运行期间没有喘振、温度过高等风险。

⑦ 24h 机械测试必须连续进行，原则上保持机组连续稳定运行达到 24h 以上为合格。若发生对运转安全和设备质量的重要报警，应该停机处理。任何停机发生后，测试时间归零，时间重新计算。

⑧ 测试过程中如果需要强制参数运行，需经过各方认可。

3. 测试准备

① 机组 24h 机械测试基于管道和压气站的实际工艺工况条件进行，并且不影响管道和压气站的正常生产运行。为了防止压缩机入口滤网堵塞，24h 测试时，相关工艺管线完成吹扫合格，同时站场工艺流程为正输流程。

② 24h 不间断机械运转测试之前，整个机组包括辅助系统已经调试完成，功能完全和具备可操作性，特别是控制系统，消防和安全系统以及紧急停车按钮功能正常有效。

③ 测试前所有监控机组运行状态的一次仪表和二次仪表均已经安装就位，投用正常，测试期间所需监控参数全部可以使用已经安装在机组上的仪表采集或读取，无需额外的仪表。

④ 设备厂家负责测试的工程师须在测试前对整个机组做一个全面检查，确认机组处于就绪状态。

⑤ 站场单回流管线上的空冷系统调试完成，处于可操作的状态，并且在整个测试期间需处于稳定运行状态，以保证工艺气体温度的稳定。

4. 测试程序

(1) 工艺阀门状态

① 确认压缩机区的旁通阀打开，压缩机进出口阀保持关闭状态。

② 打开两路分离器出口阀。

③ 打开压缩机进口阀的旁通阀对压缩机区进行充压，至设计压力后关闭（根据具体情况选择性操作）。

④ 关闭两路分离器出口阀。

⑤ 将测试机组的防喘阀处于全开状态（其他三台机组防喘阀保持关闭状态）。

⑥ 确认站场所有放空阀、排污阀关闭。

⑦ 其他的站场阀，根据输气生产需要由压气站的运行人员按调度要求操作。

(2) 测试步骤

① 24h 测试启动前 5h，干气密封的供应采用外接氮气进行供应，并关闭干气密封内部气源气的供应，以防止投产前期存在管线脏污堵塞滤芯，损坏干气密封。

② 确认机组启动前的所有检查确认内容均已经完成。

③ 启动机组，在机组达到最小连续转速稳定后，记录机组主要运行参数。

④ 监测所有的参数，确认机组所有参数在正常范围内，调整压缩机转速至最低负载转速并开始计时。

⑤ 按照图 3-13"压缩机 24h 机械运转测试转速变化图谱"，根据调度指令，调整压缩机转速到要求的转速或在压缩机最低负载转速稳定运行 20h 后，调整机组转速到最大连续运行转速，保持该转速稳定运行 4h。并按照图中要求进行主操作界面拷屏；每 2h 记录一次完整的工艺和机械数据，包括压缩机、电机、变频器和变压器。

⑥ 在最大连续运行转速下稳定运行 4h 后，按紧急停机按钮，机组紧急停机，记录机组由超速停机到转速降至 500r/min 之间的振动频谱信息（波特图、相位、转速等）参数，并将其做为测试报告的一部分。

⑦ 根据机组实际控制程序，修改压缩机 24h 机械运转测试转速变化图。

5. 测试分析与评估

① 根据测试过程中拷屏记录的时间点，对历史数据库记录的重要运行参数进行趋势分析。

② 压缩机运行情况分析，包括：转速、转子的径向振动、润滑油供油、回油温度、干气密封控制压力、一级放空流量等关键参数。

③ 齿轮箱的运行情况分析，包括：径向轴承的振动、温度参数、止推轴承温度、驱动端轴位移等参数。

④ 对机组其他辅助系统进行评估，包括：干气密封系统、润滑油系统、空冷系统、循环水冷却系统、正压通风系统等。

⑤ 在测试期间，所有运行参数在报警值以下，且没有明显的异常趋势为合格。

⑥ 按照上述要求编制 24h 测试报告。

(二)喘振线测试及性能曲线测试

1. 测试目的

① 验证现场的实际喘振线，设置喘振保护，现场实际喘振线与合同喘振线比较。

② 压缩机实际近似气动性能，同机组供应商所提供机组设计性能曲线进行对比。通过

测试计算获得压缩机组在不同转速下机组的效率和功耗。

2. 测试准备

① 机组 24h 机械测试完成，必须整改的项目已经整改完成；

② 振动检测系统已调试完毕；

③ 压缩机喘振控制保护系统已经调试完成并且经过验证，入口压力、出口压力、入口流量变送器完成校验；

④ 压缩机组出口管线上的空冷系统须处于可操作的状态，并且在整个测试期间全部处于运行状态，机组进口阀全开和出口阀关闭，空冷器手动可调，以保证工艺气体温度的稳定。测试期间必须要求压缩机进口温度和出口温度均低于设计允许上限值，否则现场测试无法进行；

⑤ 为了避免在测试过程中机组故障停机，达到确认实际喘振线的目的，需要以下操作：

（a）防喘振控制阀处于手动开的状态；

（b）将安全线平移到预期的喘振线 SLL 上，由厂家自控人员将防喘振线屏蔽；

（c）通过更改防喘阀控制的速率设置参数，加快防喘振控制阀开启的速度，使得在压缩机进入喘振时防喘阀能迅速打开。

⑥ 测试过程中通过压缩机管道上安装标注流量计测试流量；

⑦ 在 UCS 控制系统中屏蔽"防喘阀位置故障报警"信号；

⑧ 进行喘振线测试时需要采用站内循环流程；

⑨ 压缩机厂家自控工程师需做好应对测试中可能的各种应急处置准备；

⑩ 喘振线测试前要求正输增压流程至少 3h，以确保管道洁净，进口管路无堵塞风险。

3. 测试程序

① 工艺阀门状态。工艺阀门状态按 24h 机械运转测试中的工艺阀门状态执行，单向阀工作正常，压缩机进口阀全开，出口阀关闭。

② 本测试将分别在 65%、80%、90%、100% 和 105% 额定转速下进行，测试 5 个喘振点。确认机组启动前的所有预检查已经完成，采用站内循环流程，用防喘阀调节工况点和喘振点，实测压缩机性能曲线。

本试验参照 ASME PTC 10—1997 标准中规定的第一种类型试验，即试验气体、试验运转条件与设计气体及设计运转条件相同的试验，更直接，更准确地反应机组运行情况，有利于对压缩机组性能进行评估，为装置运转提供重要依据，通过测试可以确定装置的高效运行范围。

由于压缩机出厂试验报告中存在与合同规定不完全一致的指标，现场近似气动性能测试及评估是分析、验证整改方案效果的唯一方式，所以该试验是现场验收的重要项目和依据。

③ 本试验功率测量采用热平衡法。

④ 本试验流量的测量采用现场流量装置进行测量。

⑤ 每个工况点稳定后方可记录数据。测量参数包括：进、出口压力、温度、转速、流量和气体组分。

⑥ 试验装置采用现场的气路工艺系统，根据现场实际情况，进行不同工况点的调节。由于现场特殊介质且试验仪表不便于拆卸，故所用仪表均采用现场仪表。

4. 测试步骤

① 确认机组启动前的所有预检查已经完成。

② 按正常启机步骤启动机组，确认机组正常启动且转速稳定至压缩机最低负载转速，监测所有的参数，确认机组所有参数在正常运行范围内。

③ 压缩机运行点往喘振线移动是通过改变防喘振控制阀的开度来实现，但是，其他阀的动作也是测试必需的。需要注意的是其他工艺阀在设计上不是用来调节流量的，细微的阀开度的变化可能引起较大的流量变化。同时，测试期间，为了防止压缩机喘振导致的可能危害，工艺管路上的手动阀禁止操作。

5. 喘振线测试

（1）65%转速下的喘振测试

① 增加机组转速到65%，期间保持防喘振控制阀全开；

② 手动缓慢关防喘振阀，验证操作点处于远离喘振线的位置，至压缩机流量为此转速下预期喘振点的130%（此值可调整，需保持测试开始时运行点远离喘振线）。

注意：关阀的速度一定要慢，以防止流量突变导致压缩机进入喘振区域，同时密切注意压缩机的振动，运行30min，以期达到稳定状态。

③ 继续缓慢减小防喘振控制阀的开度使压缩机的体积流量减小10%（或者压差减小20%）；

④ 运行30min，以期达到稳定状态。

⑤ 重复上述步骤，直到压缩机的体积流量为此转速下预期喘振流量的110%；在流量减小到预期喘振流量的110%之前，每个测试点，每个表中的参数记录三组数据，然后对每个参数取平均值；

⑥ 验证喘振点：手动缓慢减小防喘振控制阀的开度，每次1%，等压缩机工艺气体参数稳定后，记录数据，再减小1%；

⑦ 根据预期曲线判断是否接近喘振区，在此期间监视以下参数，直到下述（b）～（f）中任意一条显示出机组将发生喘振：

（a）防喘阀的实际位置与反馈是否一致；

（b）压缩机入口和出口是否有异常低频脉动声音；

（c）观察到压缩机入口压力值出现明显波动；

（d）观察压缩机出口压力值，防喘阀缓慢关闭时，排气压力会缓慢升高，当第一次监测到压力显示有降低时，认为机组发生喘振；

（e）观察压缩机入口流量值，当动态压差超过稳定状态的20%时，如果没有其他指示，可认为机组发生喘振；

（f）观察机组气动检测界面和振动检测系统压缩机驱动端和非驱动端振动以及轴向位移的振动图像和趋势，如果振幅信号有微小的突变表示机组可能开始喘振；

（g）如果在测试时，喘振保护系统开始打开压缩机的防喘控制阀，此时需要将SLL往左平移1%；

⑧ 测试期间，如压缩机出口温度上升至75℃以上时，则在机组防喘阀全开的状态下，正常降速至怠速模式运行。运行一段时间，站内工艺气压力与进出站压力压差保持在0.1MPa左右时，开启进口阀。而后压缩机正常加载至下一个测试转速，流程上实现了正输的平稳切换，随机组负荷的增加，站内热的工艺气逐步输送出去，站外冷气引入，从而实现了工艺气的降温目的。待温度达到允许测试条件后（随当时气温、机组负荷而定，一般可以控制在40℃以下），则继续进行下一个喘振点的测试，直至完成所有测试过程。

⑨ 如果压缩机进入喘振，迅速打开防喘振控制阀，使其处于全开状态，将最近的一个数据点作为喘振点，按照表 4-5 对该点参数进行记录。

表 4-5　压缩机喘振试验记录表

名　　称	单位	位号	1	2	3	4	5
记录时间							
转速	r/min						
	%						
流量差压	kPa						
显示流量	Nm^3/h						
进口压力	kPa(g)						
进口温度	℃						
出口压力	kPa(g)						
出口温度	℃						
出口温度	℃						

注意：关阀的速度一定要慢，以防止流量突变导致压缩机进入喘振区域，同时密切注意压缩机的振动。在机组高转速下的防喘振测试过程中，对于防喘阀的开度应根据防喘振裕量合理控制，不允许防喘阀瞬间开启，有喘振现象，微开防喘振阀，退出喘振现象即可，防止电机过载，防止气体倒流。

（2）80%转速下的喘振测试

① 提高压缩机转速到 80%；

② 参照 65%转速下的喘振测试步骤，测试 80%转速下的喘振点。

（3）90%转速下的喘振测试

① 提高压缩机转速到 90%；

② 参照 65%转速下的喘振测试步骤，测试 90%转速下的喘振点。

（4）100%转速下的喘振测试

① 提高压缩机转速到 100%；

② 参照 65%转速下的喘振测试步骤，测试 100%转速下的喘振点。

（5）105%转速下的喘振测试

① 提高压缩机转速到 105%

② 参照 65%转速下的喘振测试步骤，测试 105%转速下的喘振点。

测试结束后，恢复喘振线测试中改变的参数。依据测试得到的喘振点，更新机组控制系统中的防喘振控制和保护系统的参数。

（6）测试分析与评估

① 根据测试过程拷屏记录的时间点，使用实时相关数据：实际工艺组分、转速、压缩机进口压力和温度、出口压力和温度、流量压差，计算和绘制"控制曲线"和"性能曲线"，如图 4-14 所示。

② 防喘控制设置的保护控制线与实际喘振线呈符合防喘裕度的正偏差，为合格。

③ 实测喘振线与合同喘振线的比较呈无偏差或负偏差，为合格。

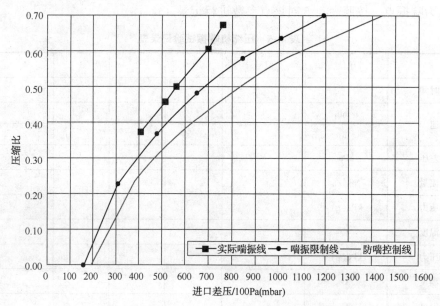

图 4-14　实测喘振线和防喘设置测试结果示意图

6. 性能曲线测试

① 该测试可以在压缩机喘振试验过程中同时进行，采用站内循环方式。采用站内循环的优点：通过防喘振回路实现站内循环，调节防喘阀可以实现数据表上的所有工况点，不受下游站的影响，对于站内操作更容易。如采用正输流程，受限条件较多，工况点数据的采集受限。

② 测试压缩机在 100%额定转速下的性能曲线，从阻塞工况到喘振工况共选取五个点：阻塞点、设计点、喘振点、阻塞点与设计点之间插取一点，设计点与喘振点之间插取一点；测试点的选取和稳定时间（一般 30min）按 ASME PTC-10 执行。

③ 测试压缩机在 65%、80%、90%、105%额定转速下的性能曲线，从阻塞工况到喘振工况共选取五个点：阻塞点、设计点、喘振点、阻塞点与设计点之间插取一点、设计点与喘振点之间插取一点；测试点的选取和稳定时间按 ASME PTC-10 执行。

注：测额定转速可以对压缩机性能考核点进行评估，测试不同转速可以对压缩机的范围进行评估。

④ 为防止在接近喘振点时，压缩机出口压力超压，需保持压缩机入口压力在设计压力以下；

⑤ 通过逐步关闭防喘阀阀，进行压缩机五个点的性能测试；

⑥ 如果机组考核需要调节到额定转速，电机超过额定值可以通过降低进口压力实现。

⑦ 在每一工况点下，工况符合表 4-6 中的稳定条件后，拷屏主界面，记录时间。

7. 参数记录和选取

① 根据测试过程中拷屏记录的时间点，从历史数据库中选取性能计算所需的参数；

② 压缩机性能计算所需参数包括：压缩机入口压力、压缩机入口温度、压缩机出口压力、压缩机出口温度、与压缩机流量有关的参数等，如表 4-6 所示。

表 4-6 机组性能测试稳定标准

测量变量	单位	每分钟最大变化范围(+/−)
压缩机(来自 ASME PTC-10)		
压缩机进口温度	°R	0.5%
压缩机进口压力	psi	2%
压力机出口温度	°R	0.5%
压缩机出口压力	psi	2%
压缩机转速	r/min	0.5%

8. 现场实测气体组分

9. 近似性能评估

① 计算天然气的物性参数;

② 利用热平衡法计算压缩机所需功率;

③ 以测试的数据作为输入值,计算压缩机入口流量、多变效率、喘振裕度;

④ 将计算结果与预期性能数据进行对比;

⑤ 所获得的近似性能测试的结果视为机组运行初始性能参数,供运行维护人员在压缩机组后续运行中对机组性能进行检测和评估时参考。

10. 喘振线与性能曲线测试过程中关闭防喘振阀风险防控

关闭防喘振阀危害及防治措施如表 4-7 所示。

表 4-7 关闭防喘振阀危害及防治措施

序号	作业活动	危险因素	危险级别	控制措施	措施落实责任人
1	试验过程中关闭防喘振阀	造成压缩机、变速器、电机振动、瓦温上升、报警	可容许	迅速将防喘振阀打开 5% 开度,观察如果情况没有改变,继续打开 5%	
2	试验过程中关闭防喘振阀	造成压缩机、变速机、电机振动、瓦温联锁	可容许	将防喘振阀迅速打到全开,其余操作按紧急停车处理	
3	试验过程中关闭防喘振阀	机组发生轻微喘振,但振动、瓦温等无变化	可容许	将防喘振阀打开 5% 开度	
4	试验过程中关闭防喘振阀	喘振后,阀门出现卡死,无法退出喘振状态	可容许	按紧急停车处理	
5	试验过程中关闭防喘振阀	入口压力低低联锁	可容许	入口压力接近联锁值时将防喘振阀迅速打到全开,其余操作按紧急停车处理	
6	试验过程中出现电机电流超负荷	电机电流大于电机保护电流	可容许	及时降低压缩机转速或关小喘振阀开度,仍无法控制按紧急停车处理	

（三）72h 负荷性能测试

1. 测试目的

使机组在运行工况允许的条件下以尽量高的转速和负荷，尽可能接近正常运行条件下验证机组连续工作稳定性、可靠性。测试目的如下：

① 考察成套机组在设计转速下连续工作的稳定性，各系统参数有无异常，机组控制系统报警、参数记录功能完好；

② 验证机组负荷调整、防喘控制等基本功能满足机组平稳运行需求。

2. 准备工作

① 机组 24h 机械运转测试、实际喘振线测试已经完成；

② 机组已经完成启动前的全部检查工作；

③ 后空冷器具备连续运行的条件，处于可控的完好状态；

④ 近似性能测试完成后切换为正输增压流程进行 72h 性能测试，测试中根据实际工况需要通过站循环阀或者防喘阀共同调节流量，开启后空冷风扇降低压缩机入口温度完成测试；

⑤ 配置好数据采集软件，测试过程中使用计算机进行关键参数记录，并将记录结果作为测试报告的附件。

3. 测试程序

72h 性能测试通过正输增压流程进行测试。具体需要协调调控中心根据管道实际运行工况调整机组的运行转速。测试步骤如下：

① 按照运行规程要求确认站场所有工艺阀门状态正确后，启动机组到达怠速，机组运行前 5h，干气密封气源供应采用氮气供应，以确保干气密封免受损坏；

② 确认现场无任何泄漏等异常情况，逐步加载压缩机至额定工作转速；

③ 为保证机组入口工艺气温度稳定，根据实际情况手动打开空冷器，同时考核后空冷器运行效率及稳定性；

④ 根据调度指令，按照生产需要完成压缩机组负载转速调整。若机组负荷较小，可通过调整站循环阀的开度增加负载；

⑤ 待工艺条件和性能参数稳定后，开始计时。

4. 测试要求

① 需要记录的数据表见表 4-8；

表 4-8　压缩机 72h 负荷试验记录表

名称	单位	位号	1	2	3	4	5
记录时间							
大气压力	kPa						
流量差压	kPa						
显示流量	Nm^3/h						
进口压力	kPa(g)						
进口温度	℃						
出口压力	kPa(g)						
出口压力	kPa(g)						
出口压力	kPa(g)						

名称	单位	位号	1	2	3	4	5
出口温度	℃						
出口温度	℃						
试验转速	r/min						
电机电流	A						
电机电压	V						
电机因数							
电机功率	kW						

② 测试开始后，机组供应商技术服务人员及时对测试开始、测试期间某一时间点、测试结束时的主控制画面截屏拷贝，和机组历史数据库自动采集的机组运行参数一起作为测试报告的一部分；

③ 控制系统记录测试期间出现的报警和跳机事件记录，并且生成文件保存，将此文件作为测试报告附件的一部分；

④ 测试期间出现的问题，必须详细列出清单，由供应商技术服务人员签字确认，同时明确消项处理的具体时间，作为测试报告的内容。

⑤ 测试期间，如果由于机组本身原因导致的故障停机，在外部条件具备或故障排除后，各方重新检查机组启机条件，再重新启动机组进入测试状态，上次测试时间归零、重新计时。

5. 现场实测气体组分

6. 性能评估

① 计算天然气的物性参数，需提供结果；

② 利用热平衡法计算压缩机所需功率；

③ 以测试的数据作为输入值，计算压缩机入口流量、多变效率、喘振裕度，电机有效功率、负荷、热耗率；

④ 将计算结果与预期性能数据进行对比；

⑤ 这些近似性能测试的结果视为机组运行初始性能参数，供运行维护人员在日后的压缩机组运行中对机组性能进行检测和评估时参考。

（四）多机组并联运行负荷分配测试

1. 负荷分配控制成功标准

多机组负荷分配的目标是所有机组都达到负荷要求即各机组按照预期设定点运行。设其中定点约为各个机组工作点距与喘振线距离之和/机组台数。当各个机组均达到设定点并投入自动，即可判定负荷分配成功。

2. 负荷分配投入过程

负荷分配测试，首先进行两台机组的负荷分配测试，然后进行三台机组间的联运测试。具体如下：

当第一台压缩机一键启动后，压缩机工作点将沿着防喘振线进行启动。当达到工作点设定点后防喘振阀关闭，转速继续上升，当达到最大转速设定点时。系统判定手动启动第二台压缩机，这时第二台压缩机启动；当达到压缩机最小流量时，第一台压缩机转速开始下降，第二台压缩机转速上升。直至两台压缩机工作点达到设定点并投入自动，此时则判定压缩机负荷分配投入成功。

两台压缩机负荷分配投入自动后，如压缩机转速继续上升，当两台压缩机转速均达到最大转速设定点时，手动启动第三台压缩机。当第三台压缩机达到压缩机最小流量时，第一台压缩机与第二台压缩机转速均开始下降，且下降的控制是同时的。第三台转速上升，直至三台压缩机工作点达到设定点并投入自动，此时则判定压缩机负荷分配投入成功。

3. 负荷分配脱离过程

当并联压缩机转速下降至设定点以下时，则防喘振阀自动打开。这时负荷分配系统认为压缩机处于低负荷运行，则判定压缩机负荷分配脱离。

八、压缩机投产成功标准

1. 各阶段成功标准

根据压缩机站投产流程，投产分三部分，成功标准分别为：

（1）辅助系统调试成功：电力系统先投运的情况下，保证各辅助系统调试投运成功，无故障无事故发生，为压缩机本体调试奠定基础。

（2）压缩机本体调试成功：压缩机单机组调试无故障发生，联机调试阶段压缩机组运行平稳，无故障，无异常声响。

（3）其他辅助系统：供水、供电、供气正常；无介质泄漏和人员伤亡情况。

2. 投产成功总标准

根据《天然气输送管道运行管理规范》要求，管道按照实际工况最大地满足各流程试运，站内工艺管线、设备、仪表、站控、SCADA 系统调试合格，压缩机系统连续平稳运行 72h，并进行负荷分配调试。

九、压缩机投产注意事项

① 由于天然气后冷却器是由许多较细的管道组成，试压的水很难干燥彻底。为避免压缩机在试运初期干气密封失效，试运前 5 h 内应用外加氮气作为干气密封气源，在这期间应加强站场所有排污系统的排污，包括压缩机本体的排污，但要注意压缩机进出口应分别进行排污。

② 给压缩机充气前必须首先运转润滑油系统并保证密封气（压缩机出口的天然气）管路畅通，而在投用润滑油系统前必须先投用隔离气（压缩空气）。对于停运的压缩机，必须确认压缩机腔内的天然气放空并待轴承完全冷却后，才能停运干气密封系统。

③ 由于某些燃气轮机供应商在程序上设置定时，每天对后备润滑油泵进行自检，因此在机组停运期间，必须确认机组的所有电源（包括机组本身自带的 UPS 电源）断电后才能停运仪表风系统，在恢复机组供电前必须先启动仪表风系统，待仪表风压力正常后才能恢复供电。

第五章　天然气长输管道线路投产

投产置换是天然气管道施工后投入运行的一个关键步骤。通过这一过程排出管道中存留的空气，引入所要输送的纯天然气。

目前，国内外已投入运行的输气管线采用的置换方法一般是在注入天然气之前，先注入一段惰性气体，将天然气与空气隔离，以阻止天然气与空气直接混合，达到安全操作的目的。管道投产置换时采用的惰性气体一般为氮气。本章节主要介绍了天然气长输管线线路投产过程中氮气与天然气置换要点、置换过程中混气形成规律、混气长度影响因素以及地形对混气长度影响。

第一节　氮气置换

一、注氮的准备工作和注意事项

① 明确液氮技术指标、注氮期间安全操作和其他要求、液氮道路运输安全等方面的责任。

② 对液氮生产厂家生产、储存能力，液氮纯度(99.9%以上)等进行调研；对液氮加热泵车资源进行调研，制定工作和应急方案。

③ 注氮厂家对液氮运输道路进行调查，同时选好备用路线。

④ 注氮施工方案按照程序通过审批；

⑤ 提前制作注氮接头。

⑥ 安排注氮车及其设施的停放位置。

⑦ 注氮作业前两天，作业人员、设备到达作业现场进行前期准备工作；

⑧ 注氮前完成注氮管线连接，并检查注氮管线的严密性；注氮设备就位完成调试工作。运行单位对注氮设备进行检查，明确安全注意事项。

⑨ 注氮作业现场周围 20m 范围设警戒区，并标注明显警戒标志，与注氮作业无关人员严禁入内。

⑩ 保持现场通风，防止液氮泄漏造成人员窒息。不应触摸液氮低温管线，防止冻伤。

⑪ 注氮作业完成后，恢复流程并做好现场卫生清理工作。

注氮点所在站场和阀室的设备和流程在注氮期间完成置换作业。注氮封存的沿线阀室要进行放空，检测到氮气头后立即关闭放空；利用注氮封存管段下游的最后一个阀室进行隔离，并要将氮气与空气的混合气在封存隔离阀室处放空，确保氮气封存段氮气的纯度。注氮作业期间，各站场、阀室在检测到氮气-空气混气头、纯氮气时，通知下游一同进行氮气置换的阀室，同时将信息反馈给现场投产指挥部。

氮气置换过程中，针对有预留盲板处、燃气发电机等须进行置换的站场和阀室，须在投产操作细则中进行完善，确保站场阀室置换完全，务必不能留有盲点，保证投产安全。同时各投产分部须与地方门站结合，确定临界点，做好安全隔离工作。

二、注氮设施

目前，天然气管道投产通常采用液氮泵车或氮气瓶进行管道置换作业。氮气瓶置换一般适用于注氮量较小的工程，但在实际工程作业中，由于氮气需求量较大，因此经常采用带加热、汽化装置的液氮泵车进行注氮作业，同时也能满足氮气注入压力、温度、速度等相关要求。汽化装置的出口应配备有精确可靠的温度和流量显示仪。注氮泵车和汽化装置也能根据环境温度、注氮速度等因素控制好加热装置出口注氮速度和温度。经工程实践检验，在大口径、高压力长输天然气管道投产中，利用液氮泵车进行注氮作业可满足各类投产氮气置换的需要。

三、注氮位置

在置换过程中，首先按照设计要求，以注氮预留口作为注氮点。对于 1000~1500km 以上的管道，除了在首站注氮外可以增设 1 个注氮点外。支线管道最好在该支线的起点设注氮点。若站场原设计的注氮点至置换管道的流程内已注有天然气不能使用时，可根据站场的具体流程再进行选择，一般尽量选择不影响站内生产运行，容易拆卸和安装，操作空间大，操作方便的地点。川气东送管道线路投产中注氮作业的注氮点主要选择在注氮预留口处、出站紧急截断阀门旁通阀短接处、发球筒进气阀门旁通阀短接处等。

注氮过程中，在氮气车出口安装压力表和温度表或收发球筒压力表来检测管道注入氮气参数。置换过程中，一般选择输气站收发球筒前(或阀室)的压力表取样口检测含氧量，确定氮气置换效果。

四、注氮量

1. 注氮量分析

连续置换工艺的注氮量主要由注氮期间的氮气混合量、氮气段通过全线的混气量、沿线站场及阀室置换用氮气量、氮气段到达末站时的剩余量、保险富裕量组成。若采用二次置换工艺，注氮总量为所要置换管段的全部管容和站场相关部分的管道容积，同时还要考虑部分混气段的放空量和灌充压力。最佳注氮量为空气与氮气混合段、纯氮气段、氮气与天然气混合段 3 段中氮气量的总和。纯氮气段将空气与天然气完全隔开，只有具备足够长度的纯氮气段才能保障置换投产安全，因此纯氮气段的长度一般取混合段长度的 20%。1t 液氮转化为 1atm、5℃状态下的氮气体积为 808m³，即比容 $\mu = 0.808m^3/kg$。

2. 决定注氮量的因素

注氮量主要由以下因素决定：

① 置换过程的混气量，包括氮气与空气的混气量和天然气与氮气的混气量。

② 管道沿线置换所需的氮气量，具体根据站内容器及管道容积、盲肠段容积和置换的压力决定；

③ 留足够长的纯氮气段以保证管道沿线各站有充足的时间进行站内置换，它的长度根据天然气推进速度和所控制的背压计算。

④ 氮气置换过程的损耗量，主要包括液氮汽化过程中的损耗量、氮气置换过程中的混气量和放空量。在对投产管段进行天然气置换前，一般选择一段或几段管道将氮气封存在某一个站场与阀室之间，封存压力为 0.05~0.2MPa。

3. 注氮量计算依据

① 需置换管道的管长、管径、壁厚、管容；

② 需置换场站和阀室的容积；

③ 氮气按 1atm、5℃计算；在 1t 液氮转化为 1atm、5℃下的氮气气体体积为 808m³，但根据实际经验只能达到 700m³ 左右。

④ 天然气组分。

4. 注氮量的计算

（1）经验公式计算

体积流量：$Q = VA$（m³/s）

$$A = \frac{\pi}{4}d^2 \qquad (5-1)$$

注氮量：$Q = Vat$

$$t = \frac{L}{V} \qquad (5-2)$$

$$Q = \frac{\pi}{4}d^2 Lf(V) \qquad (5-3)$$

$$f(V) = f(p, T, V_m, V_N) \qquad (5-4)$$

注氮压力和最初天然气的流量和压力对稳定氮气段的形成有很大关系。天然气起始输送压力越接近氮气压力，混合气体量就越小。当进口压力在 1.0MPa 内时：

$$f(V) = \frac{1}{1000}Z\mu \frac{p_m}{p_N} \frac{p'_0}{p_0} \frac{V_M}{V_N} \frac{T_0}{T_M} \qquad (5-5)$$

注氮量：

$$Q = \frac{(\mu\pi d^2 LT_0/4T_m Z)\, p'_0 v_m p_m}{1000 p_N v_N p_0} \qquad (5-6)$$

式中：Q——标准状态下，注氮量，m³；

μ——安全系数参数，一般取 5~10 为宜；

d——输管内径，m；

L——需要进行置换的管段长度，m；

T_0——注氮均温，K；

T_m——天然气均温，K；

Z——气体压缩系数；

p'_0——氮气段的绝对压力，MPa；

v_m——置换开始时天然气流速，标准状态下，m³/min；

p_m——绝对压力（天然气出口的），MPa；

p_N——空气段的绝对压力（氮气段前），MPa；

v_N——氮气流速，标准状态下，m³/min；

p_0——大气压力，取 0.1MPa。

注氮量与天然气流速、氮气流速、压力、温度、置换长度、管道内径相关，与需要进行置换的管段长度成正比，与管道内径成平方比变化。

如果采用液氮注入，则需要的液氮量用下式计算：

$$m = \frac{qa}{b} = V_0 a \left(1 + \frac{p_1 T_0}{p_0 T_1}\right)(1 + q) / b \qquad (5-7)$$

式中　m——液氮质量，kg；

　　　q——需要氮气量，标准状态下，m^3；

　　　a——标准状态下氮气的摩尔质量，0.028kg/mol；

　　　b——标准状态下氮气的摩尔质量，$0.0224m^3/mol$；

　　　p_0——标准大气压力，取 0.10132MPa；

　　　V_0——需置换的管道容积，m^3；

　　　p_1——管段置换后氮气压力(表压)，MPa；

　　　T_0——标准温度，取 293K；

　　　T_1——氮气注入温度；

　　　q——氮气损耗量，根据川气东送管道投产经验，取 0.06~0.2。

要保持注氮压力和注天然气压力一致，注氮结束后马上注天然气，以便减小混气段长度，减少氮气损耗。

（2）按管容来进行计算

通过对经验公式的简化，现在我国大部分新投产管道注氮量的确定采用按管容进行计算。取所需置换管段管容的 7%~30%。如淄博-莱芜管线：采用管容的 20%~30%；榆林-济南管线：按管容的 15% 计算；西气东输二线广州-南宁全部站场、阀室按投产管线总管容的 1.5~2 倍作为氮气消耗量；按管容 7% 计算注氮量；陕京二线：沿线地势平缓，取管容的7%；川气东送二期二投武汉-上海管段：取管容的 12% 进行计算；梁平-武汉管段：取管容的 20% 进行计算。

（3）按混气长度计算

薛继军以长呼管道(长庆气田至呼和浩特市)为背景，对其投产置换过程中管道内空气段、氮气段和天然气段的紊流扩散情况进行了多工况数值模拟，并对模拟计算结果进行多参数拟合，从而推导出投产置换过程中气体混合段长度以及注氮量的计算公式。将计算结果与现场试验数据对比可以看出：提出的混合段长度和注氮量计算公式具有较好的预测准确性。

最佳注氮量为空气与氮气混合段、纯氮气段、氮气与天然气混合段 3 段中氮气量的总和。纯氮气段将空气与天然气完全隔开，只有具备足够长度的纯氮气段才能保障置换投产安全，一般把纯氮气段的长度取为混合段长度的。假设：

① 氮气和天然气混合段长度与空气和氮气混合段长度相等；

② 忽略天然气与氮气、氮气与空气混合段以及纯氮气段间的微小压力差异。

混气长度的计算

$$\frac{L_m}{D} = (0.0034 \sim 0.042)\left(\frac{L_p}{D}\right)^{0.52} Re^{0.42} \qquad (5-8)$$

式中　L_m——混合段长度，m；

　　　L_p——置换管段的长度，m；

　　　D——管道内径，m；

　　　Re——雷诺数；$Re = \rho u D / \eta$，其中 ρ 为两种气体密度的算术平均值，η 为两种气体的动力黏度的算术平均值，u 为管内置换气体的平均速度，m/s。

根据质量守恒原理，在氮气与空气的二元气体扩散中，注入的液氮质量等于汽化后的氮气质量，所以有：

$$m_L = \rho_g V_g \tag{5-9}$$

式中 m_L——液氮质量；

ρ_g——氮气所在处压力下的密度；

V_g——氮气在管道内所占的体积。

对氮气与空气的混合段，可以采用：

$V_g = \bar{C} L_m \pi D^2/4 = 0.7 L_m \pi D^2/4$ 进行计算。

则总的氮气隔离段长度 $L(m)$ 和注氮量 m_{N_2}（m^3）的计算式分别如下：

$$L = 2.4 \times (0.034 \sim 0.042)\left(\frac{L_p}{D}\right)^{0.52} Re^{0.42}D = (0.082 \sim 0.101)\left(\frac{L_p}{D}\right)^{0.52} Re^{0.42}D \tag{5-10}$$

$$m_{N_2} = (0.048 + 0.0594)\rho_g L_p^{0.52} Re^{0.42} D^{2.48} \tag{5-11}$$

（4）按入口流量进行计算

如果是全部置换，则氮气的换算方法为：

$$dG = V_0 \frac{dx}{x} \tag{5-12}$$

$$G = \int_{x_1}^{x_2} V_0 \frac{dx}{x} \tag{5-13}$$

$$G = V(\ln x_2 - \ln x_1) \tag{5-14}$$

式中 G——置换介质总量；

V_0——需置换总容积；

x——被用于置换的介质含量。

由于掺混实际消耗量大于理论计算量，一般取管道总容积的 3 倍。

例如：某置换管道系统总容积 5234m^3，置换前氧气含量为 21%，置换后 2%。故氮气需要量：$G = V_0(\ln x_2 - \ln x_1) = 5234 \times (\ln 0.21 - \ln 0.02) = 12299.9 m^3$，按照 3 倍管道容积考虑，$G = 5234 \times 3 = 15702 m^3$。

（5）公式分析

注氮量的确定主要有以上四种方法，通过对公式的分析，每个公式之间具有一定的关联性，都是从经验公式衍生而来。最简单快速的计算方法是采用管容进行计算，能够较为准确地得出所需的注氮量。最准确的计算方法是采用混气长度进行计算，通过混气段的研究和模拟，将参数进行简化，得出的注氮量在满足管道安全投产时与经验公式相比，经济性较高。

五、注氮温度

在注氮过程中，严禁温度过低或过高氮气进入管道内，以防损坏管道或设备，因此注氮过程中要根据汪氮速度、环境温度等因素，选择具有合适供热能力的注氮设备和车辆，对液氮进行加热，确保注入氮气的温度。在管道投产中一般控制进入管道的氮气温度范围为 5~40℃。

如果氮气是通过液氮蒸发而获取，注氮设施的氮气出口应有氮气出口温度显示仪表，对氮气温度进行不间断的观察，将注氮设施的氮气出口温度严格控制在 5~25℃ 之间，防止低温液氮进入管道。

六、注氮时间

由注氮速度和总量可计算出注氮时间。具体公式如下：

$$T = \frac{24M}{Q \times \rho_N} \qquad (5-15)$$

式中　T——注氮作业所需时间，h；

　　　M——注液氮的总质量，kg；

　　　ρ_N——氮气的密度，取 1.2504kg/m³；

　　　Q——注氮的流量，m³/d。

同时还需要考虑现场准备、操作、氮气放空吹扫和收尾等时间，就可以初步估算得出置换过程时间，有效地进行置换作业。

七、注氮速度

置换过程利用氮气推空气进行，注氮速度作为其中一个主要参数，它的合理性可以有效减少氮气置换过程中氮气和空气的混气量，缩短必要的置换注氮施工时间。根据《天然气管道运行规范》(SY/T 5922—2012)，气体流速在 3~5m/s 时混气量最短。对于置换中的某一时刻，整个管道内气体流速变化不大，轴线上的流速沿管长先增大后减小，最后稳定不再变化。这是因为在置换过程中氮气沿管线向前流动，推动管中的空气一起流动，由于氮气与空气之间存在浓度梯度和速度梯度，则氮气与空气发生混合，形成混气段。在混气段前的氮气速度大于混气段后的空气速度，混气段作为两者之间的过渡段，速度急剧减小。

注氮速度选取的原则：

① 确保混气量最小，无量纲理查德系数($R_\#$)是判定两种气体介质是否存在分层现象的一种方法，公式具体如下：

$$R_\# = \frac{gl \times d}{\mu_p^2} \qquad (5-16)$$

$$gl = \frac{g \times \Delta\rho}{\rho} \qquad (5-17)$$

式中　g——重力加速度，$g = 9.81\ g/m^2$；

　　　$\Delta\rho$——不同气体密度差值，$\Delta\rho = |\rho_a - \rho_b|$，kg/m³；

　　　ρ——两种气体密度算术平均值，$\rho = (\rho_a + \rho_b)/2$，kg/m³；

　ρ_a、ρ_b——氮气和空气的密度，kg/m³；

　　　d——管道直径，m；

　　　l——中间换算参数；

　　　μ_p——平均流速，m/s。

根据经验，$R_\#$ 在 1~5 对应的混气量是可接受的，由计算公式可知，速度与 $R_\#$ 成反相关，若速度越大则 $R_\#$ 越小，出现分层的可能性越小，为保证混气量最小，取 $R_\#$ 等于 1。《天然气管道运行规范》中规定氮气的最大置换推进速度为 5m/s，所以氮气置换速度应该为：

120

$$\sqrt{\frac{2gD(\rho_a - \rho_b)}{(\rho_a + \rho_b)}} \leq v \leq 5 \qquad (5-18)$$

② 置换过程中，注氮速度 q 不可低于 1.5t/h（标况下 q 为 0.33m³/s），因为注氮速度太低会使氮气与空气混合增大。

③ 确保合理置换的时间。从工程进度考虑，在不超过《天然气管道运行规范》规范规定的 5m/s 条件下，同时保证实际作业可行的情况下，天然气推进速度越快越好，用于置换的时间越短越好。

④ 考虑注氮设备的供气能力。供气能力要根据现场配备的注氮设备能力进行工艺计算：

供气流量 = 汽化蒸发器的台数×每台蒸发器供氮气能力

综合考虑以上几个方面，对不同的管道，注液氮的速度在满足注氮温度的同时，应不低于 1.5t/h，过低会使氮气与空气混合过多。因此在满足温度的前提下，应尽可能提高氮气注入速度。氮气在管道内推进速度不得低于 0.6m/s，因为过低的注氮速度会造成氮气与空气混合增加。

八、氮气封存

管道投产中氮气封存长度至少为沿气流的方向从上游站场（或阀室）至下游某一个阀室的长度。氮气封存长度一般不低于整个投产管段的 12%，即能满足投产需求。若投产管段距离在 500km 以上，可在管段中间选择增加一段或几段站场与阀室（或阀室与阀室）的距离进行氮气封存，以确保氮气能够满足投产的需求。

如果采用向管道注入氮气后立即输入天然气进行置换的方式，在液氮运输、加热以及注氮过程中若出现意外情况，就会影响整个投产计划，在此情况下可以采用注氮封存工艺。注氮封存工艺就是把管道投产所需的氮气全部注入首站与某个截断阀室之间的管段，然后进行氮气置换与天然气置换工艺。注氮时要打开该截断阀室的放空阀，在阀室上游压力表处每 3min 检测一次含氧量，时间间隔逐渐缩短。当检测到氮气-空气混合气段气头时，记录时间，继续检测。当含氧量降至 2% 时，关闭放空阀，氮气和空气的混合气体已全部放空，注氮工作完成。

1. 氮气封存压力的确定

输气管沿线压力分布公式：

$$P_X^2 = P_Q^2 - \frac{P_Q^2 - P_Z^2}{L}x$$

即

$$P_X = \sqrt{P_Q^2 - (P_Q^2 - P_L^2)\frac{X}{L}} \qquad (5-19)$$

可知，输气管的压力平方 P_X^2 与沿线轴向距离 x 的关系为一直线，压力 P_X 与沿管线轴向距离 x 的关系为一抛物线，且靠近起点压力降落比较慢，距起点越远，压力降落越快，坡降越陡。在前 3/4 的管段上，压力损失约占一半，另一半消耗在后面的 1/4 管段上，这是因为随着压力下降，流速增大，单位长度的摩阻损失也增加。

管线轴向各处的压力随着置换的进行几乎不变；但对于任一时刻，管内沿线压力呈下降趋势，压力与沿管线轴向距离近似成线性关系。

2. 氮气封存的站间距离

以阀室间注入氮气封存段和保证管内氮气压力保持在微正压（0.016MPa）为触发边界条件。氮气封存的站间距离长度一般为 5 ~ 20km，川气东送一期投产是以输气站到阀室或阀室到阀室之间进行封存。从注氮口注入氮气，氮气压力一般控制在 0.1 ~ 0.3MPa，并且与天然气压力应保持一致，提前注入并封存在管道内的氮气压力不宜过高，否则正式置换开始后，氮气段自身的扩散会使氮气-空气混气头到达各场站、阀室的时间与预计时间出现偏差。注氮结束后，要么进行封存（确保封存管段两端阀门无泄漏），否则应立即进行天然气置换作业，尽量减小混气段，减少氮气的损失。置换完成后，需使氮气压力保持微正压。

第二节　天然气置换

一、天然气置换速度

在安全的前提下，力求一定的置换推进速度，以防止气体流态层流化，减少混气段的长度。

1. 置换速度的决定因素

在投产置换过程中，置换速度受到许多因素的制约，主要制约因素有以下几种：

（1）上游供气能力的限制

置换速度越快则要求上游气体处理厂的供气流量越大，随着时间的推移，置换入口段需要输入的气体量不断增加。在置换过程中为了保持一个恒定的置换速度，必须保证所需供应气量的取值范围在上游供气量的可调范围。

（2）保证用纯氮气置换站场

如果在置换管段的同时，利用管道中的氮气将所经过的工艺站场也置换，那么置换速度就不能过快，目的是保证在纯氮气段通过场站期间，将场站置换完毕。

（3）阀室放空系统

置换过程中速度越快，下游背压的增大速度就越快，为了保持背压、保证置换速度，就必须在下游阀室进行大量放空。由于阀室放空能力不同，过量放空有可能损坏放空系统。

综合考虑以上几个方面，对不同管道，置换速度都应控制在 4~8m/s 之间。注氮速度过低会使氮气与空气混合过多，导致氮气损耗量增大。所以必须在满足温度的前提下，应尽可能地提高氮气注入速度，在氮气置换过程中要求氮气在管道内推进速度不得低于 0.6m/s，一般注氮速度控制在 1~3m/s。

2. 置换的最小流速

为保证天然气置换过程中混气量较小，特别是防止置换过程中气体层流化，理论上可采用无量纲理查德系数确定(理论上)气体是否有分层现象，即：

$$R_{\#} = \frac{2gD(\rho_a - \rho_b)}{(\rho_a + \rho_b) v^2} \tag{5-20}$$

式中　g——重力加速度，9.81m/s^2；

　　　D——管道内径，m；

ρ_a、ρ_b——气体的密度，kg/m^3；

     v——气体的平均速度，m/s。

理查德系数 $R_\#$ 介于 $1\sim5$ 时，混气量是可以接受的，$R_\#$ 越小，气体发生分层的可能性就越小。为保证混气量达到最小，一般情况下取 $R_\# = 1$ 计算得到氮气置换天然气的速度应不低于 $2.1m/s(7.56km/h)$，用空气置换氮气的速度应不低于 $0.6m/s(2.16km/h)$。但如果天然气推进的速度过高，就容易造成管道混气段长度增加，增大了风险。所以为保证混气量较小以及管道置换的安全，天然气的推进速度应严格控制在 $3\sim5m/s$。在大口径、高压力、长距离天然气管道天然气置换过程中，速度应控制在 $3\sim8m/s$，使得管道混气段长度较小，同时也能够保证投产的安全。

3. 置换的安全流速

在天然气置换时，为保证较小的混气量，氮气置换空气的计算速度不应低于 $0.6m/s$，天然气置换氮气的速度应大于等于 $2m/s$。为了保证安全，置换时，按照《天然气管道运行规范》(SY/T 5922—2012)中的相关要求，同时也为了保证安全，给站场置换人员留有足够的时间完成检测、操作和指挥等工作，置换时天然气的推进速度应不大于 $5m/s$。

由此可确定置换安全流速，氮气的推进速度不得低于 $0.6m/s$($1632m^3/h$，$2.021t$ 液氮/h)；天然气的推进速度在 $2\sim5m/s$ 之间。通常置换速度控制在 $3\sim5m/s$。

4. 控制置换速度

置换过程中，随着氮气段不断推进和已被置换段的逐步延长，管道摩阻不断增加。为了保持气头推进速度在 $3\sim5m/s$，必须相应提高天然气的注入流量或调节注入点的压力。在置换过程中，应随时根据各点实测气头到达的时间进行置换速度的反推算，修正预测的注入流量，以达到基本维持所需置换推进速度的目的。

根据理论计算安全流速应该控制在 $3\sim5m/s$，但是结合管道工程投产实践经验可得出以下两条结论：

① 在小口径(一般为管径在 $DN600$ 以下)、短距离(一般不超过 $100km$)、沿线地势较为平缓或相对高差不大(一般小于 $200m$)情况下的管线投产时，天然气氮气置换速度可以根据实际适当提高，建议置换速度控制范围在 $3\sim8m/s$。

② 在大管径、长距离、沿线地势相对高差较大情况下的管线投产时，置换速度要严格控制在 $3\sim5m/s$。在置换过程中，要使置换速度控制在安全运行范围，一般采用的方法有：控制节流阀开度，通过调节阀门开度来有效控制和调节气体流速；注氮点前端阀室尽量避免打开放空管路进行放空，以保证管道形成一定的背压，后段阀室放空应进行间隔放空，末端放空阀门全开(比如输气末站)，采取这种方式便于控制置换速度，不至于气体流速忽快忽慢难以保证连续稳定流动情况的发生。

二、天然气置换流量

根据天然气管道内推进压力计算天然气流量：

$$Q = \mu \times A \times 3600 \qquad (5-21)$$

式中 Q——天然气置换流量，m^3/h；

     μ——氮气的平均推进速度，m/s；

     A——天然气管道截面积，m^2。

天然气置换所需流量和累积气量的估算：

1. 天然气供气流量的估算

$$Q = FPu \times 24 \times 10^4 \qquad (5-22)$$

式中　Q——天然气供气量，m^3/h；

　　　F——管道的横截面积，m^2；

　　　P——置换管段的平均压力，MPa；

　　　u——天然气置换的平均推进速度，km/h。

2. 天然气置换累积供气量的估算：

$$Q_L = FLP \times 10^4 \qquad (5-23)$$

式中　Q_L——天然气累积供气量，m^3；

　　　L——管道长度，km。

三、天然气置换时间

天然气置换时间的组成主要包括两个部分：天然气置换推进时间 t_a 和压力升至管线规定的安全运行压力的时间 t_b。具体公式如下：

$$t_a = \frac{L}{v} \qquad (5-24)$$

$$t_b = \frac{\Delta Q}{Q_天} \qquad (5-25)$$

$$t = \frac{t_a + t_b}{3600} \qquad (5-26)$$

式中　ΔQ——推进完成后(压力为大气压)到压力上升为管线规定的安全运行压力时的累计量，m^3；

　　　$Q_天$——天然气置换所需流量，m^3/s；

　　　t——天然气置换时间，h。

求得天然气置换时间之后，还要考虑施工准备、操作等所需时间，就可以估算出管道置换总的需求时间。

四、天然气置换调流阀的选择

在置换过程中，由于气源压力较高，而被置换管段压力较低，天然气流量控制不当，容易造成管道混气段大大增长，流速过快还易加大天然气与管道内壁杂质的摩擦，大大提高投产风险，同时节流作用容易造成管道振动和阀门冰堵及内漏，因此选择合适的阀门，控制天然气流量至关重要。一般选择投产调流阀或旋塞阀进行流量调节，若压差过大，可优化流程选择两个或多个旋塞阀进行两级或多级调压，降低调节压力，避免阀门冰堵和管道振动过大。在川气东送管道投产中，一般优先选择容易拆卸安装和更换的越站或出站 ESDV 阀的旁通旋塞阀进行流量调节。

五、置换作业

置换前，应对气头到达各检测点的时间进行预测，并指导投产人员提前做好检测准备工作，在置换过程中利用便携式含氧分析仪(0~25%)检测含氧量，确定氮气头、纯氮气到达时间。利用 XP-3140 检测仪检测天然气含量确定天然气头、纯天然气到达时间，在管道沿线中间设有放空点的站场或阀室检测到氮气头后立即关闭放空，避免造成不必要的氮气浪费。在最后一个检测点对多余的氮气进行全部放空，检测到天然气头后，关闭放空，整个天然气置换作业完成，进入升压阶段。置换过程中要根据气头检测情况不断核算天然气置换速度和纯氮气量，调节阀门开度控制天然气流量，避免置换速度过低或过高造成混气段增长。若置换过程中发现在最后一个检测点前一个阀室仍有较长的纯氮气段，可提前在该阀室放空一部分氮气，避免所有氮气在一个地点放空而污染环境。

天然气置换完成后，要采用分阶段的方式对管道进行升压作业，升压速度一般不超过1MPa/h。对于大口径、高压力长输天然气管道，第一阶段稳压压力不大于管道设计压力的1/3（建议最大不超过 1.2MPa）；第二阶段稳压压力不大于管道设计压力的2/3；第三阶段稳压压力可升至气源能提供的最大压力，但不得大于管道设计压力。在每阶段稳压过程中要进行检漏，确保管道出现异常及时发现和处理。供气升压完毕，对需要带气调试的相关设备进行调试，设备调试完成后，各输气站场按照市场目标用气计划对下游进行试供气，管道试供气安全平稳运行 72h 后，管道投产成功。

第三节　投产过程混气规律

为确保置换过程的安全性，解决置换过程中注氮量盲目性的问题，本节主要介绍在建立了氮气置换数学模型后，运用 FLUENT 软件模拟注氮置换过程中空气与氮气的混气规律，总结全线置换过程中总的混气规律。由于投产工艺只影响总的注氮量的大小，对混气规律没有影响，所以在进行混气规律的探究时，不考虑投产工艺的影响。

一、氮气的摩尔浓度分布规律

1. 氮气的轴向浓度分布

湍流状态下，气体流速为 3.5m/s、雷诺数为 1.02×10^5 时，对氮气置换空气的过程运用 FLUENT 软件进行模拟，并运用 Teclop 软件对模拟数据进行处理后，氮气摩尔浓度分布的结果如图 5-1 所示。从图中可以看出，在置换管线的前端部分，氮气的浓度较大，沿着管线方向，浓度逐渐减小。随着置换的进行，氮气与空气形成了混气段导致氮气的浓度降低，此时各截面上的氮气浓度变化幅度较大，直到空气段中氮气的浓度降为零止。

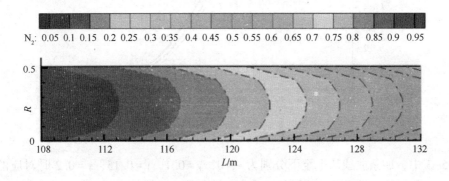

图 5-1　氮气的轴向摩尔浓度分布云图

氮气沿管线轴向的浓度分布随时间而变化，图 5-2 所示为置换进行 50s 时氮气沿管线轴向摩尔浓度分布的曲线。图中横坐标为管线轴向位置，纵坐标为氮气的摩尔浓度。从图中可知，混气段前后氮气的摩尔浓度分别为 0 和 1，在气体开始运行较短的时间内，氮气的摩尔浓度急剧下降，在气体运行接近一般距离的时候，管道内氮气的摩尔浓度几乎降低到零。这是由于在注入氮气之后，在速度梯度和浓度梯度的综合影响下，氮气与空气的接触面发生了对流扩散，从而形成了混气段。

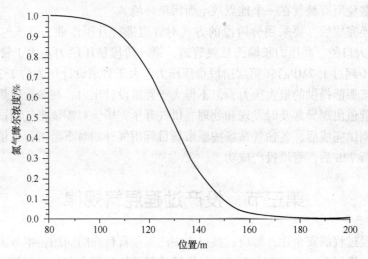

图 5-2　氮气的轴向摩尔浓度变化曲线图

2. 氮气的径向浓度分布

对于管道轴线位置处，氮气浓度在径向相对于轴向呈对称分布，分别取距离管道轴线为 0m、0.1m、0.15m、0.2m 四个位置，标记为 $y=0$（轴线），$y=0.1$、$y=0.15$、$y=0.2$，绘制这四个位置上氮气的摩尔浓度沿管长的变化曲线，如图 5-6 所示。

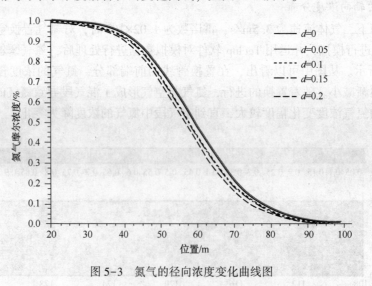

图 5-3　氮气的径向浓度变化曲线图

图 5-3 中，四条曲线从上至下分别为 $y=0$，$y=0.1$，$y=0.15$，$y=0.2$ 时对应的氮气浓度曲线。在混气段的头尾四条曲线趋于重合，混气段内管道轴向同一位置处，氮气浓度在径向的变化趋势为轴线处浓度最高，管壁处浓度最低，氮气的含量随着距离轴线距离的增加而

126

降低。这与图 5-2 反映的规律相同。根据湍流时管道横截面上的速度分布情况,可知氮气的平均速度在管中心处最大,在管壁处最小,所以使置换过程中氮气段头以图 5-1 所示的"子弹头"形式进入空气段。

由氮气摩尔浓度分布规律可以得出以下结论:

① 在置换管线的前端部分,氮气的浓度较大,而各截面上的浓度变化梯度较小;

② 随着置换的进行,氮气与空气逐渐形成混气气体,导致氮气浓度的降低,此时各截面的氮气浓度变化幅度较大,直到空气段中氮气的浓度降低为零;

③ 在注入氮气之后,在速度梯度和浓度梯度的综合影响下,氮气与空气的接触面发生了对流扩散,从而形成了混气段。

二、管线的压力分布规律

管道压力变化如图 5-4 所示,可知随着置换的进行,管线沿线的压力逐渐下降,并与轴向距离近似成线性关系。输气管道沿线压力公式:

$$P_X^2 = P_Q^2 - \frac{P_z^2}{L} \tag{5-27}$$

$$P_X = \sqrt{P_Q^2 - (P_Q^2 - P_z^2)\frac{X}{L}} \tag{5-28}$$

从上式可知,输气管的压力平方与沿线轴向距离的关系为一直线,压力 P_X 与沿管线轴向距离 X 的关系为一抛物线,且靠近起点压力降落比较慢,距起点越远,压力降落越快,坡降越陡。在前 3/4 的管段上,压力损失约占一半,另一半消耗在后面的 1/4 管段上。这是由于在管径不变的情况下,压力越大,体积流量越小,流量越小,流速也就越小,也就是说,随着压力的降低,流速将增大,根据摩阻计算公式,单位长度的摩阻损失也将随之增加。

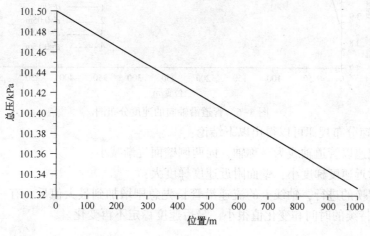

图 5-4 管道压力变化曲线图

由管线压力分布规律可以得出以下结论:

① 随着置换的进行,管内沿线压力呈下降趋势,压力与沿管线轴向距离近似成线性关系;

② 随着压力的下降,流速增大,单位长度的摩阻损失也随之增加。

三、管内气体流速分布规律

1. 管内气体流速沿径向分布规律

图5-5所示为某段管内气体流速的速度矢量图，从轴线到管壁，气体流速由4.022523m/s渐减为0.1167158m/s。从图中可以看出，在管道轴线的两侧，速度呈对称分布。管内流速从管道轴线向其两侧壁面逐渐减小。管内轴线附近矢量线长并且相差很小，而壁面附近的矢量线短并且相差较大，即轴线附近速度梯度小，壁面附近速度梯度大。

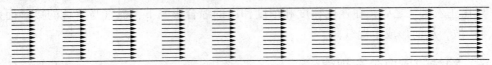

图5-5　管内气体的速度矢量图

2. 轴向分布规律

图5-6为某一时刻管道内沿管长轴向的速度分布图，该图分别取管轴及距离管轴为0m、0.05m、0.1m、0.15m的位置沿着轴线方向绘制的速度变化图。由图可知，随着置换的进行，轴线上的流速沿管长先急剧增加到最大值后，有一段微小的速度减小区间，但持续的时间和变化值很小，最后速度稳定不再变化。这是因为，在置换过程中，沿管线方向氮气推动着空气向前移动，由于气体之间浓度梯度和速度梯度的存在，导致氮气与空气发生混合，形成混气段。在混气段前的氮气速度由于压力的存在而明显大于管内空气的速度，且由于与空气混合形成混气段后氮气的速度有所降低，这时，混气段充当两种气体过渡层的作用。

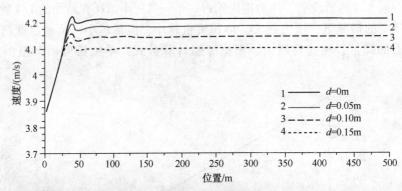

图5-6　管道沿轴向的速度分布图

由气体流速分布规律可以得出以下结论：

① 管内流速以管道轴线为对称轴，向两侧壁面逐渐减小；

② 轴线附近速度梯度小，壁面附近速度梯度大；

③ 随着置换的进行，轴线上的流速沿管长先急剧增加到最大值后，有一段微小的速度减小区间，但持续的时间和变化值很小，最后速度稳定不再变化。

第四节　混合长度影响因素

一、混合长度理论计算公式

根据扩散理论与传质理论可推导出混气段长度 L_{mix} 理论计算公式：

$$L_{\text{mix}} = 4LZP_{\text{ed}}^{-0.5} \qquad (5-29)$$

$$P_{\text{ed}} = \frac{vL}{D_{\text{T}}} \qquad (5-30)$$

$$Z = \frac{1}{2}(1-\tau)P_{\text{ed}}^{0.5} \qquad (5-31)$$

式中 L_{mix}——管线内混气段长度，m；

　　L——管线长度，m；

　　v——介质流动速度，m/s；

　　D_{T}——管线直径，m；

　　τ——置换时间，s。

根据方程可知，混气段长度主要受置换时气体的流速、入口与出口的压力、管道直径及管道长度等因素的影响。又由于流体的流动状态对气体的混合规律有很大的影响，根据气体状态方程，流速和压力又和气体的温度有关，所以气体的混气段长度可表示为：$L_{\text{mix}} = f(Re, v, L, D_{\text{T}}, P_{\text{out}}, T)$。通过对不同流态、不同入口速度、不同管道长度、不同管道直径、不同压力及不同温度6种因素对氮气置换的影响得出混气长度的一般规律。

二、流态对混气长度的影响

分别采用表5-1中平均流速为0.55m/s和3.25m/s的氮气对管长为1km、管径为1.016m的管道进行了置换，并对比置换相同管长时氮气摩尔浓度的分布情况。两种流态下置换的结果如表5-1所示。

表5-1　不同流态下的混气段长度对比

$L=1\text{km}$，$D_{\text{T}}=1016\text{mm}$	流速/(m/s)	雷诺数	混气段长度/m	置换时间/s
层流	0.55	1951	157.5	9244.8
湍流	3.25	1.02×10^5	103.7	176

为了准确地模拟出氮气的混气段长度，用FLUENT软件进行建模。在建模的过程中作如下假设：将管道视为等直径管；将空气视为单一物质；将气体置换视为二维轴对称问题，即管内流场、速度场在轴向没有变化。将氮气进入管线的进口和出口设为压力入口和压力出口，数值计算过程中设操作压力为大气压。管线管壁设为固体壁面。初始条件为管道入口氮气质量分数为100%，其余管段氮气质量分数为0。用GABIT软件进行网格划分，采用渐变式，壁面处网格加密，同时采用基于单元格的网格自适应技术对近壁面网格进行优化。

运用FLUENT绘制的不同流态下氮气浓度云图如图5-7所示。

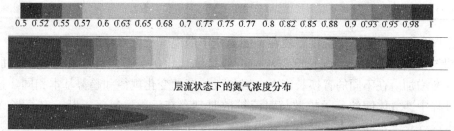

0.5 0.52 0.55 0.57 0.6 0.63 0.65 0.68 0.7 0.73 0.75 0.77 0.8 0.82 0.85 0.88 0.9 0.93 0.95 0.98 1

层流状态下的氮气浓度分布

紊流状态下的氮气浓度分布

图5-7　不同流态下的氮气浓度分布

从表 5-1 可知，层流的混气段长度为紊流状态下的 1.51 倍，而置换时间却大大地超过了湍流状态，大约为其 53 倍。这是因为，当氮气置换处于层流时，管内横截面流速变化较大，速度大约为平均速度的两倍，且径向速度梯度大，管中心的流体以"楔形"突入前行的流体中，此时对流传质是沿程混气的主要原因；而湍流流态下管道截面上的流速接近平均流速，后行流体呈"子弹头"状模入前行的流体，此时扩散传递过程成为影响混气段形成的主要因素。

因此，由于管道横截面上流速分布的不均匀，导致层流和湍流状态下混气长度存在很大的差异。由于层流时平均流速小，导致层流时不仅混气长度长，而且置换时间也比湍流状态下长得多，这将延长投产周期，降低投产效率。所以在氮气置换时，要尽量使流体处于湍流状态。

由结果可得出以下结论：

(1) 层流的混气段长度大于湍流状态下的混气段长度，而置换时间却大大地超过了湍流状态置换所需要的时间；

(2) 在氮气置换时，要尽量使气体处于湍流状态。

三、流速对混气长度的影响

为了考虑流速对混气长度的影响，在管径一定的情况下，对不同置换长度的管道采用不同流速的氮气进行置换，并比较其混气段长度。在管径 $D = 1016mm$ 条件下，分别以 2.15m/s、3.19m/s、4.19m/s、5.17m/s 和 7.03m/s 的速度来置换 400m、800m、1200m、1600m、2000m、2400m、3200m、4900m、6500m 的管道，得到的混气段长度数据如表 5-2 所示。

表 5-2 不同管长的管道在不同流速下形成的混气段长度

管长/m	流速/(m/s)			
	3.19	4.19	5.1	7.1
400	58.3	59.4	60.2	62.0
600	79.6	80.9	82.1	84.2
800	93.2	94.5	96.8	98.5
1000	103.1	105.2	107.7	109.5
1200	112.7	114.4	117.8	120.6
1600	132.7	134.7	137.1	139.8
2000	151.4	153.4	155.8	158.5
2400	164.9	166.9	168.6	172.1
2800	177.8	179.8	181.3	183.8
3200	188.8	190.2	192.5	194.9
4900	255.9	258.7	262.1	267.1

根据以上表格得到不同长度管段在不同流速下的混气长度规律如图 5-11 所示。

从图 5-8 可以看出，混气长度与流速近似呈线性比例关系，且随着流速的增加，混气长度也逐渐增加。在不同的置换长度下，混气段长度的变化规律和趋势基本相同。这是由于在置换过程中，气体间的分子扩散与对流扩散时刻存在，导致氮气不断与空气形成混合气体，使得混气长度不断增大；又由于管内速度梯度和浓度梯度在置换开始阶段最大，其值在置换过程中逐渐减小，因此气体混合速率逐渐减小，混气段长度的增长率也随着减小。

通过以上可知，置换过程对置换速度的要求是：

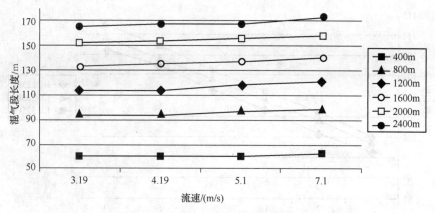

图 5-8 流速对混气段长度的影响

（1）置换速度不能太低，因为速度过低会造成管内流动处于层流状态，形成大量的混合气体，增加混气长度，同时延长管道的置换时间，降低置换效率；

（2）置换速度也不能太大，虽然置换速度的提高能有效减少置换时间，提高置换效率，但同时也会增加混气长度。

因此可得出以下结论：

（1）混气长度与流速接近线性关系，混气长度随着流速的增加而逐渐增大；

（2）管长越长，流速对混气长度的影响越大；

（3）在速度较小时混气段增长率在增加，当速度较大时，增长率变缓。

（4）置换速度太低除延长管道置换时间之外，还可能造成管内流动处于层流状态，置换速度太高虽然能减少置换时间但会增大混气长度，所以置换速度控制在 3~5m/s。

四、背压对混气长度的影响

如表 5-3 所示，为了比较背压对混气段长度的影响，分别对背压为 0Pa（101325Pa）、20kPa（121325Pa）和 50kPa（151325Pa）三种情况用不同的速度对长度为 1km、管径为 1016mm 的管道进行了模拟，得到了不同流速、不同背压的情况下混气段的长度。其变化趋势如图 5-9 所示。

表 5-3　不同流速的管道在不同背压下形成的混气段长度

背压/Pa	速度/(m/s)					
	2	3	4	5	6	7
101325	99.5	101.5	103.7	105.6	107.9	109.5
121325	100.4	102.7	104.6	106.7	108.6	110.7
151325	101.1	103.5	105.5	107.4	109.8	111.8

由图 5-9 可知，在流速相同、置换管长相同的情况下，混气长度随着管道背压的增加而增加。背压越大，产生的混气段长度也越大。因此，在置换过程中，背压的存在将导致混气长度的增加，所以在投产时应避免背压的存在，采取放空的方式减小背压。

背压对混气长度的影响：

① 背压的存在使得混气段长度增加；

② 背压越大，产生的混气段长度也越大；

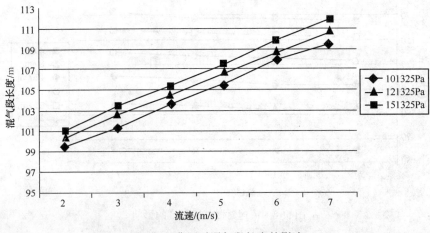

图5-9 背压对混气段长度的影响

③ 背压的存在对天然气管道投产置换是不利的，在投产时应避免背压的存在，采取放空的方式减小背压。

五、管长对混气长度的影响

在管径相同的条件下，对不同长度的管道采用不同的置换速度进而比较其混气段长度。现分别对管长为400m、800m、1200m、1600m、2000m、2400m、3200m、4900m、6500m，管径为1016mm的管道，以2.15m/s、3.19m/s、4.19m/s、5.17m/s和7.03m/s进行氮气置换，所得结果见表5-4所示，管长对混气段长度的影响趋势曲线图如图5-10所示。

表5-4 不同流速下不同管长的管道形成的混气段长度

管长/m	流速/（m/s）			
	3.19	4.19	5.17	7.03
400	58.3	59.4	60.3	62.0
600	79.6	80.9	82.2	83.8
800	93.2	94.5	96.9	98.4
1000	103.1	105.2	107.9	109.4
1200	112.7	114.4	117.8	120.5
1600	132.7	134.7	137.2	139.8
2000	151.4	153.4	155.9	158.4
2400	164.9	166.9	168.8	172.
2800	177.8	179.8	181.5	183.6
3200	188.8	190.2	192.6	194.7

从图5-10可以看出，随着管长的增大，混气长度也随之增大。由于对流扩散系数的大小几乎不受管长的影响，即是当其他条件相同时，对流扩散系数几乎相同，但管长越长，所需的置换周期也就越长，在平均置换速度相同的情况下，随着置换的进行产生的混气量也就越大。

管长对混气长度的影响：

① 混气长度随着管长的增加而逐渐增大；

② 流速越长，管长对混气长度的影响越大；

③ 随着管长的增加，混气段长度的增长率逐渐变缓。

132

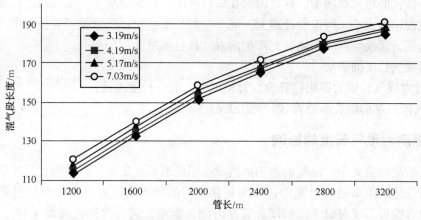

图 5-10　管长对混气段长度的影响

六、管径对混气长度的影响

在管长、置换流速和背压相同的情况下，选取不同的管径进行氮气置换模拟。以置换流速 4m/s 分别置换管长为 400m、800m、1200m、1600m，管径不同的管道，其所得数据如表 5-5 所示，管径对混气段长度的影响趋势曲线图如图 5-11 所示。

表 5-5　不同管长的管道在不同管径下形成的混气段长度

管径/mm	管长/m			
	400	800	1200	1600
200	57.1	88.5	109.4	124.4
300	58.9	91.9	111.5	127.4
400	61.0	94.5	113.1	129.9
500	63.5	96.8	114.9	131.7
600	66.4	98.5	116.7	133.2
700	68.9	99.8	117.9	134.9
800	70.2	101.2	119.2	136.8
900	71.1	102.8	120.5	138.2
1000	72.5	103.5	122.4	140

图 5-11 所示为管径对混气长度的影响变化曲线图，从图 5-11 可以看出，混气段长度

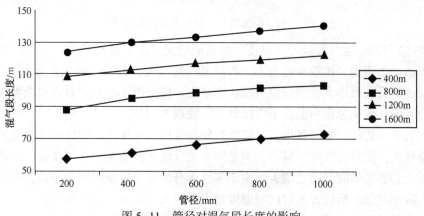

图 5-11　管径对混气段长度的影响

随着管径、管长的增大而增加，这是因为在置换速度一定的情况下，混气段的长度主要取决于管道横截面积的大小，所以管径越大，混气段的长度越长；当管径、置换速度一定的情况下，管段越长，置换所需时间越长，产生的混气量也就越大。

管径对混气长度的影响：

① 管径对混气长度的影响趋势为：管径越大，混气长度越长；

② 混气段长度的增长率随着管径的增大而逐渐减小。

七、温度对混气长度的影响

在混气长度的公式中，温度的影响虽然没有明确地表示出来，但是根据气体状态方程可知，温度对气体的流动是有影响的，特别是存在扩散和速度压力改变的流动过程中。采用 1km 的管道来模拟温度对混气段长度和置换时间的影响，同时置换速度取 4m/s，所得到的结果如表 5-6 所示。

表 5-6　不同温度下的混气段长度与置换时间

温度/℃	混气段长度/m	置换时间/s
-40	102	215.8
-20	102.3	216.4
0	102.5	217.3
20	102.8	218.5
40	103	220.0
60	103.4	222.2

根据表 5-6 绘制出温度对混气段长度的影响曲线如图 5-12 所示。

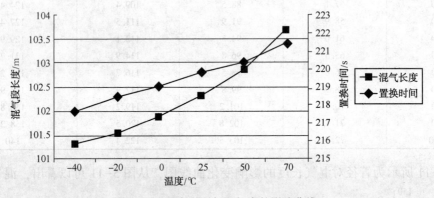

图 5-12　温度对混气段长度的影响曲线

由图 5-12 可知，混气段长度随温度的增高而增大。由于温度升高，一方面气体的黏度增大，气体的动能增加，扩散系数增大，所以混气段增大；另一方面由气体状态方程可知，黏度随着温度的升高而增大，所以混气段长度增大。但是由于管道钢材存在低温脆性、设备的抗冻能力有限，置换过程中温度不宜过低，一般取 5~25℃。

同时在管长、管径一定的条件下，置换时间与管内气体流速、气体的摩阻系数有关。虽然管内流速增大，使得置换时间减小，但是随着温度增大而增加的黏度使得气体在管内流动的黏滞力增大，置换的时间随之增大。由于气体本身性质使置换时间减小的量大于流速增大使置换时间减小的量，所以置换时间随温度增大而增大。

温度对混气长度的影响：

① 混气段长度随着温度的增大而增大；

② 置换时间随着温度的增大而增大；

③ 综合考虑混气段长度与置换时间，注氮温度需控制在 5~25℃。

第五节　不同地形下的混气段长度

在现场实际中由于置换方式不同、管线路由不同、控制方式不同等都会影响混气量。管道的起伏，尤其是大落差的存在会影响投产管段混气量的大小。沿山区、隧道敷设的管道落差大，在置换过程中，当流体处于爬坡阶段时，由于气体重力的作用使密度较大的气体向下运动加剧，密度较小的气体则向上运动，导致气体在垂直方向产生位移，所以当密度较大的气体在前端而密度较小的气体在后时，管道的起伏会使得混气长度有所减小；当流体处于下坡阶段，气体重力的存在会使得空气和氮气向下运动均加剧，致使气体在垂直方向产生位移，本节具体讨论上下坡管道的混气规律。

一、上坡管道混气段基本规律

1. 注氮点在上坡管道入口

建立上坡管道的几何模型如图 5-13 所示，通过 Gambit 建立不同管长 L，不同倾斜角度 θ 的上坡管道模型进行模拟计算。管径取 1016mm，置换速度取 4.19m/s。

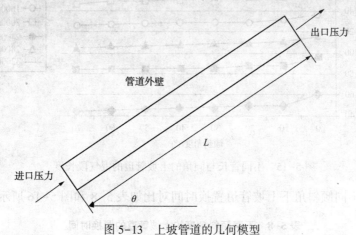

图 5-13　上坡管道的几何模型

同水平管道一样，找出不同管道的最大混气段长度，再比较不同的倾角不同管长的管道的混气段长度，如图 5-14 所示。

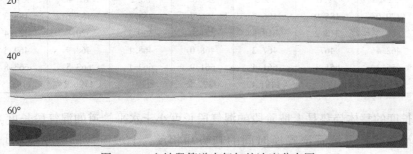

图 5-14　上坡段管道内氮气的浓度分布图

135

由图 5-14 可以看出混气段头进入管道后沿坡上升，由于气体的重力的影响很小，气体在上升过程中仍然沿着管道的轴线呈对称分布。由于角度的增大，混气段减小，相邻两百分比氮气之间的距离更近，混气更紧密一些。不同管长、不同倾斜角上坡管道最大混气段长度对比如表 5-7 和图 5-15 所示。

表 5-7 不同管长、不同倾斜角度的上坡管道所产生的混气段长度

管长/m	倾斜角度/(°)							
	0	10	20	30	40	50	60	70
400	59.84	50.02	48.80	47.32	47.00	46.12	45.23	44.17
800	95.23	87.02	86.30	85.71	85.45	84.19	83.44	82.92
1200	115.01	110.21	109.24	108.24	107.6	107.23	106.23	105.24
1600	135.12	130.93	129.62	127.39	127.15	126.34	125.87	125.25
2000	158.30	152.65	152.25	151.33	150.12	148.98	147.74	146.28
2400	171.42	166.54	165.34	164.01	163.05	162.44	161.29	160.02
2800	183.20	178.72	178.47	177.34	176.25	175.45	174.32	172.78
3200	195.04	190.15	188.92	187.56	186.24	185.53	184.70	184.12

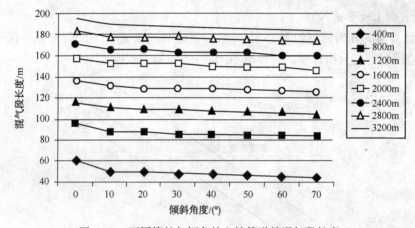

图 5-15 不同管长与倾角的上坡管道的混气段长度

不同管长、不同倾斜角下上坡管道置换时间对比如表 5-8 和图 5-16 所示。

表 5-8 不同倾斜角度的上坡管道的置换时间

管长/m	倾斜角度/(°)							
	0	10	20	30	40	50	60	70
400	72.1	79.0	79.5	79.8	80.2	81.4	81.7	82.5
800	179.0	185.9	186.2	186.7	187.1	187.6	188.3	188.8
1200	304.3	318.2	318.8	321.0	320.3	320.8	321.4	322.0
1600	462.4	467	467.2	468.0	468.1	468.9	469.3	470.9
2000	655.3	661.1	661.4	661.9	662.1	663.5	663.8	664.2
2800	1179.7	1191.5	1191.8	1192.2	1194	1196.2	1198.5	1198.7

混气段长度的整体趋势是上坡阶段的混气段长度小于水平管道的混气段长度，随着倾斜角度的增大而减小；上坡管道置换时间的趋势却相反，上坡阶段随着角度的增大而逐渐增大。

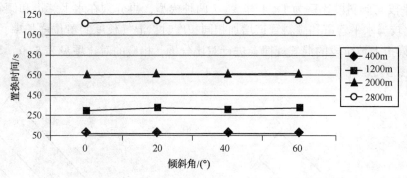

图 5-16　不同管长与倾角的上坡管道的置换时间

在管长、管径一定的情况下，混气段长度的主要影响因素为流速和置换时间。在上坡阶段，对于同一管道，混气段长度随着倾斜角度的增大而减小，且整体比水平段的混气段小。这是因为气体在上升阶段，气体重力和压差产生的力方向相同，均与气体的运动方向相反，合力使气体压缩，而且流速减小，由状态方程知，气体的温度也将降低，温度越低，气体的扩散系数越小，此时的混气段在流速减小和压差压缩的双重作用下逐渐减小，且随着管道倾斜角度的增大，压差和重力也越大，因此混气段长度将逐渐变小。而置换时间是随着管道倾斜角度的增加而逐渐增大，这主要是由于合力的作用，流速的减小加上气体的压缩使得管道出口处达到5%的氮气浓度需要的时间更长，所以置换时间增加，且角度越大，气体所需克服向上的力就越大，因此置换时间随角度的增大而逐渐增加。

2. 注氮点在水平管道

建立如图5-17所示的上坡管道模型，其中水平管段长度为a，倾斜管段长度为b，$a : b$=1：1，管道倾角为θ，管道总长$L=a+b$。取不同长度，θ不同的管道模型。

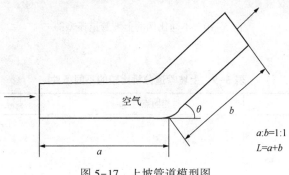

图 5-17　上坡管道模型图

当混气段在水平管道时，混气规律与前面的结论相同。当混气段头到达弯管处时，弯管处的氮气浓度分布如图5-18所示，可以清晰地看出混气段在弯管中的流动过程。

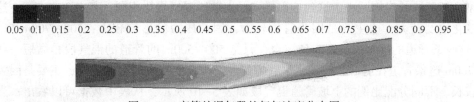

图 5-18　弯管处混气段的氮气浓度分布图

为了比较相同长度的管道，当倾斜段不同时混气段长度的变化趋势，建立管道总长为

137

1000m，水平段与倾斜段比例为 1：1 和 3：7 两种模型，再分别在水平管道和倾斜管道再增加 200m，比较当水平管道和倾斜管道增加相同长度时，混气长度的单位增长率，如图 5-19 所示，分别模拟上坡阶段的混气规律，进行对比分析，相应的对比项见表 5-9，其结果绘制出的曲线如图 5-20 所示。

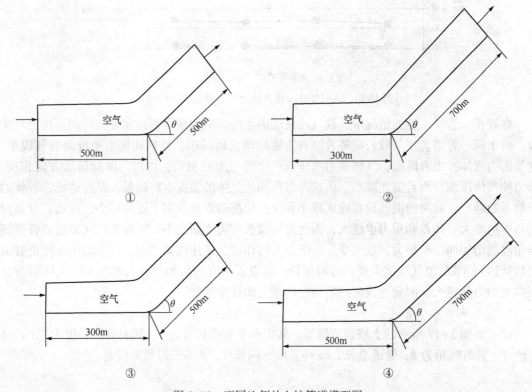

图 5-19　不同比例的上坡管道模型图

表 5-9　上坡管道分析比较的不同条件

比较项	相同点	不同点
①和②	管长	平段与倾斜段不同
①和③	倾斜段	水平段不同
①和④	水平段	斜段长度不同
②和③与①和④	段固定（基数不同）	化倾斜段
①和③与②和④	段固定（基数不同）	化水平段

　　四条管道在不同的倾斜角度下的混气规律如图 5-20 所示，如图所示，管道随着倾斜角度的增大混气段长度均减小，这与前面描述的上坡段混气规律相同；其中 300~500m 这条管道的变化幅度较大，这主要是因为管道较短，因而压力的影响较大；300~700m 与 500~500m 这两条管道的混气段长度大致重合，只是 500~500m 的管道的混气段稍微短一些，而 500~700m 这条管道在有倾角时比水平管道的混气段长度减小的幅度较大，主要是因为管道相对较长。不同分配比例的上坡管道混气段如表 5-10 所示，从表中数据可以看出，当水平段与上坡倾斜段增加相同管长时，水平段增加单位长度所增加的混气段比倾斜管道的大，即单位长度平均增长率较大。

138

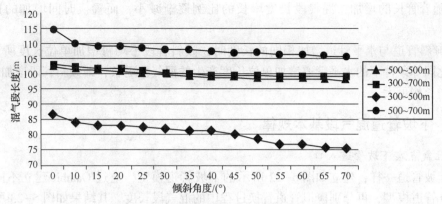

图 5-20　不同分配比例的上坡管道的置换长度

表 5-10　上坡管道混气段增长比例

比较项	水平段/m	倾斜段/m	增加单位长度 平均增长率	相对增长比例/%
②和③	300	500~700	0.092875	2.71440
①和③	300~500	500	0.090354	
①和④	500	500~700	0.036225	7.47982
②和④	300~500	700	0.033704	

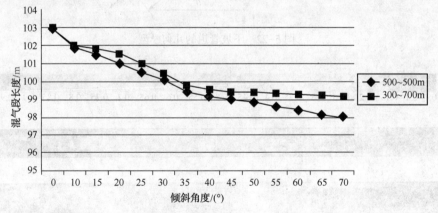

图 5-21　相同管长，不同比例的上坡管道的混气段长度

图 5-21 为相同管长 $L=1000\mathrm{m}$ 情况下，不同的水平段与倾斜段分布比例的混气段长度。整体趋势是随着倾角的增大而混气段减小，但是 500~500m 的管道的混气段稍微短一些。假设水平管段增加 200m 所增加的混气段长度设为 L_1，即水平管段由 300~500m 所增加的混气段长度；倾斜段增加 200m 所增加的混气段长度为 L_2，即倾斜管段由 500~700m 所增加的混气段长度。由上面分析知，倾斜管道与水平管道增加相同的长度时，倾斜管段的混气段平均增长率略大，所以 300~700m 管道的混气段比 500~500m 的稍微大些，这与前面的模拟结果吻合。

对于上坡管道，混气段基本规律如下：

① 混气段长度的整体趋势是上坡阶段的混气段长度小于水平管道的混气段长度；置换时间的趋势却相反，上坡阶段随着角度的增大而逐渐增大；

② 随着管长的增加，混气段长度增长的比例逐渐减小，而置换时间增加的比例逐渐增大；

③ 倾斜管道与水平管道增加相同的长度时，倾斜管段平均每增加单位长度所产生的混气长度比同等条件下的水平管道增加单位长度产生的混气段更长，即倾斜管段增加单位长度的平均增长例更大。

二、下坡管道混气段基本规律

1. 注氮点在下坡管道入口

同上坡管道一样，建立如图 5-22 所示的下坡管道模型，通过 Gambit 建立不同长度 L、不同的 θ 管道模型，再分别模拟管道置换过程中的混气段长度，其结果如图 5-23 所示。

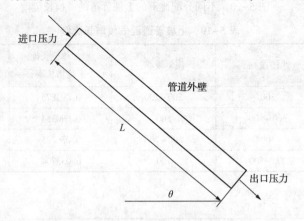

图 5-22　下坡管道的几何模型

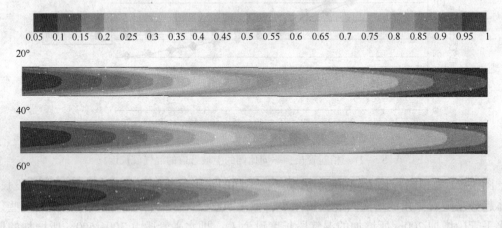

图 5-23　下坡阶段管道内氮气的浓度分布图

由图 5-23 可以看出混气段头进入弯管后沿倾斜段下降，由于气体的重力的影响很小，同上坡管道一样，气体在下降过程中仍然沿着管道的轴线呈对称分布。随着角度的增大，相邻两百分比氮气之间的距离增大，混气更疏松一些。不同管长、不同倾斜角的下坡管道的最大混气段长度对比如图 5-24 所示，而置换时间如图 5-25 所示。

表 5-11　不同倾斜角度的下坡管道所产生的混气段长度 　　　　　　　　　　　m

管长/m	倾斜角度/(°)							
	0	10	20	30	40	50	60	70
400	59.84	62.31	64.15	64.91	65.72	66.87	67.30	68.15
800	95.23	99.12	100.24	101.99	102.81	103.56	104.24	105.51
1200	115.01	120.53	121.46	122.37	123.16	123.98	124.78	125.92
1600	135.12	141.24	142.57	143.45	143.94	144.15	145.69	146.31
2000	158.30	165.19	166.28	167.18	167.98	166.46	168.26	169.64
2400	171.42	177.18	177.91	178.63	179.26	180.16	181.23	181.91
2800	183.20	189.08	189.53	190.31	190.90	191.78	192.54	193.25
3200	195.04	200.27	200.92	201.50	202.24	202.80	203.48	203.94

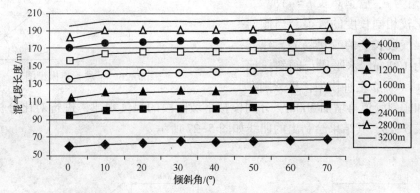

图 5-24　不同管长与倾角的下坡管道的混气段长度

表 5-12　不同倾斜角度的下坡管道所产生的置换时间 　　　　　　　　　　　s

管长/m	倾斜角度/(°)							
	0	10	20	30	40	50	60	70
400	72.1	68.7	68	67.9	67.2	66.9	66.4	66.0
800	179.0	174.6	174	173.8	173.1	172.3	172	171.2
1200	304.3	300.5	300.0	299.7	299.3	298.7	298.2	298
1600	462.4	459.3	458.7	457.9	456.9	456.0	455	454.3
2000	655.3	652.3	652	651.7	651.2	650.5	650.1	649.6
2800	1179.7	1175.3	1175.0	1174.1	1173.2	1172.0	1168.8	1168.0

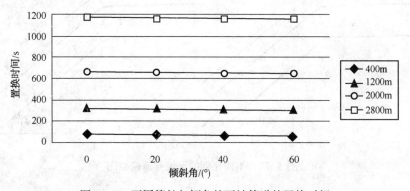

图 5-25　不同管长与倾角的下坡管道的置换时间

由图 5-24 和图 5-25 可知，混气段长度的整体趋势是下坡阶段的混气段长度大于水平管道的混气段的长度，随着倾斜角度的增大混气段长度增加。置换时间的趋势却相反，下坡阶段随着角度的增大而逐渐减小。这是因为随着角度的增大，重力在气体流动方向的作用越来越明显，使得气体在下降过程中的沿流动方向的力增大，而流速增加。由前面结论可知，随着流速增大混气段长度增加，置换时间在流速的作用下，随着角度的增大而逐渐减小。

2. 注氮点在水平管道

同上坡管道一样，建立如图 5-26 所示的下坡管道模型，其中水平管段长度为 a，倾斜管段长度为 b，$a：b=1：1$，管道倾角为 θ，管道总长 $L=a+b$。

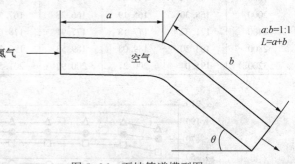

图 5-26　下坡管道模型图

为了比较相同长度的管道，当倾斜段不同时混气段长度的变化趋势，建立管道总长为 1300m，水平段与倾斜段比例为 3：10 和 6：7 两种模型，再分别在水平管道和倾斜管道再增加 300m，分别模拟下坡阶段的混气规律，进行对比分析，相应的对比项见表 5-13，其结果绘制出的曲线如图 5-27 所示。

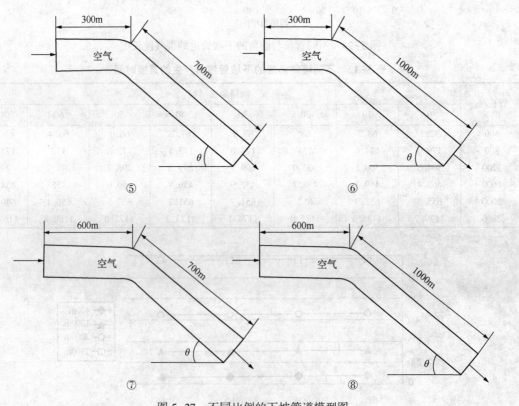

图 5-27　不同比例的下坡管道模型图

表 5-13　下坡管道混气段增长比例

比较项	水平段/m	倾斜段/m	平均增长率	增长比例/%
⑤和⑥	300	700~1000	0.037217	0.28750
⑤和⑦	300~600	700	0.03711	
⑦和⑧	600	700~1000	0.10965	0.18057
⑥和⑧	300~600	1000	0.109452	

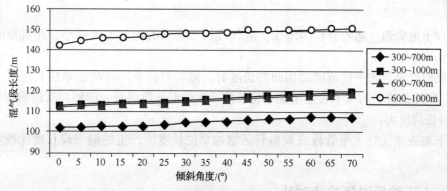

图 5-28　不同分配比例的下坡管道的置换长度

　　四条管道在不同的倾斜角度下的混气规律如图 5-28 所示，由图可以看出小角度范围内，混气段长度随着倾斜角度的增大而增加，过了某一角度范围，混气段长度随角度增大而减小，但是总体仍然大于水平管道的混气段长度，这与前面描述的下坡段混气规律相同；其中，600~1000m 这条管道混气段长度最大，这是因为管道越长混气段越长；其中 600~700m 与 300~1000m 这两条管道的混气段长度大致重合，但 600~700m 这条管道的变化趋势更为平坦；300~700m 的管道的混气段稍微短一些。表 5-14 详细对比了倾斜段长度和水平段长度增加时的混气段模拟结果。

表 5-14　下坡管道混气段增长比例

水平段/m	倾斜段/m	单位长度平均增长比例
300	700~1000	0.037217
600	700~1000	0.10965
300~600	700	0.03711
300~600	1000	0.109452

　　图 5-29 为相同管长 $L = 1300m$ 情况下，不同的水平段与倾斜段分布比例的混气段长度。

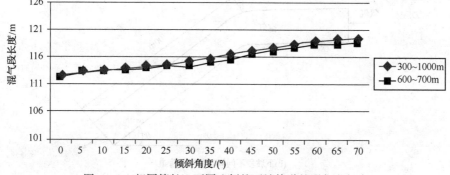

图 5-29　相同管长，不同比例的下坡管道的混气段长度

两条管道的混气段变化趋势如前所述，总体仍然大于水平管道的混气段长度。由分析可知倾斜管道与水平管道增加相同的长度时，下坡管段无论是水平段还是倾斜段增加单位长度所增加的混气段相对比例比上坡段小，所以300~1000m管道的混气段比600~700m的稍微大些，这与前面的模拟结果吻合。

对于下坡管道，混气段基本规律如下：

① 混气段长度的整体趋势是下坡管道的混气段长度大于水平管道的混气段，且随着倾斜角度的增大混气段长度增加；置换时间的趋势却相反，随着角度的增大先减小后增大；

② 同上坡管道，随着管长的增加，混气段长度增长的比例逐渐减小，而置换时间增加的比例逐渐增大；

③ 倾斜管道与水平管道增加相同的长度时，倾斜管段平均每增加单位长度所产生的混气长度比同等条件下的水平管道增加单位长度产生的混气段略长，即倾斜管段增加单位长度的平均增长例略大；

④ 下坡管道无论水平管段或倾斜管道增加单位长度所产生的混气段长度比例均小于上坡管道。

三、上下坡段混气规律对比

通过对长1000m、管径508mm的管道进行不同倾斜角度的模拟，分别建立上下坡段倾斜管道的模型如图5-30所示，取水平段为300m，倾斜段为700m，产生的最大混气段长度如图5-31所示。

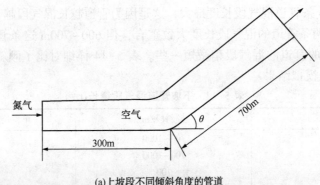

(a)上坡段不同倾斜角度的管道

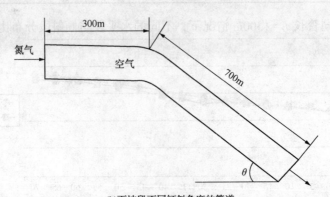

(b)下坡段不同倾斜角度的管道

图5-30　相同比例的上下坡管道模型

图 5-31　上下坡管道氮气浓度分布比较图

由图 5-31 可以看出，上坡管道的混气段之间更紧密一些，下坡管道的混气段相邻的两个百分浓度之间的距离更疏松，这与前面的分析结果一致。

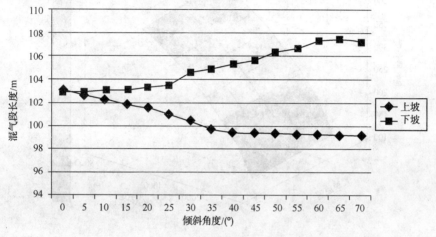

图 5-32　上下坡管道的混气段长度比较

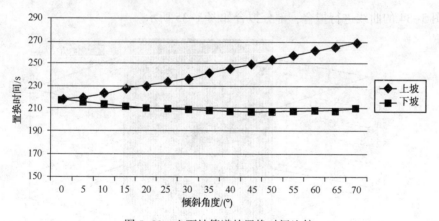

图 5-33　上下坡管道的置换时间比较

由图 5-32 和图 5-33 可知，混气段长度的整体趋势是下坡阶段的混气段长度大于水平管道的混气段，而上坡阶段的混气段长度小于水平管道的混气段长度；置换时间的趋势却相反，上坡阶段随着角度的增大而逐渐增大，而下坡阶段随着角度的增大而逐渐减小。这与前面的结论一致。

由此可知，当管道途径低洼地区时，混气段长度会随着上下坡变化，但最终结果非常小，因为下坡段增加的混气段长度会在上坡段减小的混气段长度得到补偿。

第六节　混气长度的计算

通过利用管长对混气长度影响的模拟数据运用 MATLAB 软件进行三维模拟得到 L/D、L_m/D 和 v，三者的关系如图 5-34 所示。

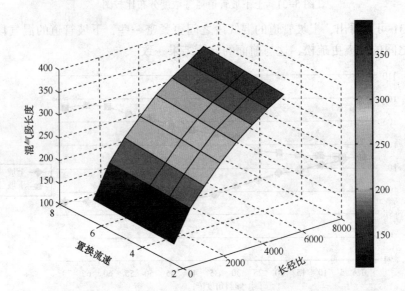

图 5-34　L/D、L_m/D 和流速 v 三者关系三维图

对图 5-34 的曲线进行拟合，部分拟合如图 5-35 所示。

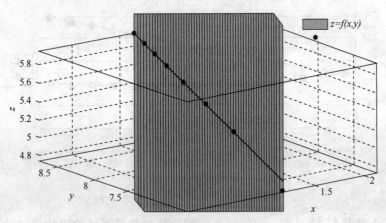

图 5-35　曲线拟合图

由于实际情况与拟合结果存在一定的误差，对拟合结果进行修正，给出一个变化的区间，通过拟合，得到混气段长度的计算公式为：

$$\frac{L_m}{D} = (1.95 \sim 2.55) v^{0.39} \left(\frac{L}{D} \right)^{0.53} \tag{5-32}$$

式中　L_m——氮气与空气的混气长度，m；

v——置换流速，m/s，$f(v) = f(P, T, v_m, v_N)$ 置换流速与压力、温度、置换开始时天然气流速、氮气流速相关；

146

  L——置换长度，m；

  D——置换管道内径，m。

  从公式中可以看出混气段长度随着管径、管线长度、置换长度的增加而增大。混气段长度还与管内流速有关，随着速度的增大而增大，这是因为随着速度的增大气体进行分子扩散和对流传质越来越激烈，气体混合越充分，混气段长度就增长。这与前面的相关结果吻合。

第六章　投产期间升压阶段划分

天然气长输管道进行氮气置换后，通过从上游气源注入天然气给管道逐步升压，同时检测管道连接部位的严密性和设备的承压能力，达到对管道进行严密性试验和强度试验的目的。

现有的升压过程一般分为两段式和三段式，稳压时间一般为24h。针对稳压时间过于保守的问题，陈利琼等提出了四段式升压操作，将稳压时间缩短为 2 ~12h，有效地提高了投产效率。升压过程中升压速度不容忽视，升压速度的快慢直接影响管道发生事故可能性的大小，本章节在查阅升压速度相关规范（如《油气长输管道工程施工及验收规范》）的基础上，总结了影响升压速度的因素。

管道每个阶段充压结束后，要有足够时间进行稳压和检漏，所以要进行充压时间的预测。此处使用 BWRS 方程，它可以预测不同管径、不同目标压力和不同气质组分的天然气管道的充压时间。

管道的稳压检漏根据《天然气管道试运投产技术规范》中相关规定来执行。

第一节　升压阶段划分

本节详细介绍了升压阶段的三种划分方式，其中三段式划分最常用，文中列举了川气东送工程实例对其进行说明。

一、两段式升压

当管道设计压力小于3MPa时，可分两个阶段进行升压作业，第一阶段稳压压力不超过设计压力的1/2，稳压24h，进行检漏作业，有漏点应及时通知施工单位进行处理，消漏完成后如未发现问题并保持平稳，可继续升压至设计压力，在设计压力下稳压24h，以管道无破裂、无渗漏为合格。

二、三段式升压

当管道设计压力大于3MPa时，可分三次进行升压作业。

1. 第一阶段

第一阶段稳压压力不大于管道设计压力的1/3（建议最大不超过1.2MPa），稳压24h，稳压期间对站内管线、阀门、法兰、站外管线等处进行检漏操作，如有漏点应及时通知施工单位进行处理，消漏完成后，继续充压。

2. 第二阶段

第二阶段稳压压力不大于管道设计压力的2/3，稳压24h 稳压期间对所有密封点进行检漏操作，如有漏点应及时通知施工单位进行处理，消漏完成后，继续充压。

3. 第三阶段

第三阶段稳压压力为管道设计压力，稳压期间对供气支线所有密封点进行检漏操作，如有漏点应及时通知施工单位进行处理。

4. 应用实例

川气东送管道江西支线的升压采用逐步升压的方式，分三个阶段，分别升压至1.2MPa、4.0 MPa和7.0MPa，再分别进行全线稳压检漏作业。在第1阶段升压过程中，打开阀5，利用阀9和阀10进行2级调压，缓慢向下游充压。在第2、3阶段升压过程中，需恢复本站正常输气流程，即打开阀3和阀4，关闭越站阀5，同时需要开启阀7进行手动调流，以满足升压速度要求，并且保证安全平稳升压。见图6-1。

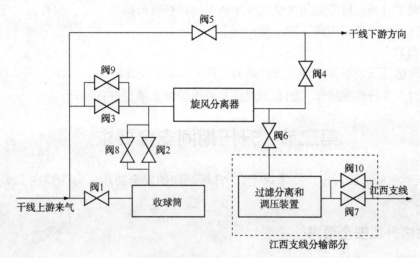

图6-1　川气东送黄梅站工艺流程图

三、四段式升压

两段式和三段式升压期间的稳压时间都选取的是严密性试压要求的时间——24h，稳压时间长，操作相对保守，降低了管道投产效率。查阅相关规范和根据已有的工程实际，发现已经成功投产的天然气长输管道投产稳压时间大都没有达到24h，一般会根据技术人员的经验作出相应的调整，因此提出了四段式升压过程。应用四段式升压可以在保证安全升压的基础上降低稳压时间，提高管道投产效率。

使用四段式升压，管道设计压力要大于3MPa。

第一阶段稳压压力为设计压力的1/3，稳压期间对站内管线、阀门、法兰、站外管线等处进行检漏操作，如果没有发现漏点，则按三段式进行升压操作，如果发现漏点，则按四段式进行升压操作。

1. 第一阶段

第一阶段稳压压力不大于管道设计压力的1/3(建议最大不超过1.2MPa)，稳压24h，稳压期间对站内管线、阀门、法兰、站外管线等处进行检漏操作，如有漏点应及时通知施工单位进行处理，消漏完成后，继续充压。

2. 第二阶段

第二阶段稳压压力不大于设计压力的 $\frac{5}{9}$，即：

$$p \leqslant (\frac{1}{3} + \frac{2}{3} \times \frac{1}{3})p_1 \tag{6-1}$$

稳压时间2~12h，稳压期间对供气支线所有密封点进行检漏操作，如有漏点应及时通知施工单位进行处理，消漏完成后则继续冲压。

3. 第三阶段

第三阶段稳压压力不大于管道设计压力的 $\frac{7}{9}$，即：

$$p \leq (\frac{1}{3} + \frac{2}{3} \times \frac{2}{3})p_1 \qquad (6-2)$$

稳压时间2~12h，稳压期间对供气支线所有密封垫进行检漏操作，如有漏点应及时通知施工单位进行处理，消漏完成后则继续冲压。

4. 第四阶段

第四阶段稳压压力不大于管道设计压力，即 $p \leq p_1$，稳压时间2~12h，稳压期间对供气支线所有密封点进行检漏操作，如有漏点应及时通知施工单位进行处理。

第二节　升压期间安全要求

根据《天然气管道试运投产技术规范》，升压期间的安全要求，分为站内安全要求、线路安全要求。

一、站内升压安全要求

① 升压期间，管线两侧应设置隔离区，非工作人员应远离该区域。

② 站内升压，应尽量减少现场人员走动。

③ 在站内升压过程中，现场应有足够的维抢修人员处于待命状态。

④ 一旦发生泄漏或设备爆裂事故，站内应立即关闭充压阀门，用放空管放空泄压，严禁打开低压端阀门向下游泄压或通过排污管泄压，同时扩大警戒区域至300m，并按照事故预案处理。

⑤ 升压过程中严禁用坚硬器物敲击管道及设备。

⑥ 升压期间，不得用感官判断气体泄漏与否。

二、线路升压安全要求

① 管线升压期间，组织线路组巡线，并作好记录。

② 应保持在规定压力范围内，严禁擅自增大升压范围。

③ 一旦发生泄漏或设备爆裂事故，应立即关闭阀门，用放空管放空泄压，严禁打开低压端阀门向下游泄压或通过排污管泄压，并按照事故预案处理。

④ 升压过程中严禁用坚硬器物敲击管道及设备。

⑤ 升压期间，不得用手凭感觉检测气体泄漏。

⑥ 升压期间，巡线人员须在安全距离外巡线，以保证人身安全，并制止投产时线路上的施工作业。

⑦ 升压过程中的抢修保驾由各施工承包商负责，人员、器具必须时刻处于待命状态。

⑧ 各施工承包商安排人员定期对所安装的管道、设备、仪表进行巡查，对管道穿跨越处进行重点巡查。如发现任何泄漏，立即上报，经投产总调度室、站场组允许后，采取处理

措施。

⑨ 在线路升压过程中施工承包商、线路组人员线路的工艺、仪表设备和法兰等各种连接处进行检漏，各施工承包商人员负责对所辖区段沿线管道穿跨越部位进行反复巡检。

第三节 升压速度与时间

在升压过程中，升压速度的快慢直接影响管道发生事故可能性的大小。升压速度取决于管材强度、焊缝缺陷、管道几何缺陷、仪表及监测仪器的承压能力。为大致了解升压结束时间、保证在每个阶段充压结束后有足够时间稳压和检漏，需要对管道每个阶段的充压时间进行预测。下面介绍用 BWRS 方程预测天然气管道投产时的充压时间。

一、升压速度的确定

在升压中，升压速度的影响往往容易被忽视，升压速度过快过慢都不合适，升压速度过小，会导致升压时间过长，影响压力试验效率；速度过大又可能使管道设备产生局部鼓胀（升压过程）和压瘪（降压过程），冲击法兰和阀门，不能平稳操作，存在安全隐患等。

《工业金属管道工程施工规范》、《压力容器》、《石化金属管道工程施工质量验收规范》和《天然气净化装置设备与管道安装工程施工及验收规范》、《石油天然气建设工程施工质量验收规范天然气净化厂建设工程》、《石油化工有毒、可燃介质钢制管道工程施工及验收规范》等石油石化行业施工验收相关标准虽然规定了管道、设备压力试验、吹扫置换的压力要求和时间要求，但对升压速度未进行具体规定。

在《油气长输管道工程施工及验收规范》中规定的升压速度为不超过 1MPa/h。

二、升压速度影响因素

升压速度的大小取决于站场和线路设备的承压能力，升压速度过快，不仅容易造成焊缝、设备、而且会导致管材的损坏，管道设备产生局部鼓胀，冲击法兰和阀门，不能平稳操作，存在一定的安全隐患；升压速度过慢，管道附属设施安全但增加了升压时间，进而延长整个投产运行的时间，影响投产效率。对整个管线来讲，管材所能承受的最大瞬时压力、焊接时焊缝存在的施工缺陷、管道附属设施如监测仪器所能承受的最大瞬时压力等都限制了升压速度；而针对站场，压力波动将会引起压缩机管线发生振动，甚至引起压缩机发生喘振，压力波动作用在管路的转弯处或截面变化处所形成的不平衡力，又会引起管道的机械振动，增加局部应力。

1. 管材强度

压力波动对管道的影响较为缓慢和隐蔽，主要表现为增大管道应力腐蚀的风险，造成管道的断裂失效。当管材处于腐蚀介质中（湿润土壤、存在电解质），升压速度过快造成的压力波动使得管道局部（如弯头处）承受的拉应力超过管材的许用应力，甚至趋近屈服极限，增加管道应力腐蚀开裂的风险。

2. 焊缝缺陷

当升压速度过快时，作用在焊缝处的力增大，对存在缺陷的焊缝容易造成焊缝破裂，从而引起管内气体泄漏，造成管道周边环境污染，影响投产顺利进行，同时补漏作业也会增加投产升压的时间。

151

3. 管道几何缺陷

在搬运管道和管沟土回填过程中，管道易受到石头和工具等硬物的碰撞导致变形或造成的凹陷。管道凹陷处存在应力集中的现象，当升压速度过快，管内压力波动较大时，凹陷处承受的内压力增大，出现管道局部疲劳现象，增加管道破裂的可能性。

4. 仪表、监测仪器的承压能力

在长输管道施工阶段需要安装必要的检测仪器，比如流量计、在线检测装置等。在管道升压过程中，由于升压速度过快造成的压力波动将影响管道检测设备信号的采取，造成测量值不准确；而升压速度过快，对仪器内置探头（如涡轮流量计）产生的局部应力过大也会损坏仪器。

三、升压时间

在管道分段升压过程中，为保证每个阶段充压结束后有时间稳压和检漏，必须对管道每个阶段的充压时间进行预测。BWRS 方程可用于预测天然气管道投产时的充压时间，对不同管径、目标压力和气质组分的天然气管道进行充压时间预测。

1. BWRS 方程

$$p = \rho RT + \left(B_0 RT - A_0 - \frac{C_0}{T^2} + \frac{D_0}{T^3} - \frac{E_0}{T^4} \right)\rho^2 + \left(bRT - a - \frac{d}{T} \right)\rho^3 \qquad (6-3)$$
$$+ \alpha \left(a + \frac{d}{T} \right)\rho^6 + \frac{c\rho^3}{T^2}(1 + \gamma\rho^2)\exp(-\gamma\rho^2)$$

式中
p——系统压力，kPa；

T——系统温度，K；

ρ——天然气工况密度，$kmol/m^3$；

R——通用气体常数，其值取 $8.314kJ/(kmol \cdot K)$；

A_0、B_0、C_0、D_0、E_0、a、b、c、d、α、γ——方程的参数。

2. 天然气压缩因子

$$Z = 1 + \left(B_0 - \frac{A_0}{RT} - \frac{C_0}{RT^3} + \frac{D_0}{RT^4} - \frac{E_0}{RT^5} \right)\rho + \left(b - \frac{a}{RT} - \frac{d}{RT^2} \right)\rho^2 \qquad (6-4)$$
$$+ \frac{\alpha}{T}\left(a + \frac{d}{T} \right)\rho^6 + \frac{c\rho^3}{RT^3}(1 + \gamma\rho^2)\exp(-\gamma\rho^2)$$

3. BWRS 方程的函数形式

$$F(p) = \rho RT + \left(B_0 RT - A_0 - \frac{C_0}{T^2} + \frac{D_0}{T^3} - \frac{E_0}{T^4} \right)\rho^2 + \left(bRT - a - \frac{d}{T} \right)\rho^3 \qquad (6-5)$$
$$+ \alpha\left(a + \frac{d}{T} \right)\rho^6 + \frac{c\rho^3}{T^2}(1 + \gamma\rho^2)\exp(-\gamma\rho^2) - p = 0$$

4. 求解天然气密度

当天然气组分、温度、压力给定时，根据式（6-6）可求出天然气密度 ρ。求解采用正割法，其迭代公式为：

$$\rho_{K+1} = \frac{\rho_{K-1}F(\rho_K) - \rho_K F(\rho_{K-1})}{F(\rho_K) - F(\rho_{K+1})} \qquad (6-6)$$

其中下标 K 为迭代序号，求解时应先设两个密度初值作为迭代初始值。一般可以按理想气体考虑，设 $\rho_1 = 0$，$\rho_2 = \rho/(RT)$。迭代终止条件为 $|\rho_{K+1} - \rho_K| < \varepsilon_\rho$，$\varepsilon_\rho$ 为收敛指标。

5. 充气量

充压过程中，管道内压力由 p_1 上升到 p_2 所需气量计算公式为：

$$Q_0 = \frac{QT_0}{Tp_0}\left(\frac{p_2}{Z_2} - \frac{p_1}{Z_1}\right) \tag{6-7}$$

式中　　Q_0——输气管道储气量，m^3；

　　　　Q——输气管道管容，m^3；

　　　　p_1——储气初始压力，MPa；

　　　　p_2——储气结束压力，MPa；

　　　　Z_1——p_1 对应的压缩因子；

　　　　Z_2——p_2 对应的压缩因子；

　　　　T——天然气的平均温度，K。

根据计算得到的充气量以及进气量来预测充压时间。

6. 误差

① 不能取得管道沿线的确切温度，对预测结果影响较大。温度偏高，预测结果偏短，温度偏低，预测结果偏长。

② 首站进气量的计量作业出现偏差，也会影响结果。

第四节　稳压检漏

一、检漏方法

升压过程中，操作人员应对各工艺站场、阀室的设备和法兰进行检漏，并在穿跨越处和所辖管段监护巡查。如果发现任何气体泄漏点，应立即上报并且要求相关施工单位及时处理。在处理漏气过程中，操作人员必须在场进行安全监护和检测。升压过程中，如果管道发生严重泄漏、爆管、断裂等不能带压处理的情况，应及时截断最靠近泄漏点的上、下游阀室的阀门，并上报调控中心，通知进气点停止供气。

在各站场和阀室置换升压过程中，操作人员必须按如下方法对其工艺设备和法兰连接处、仪表连接处进行检漏。

① 用宽胶带在两法兰连接处缠绕一圈，用牙签在胶带上扎一小孔，小孔位置选在管道水平中心线以下约30°处。一段时间后用可燃气体报警仪在小孔处检测有无气体泄漏。

② 用肥皂水在可能产生漏气处涂抹，观察是否有气泡产生。

③ 直接用可燃气体报警检测仪检测各工艺站场、阀室、跨越处有无气体泄漏。

④ 线路检漏手段主要用目测。

在升压的过程中要加密巡线，发现泄漏必须立即组织人员抢险。升压过程中严禁用坚硬器物敲击管道和设备。

二、具体检漏措施

① 管道线路设有投产人员，配备移动电话和防爆对讲机进行可靠的通信联络，上岗前

必须接受安全教育后才能从事检测工作。在升压过程中，线路组人员要在警戒区以外进行观测。当压力升到检漏压力是停止升压后才允许对管道进行仔细观察。

② 在升压过程中，投产人员在警戒区外观测时，如果发现有管道破裂的噪音或介质喷出现象，证明在升压中管道存在漏点并确定漏点位置后，需马上通知并汇报给投产指挥部，安排投产保驾人员到现场进行处理。

③ 对压力表的观察，在升压过程中如果压力表几小时不变化，或变化很慢，或在稳压一开始压力就大幅度下降则表明管道有漏点，停止进气后通知投产人员仔细查找漏点。

④ 在稳压期间，管线组人员沿管道进行仔细检查，确认是否存在漏点，至稳压结束，压力合格为止。

⑤ 升压过程中，安排好场站的检漏工作，及时发现漏点，及时处理。

第七章　天然气长输管道投产安全保障技术

天然气长输管道投产必须高标准、严要求，按照批准的投产方案和程序进行。在整个投产过程中，各机构均需达到 HSE 要求。

在天然气长输管道投产期间，管道穿孔、施工缺陷、输送介质有毒、气体含水量大等因素会对管道安全运行造成威胁，这就要求我们有效识别天然气长输管道投产期间的危害，制定有效应急措施，避免因设计及管理因素造成的事故，保证投产顺利进行。

第一节　长输管道投产危害识别

天然气管道投产过程中，有可能因为违章操作、第三方破坏等问题造成天然气管线破裂或爆炸，影响人们的生产生活，还可能造成人员伤亡等严重事故，所以对天然气管道投产过程中的危害进行识别至关重要。

一、危害识别方法

从目前所有的资料来看，有关投产过程风险源识别的研究很少。本书采用鱼刺法对投产过程中的风险源进行识别。

1. 鱼刺法简介

鱼刺法是一种定性的安全评价方法，是一种透过现象看本质的分析方法，可以帮助我们找出引起潜在问题的根本原因。鱼刺法可以通过科学方法（比如头脑风暴法），找出可能导致事故的原因，然后对这些可能导致事故的原因归类整理选出最有可能导致事故的原因并做标记，从而提出相应的对策，使天然气管线投产的风险始终处于可以接受的范围内。

2. 鱼刺图建立过程

首先确定要解决的问题，把问题写在鱼头上，这里要解决的问题就是天然气管道投产事故。然后讨论问题出现的所有的可能原因，把所有的原因分析、归纳、分组，找到了它们的大原因、中原因、小原因，并标在大骨、中骨、小骨上，总结出正确原因，这样就建立了一个形状很像鱼骨的鱼刺图。

鱼刺图可以分为整理问题型、原因型、对策型三种类型，本文将建立整理问题型鱼刺图和原因型鱼刺图，下文中的对策表列出了详尽的解决方法，所以这里不绘制对策型鱼骨图。把天然气管道的投产程序归纳总结为投产前准备、天然气置换和投产试运行。其中天然气置换是天然气管道投产的关键步骤。对于整理问题型鱼刺图，天然气管道从设计到投产的过程中可能影响投产的因素包括设计方面、施工过程、投产前准备、天然气置换、试运行投产管理 5 个方面。对于原因型鱼刺图，对危险因素归纳后，也总结为五个大的因素，分别为设计方面、制造安装方面、人员方面、管理方面、投产流程方面。这样找到大原因后，继续添加中骨和小骨，制成了图 7-1 整理问题型天然气管道投产风险分析鱼刺图和图 7-2 原因型天然气管道投产风险分析鱼刺图。

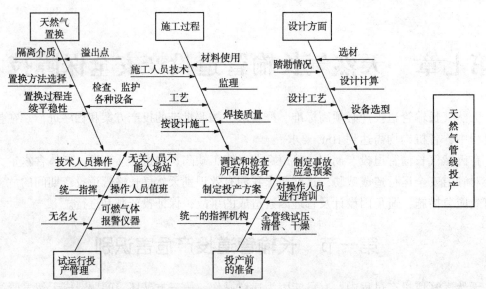

图 7-1　整理问题型天然气管道投产风险分析鱼刺图

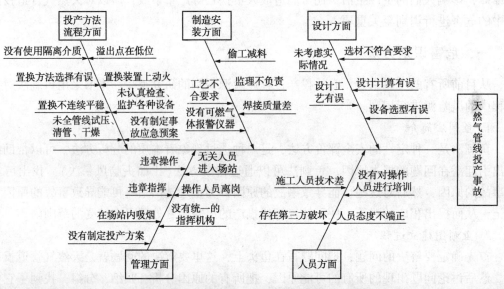

图 7-2　原因型天然气管道投产风险分析鱼刺图

3. 投产风险对策表

根据原因型鱼刺图，可以对应地绘制出对策表(见表 7-1)，根据科学系统的方法制定相应的对策，以解决可能导致事故的各种危险因素，对天然气管道投产进行预防性保护。

表 7-1　天然气管道投产风险分析对策表

	原　因	对　策
	选材不符合要求	让具有专业知识的高级技术职称的审核人审核
	设计计算有误	设计人员经考核合格取得相应资格后，方可从事设计工作
设计方面	设备选型有误	选型后找专家讨论验证，确保选型无误
	未考虑实际情况	设计初期要踏勘，掌握管道沿线情况
	设计工艺有误	设计前对设计师进行培训，掌握设计规范，提高设计质量

原　因		对　策
制造安装方面	偷工减料	监理负责监督，不符合标准的必须重新施工
	监理不负责	甲方需派人到现场监督
	焊接质量差	焊工必须持有相应的证件才可施工
	工艺不符合要求	监理和甲方共同负责监督
	没有可燃气体报警仪	配齐各种消防器材，投入使用可燃气报警仪器，并对仪器做检查
投产方法流程方面	溢出点在低位	置换过程中必须把天然气、惰性气体的溢出点设在高位，利于扩散，防止发生中毒事件
	置换装置上动火	没有批准严禁动火，要想动火必须有上级主管的书面许可
	未认真检查、监护各种设备	管线试运投产前，对其投产组织、物资装备、设备仪表、线路站场、人员配备等常规项目进行全面检查
	没有制定事故应急预案	制定好相应的事故应急预案，配备齐全消防器材，抢险和救援人员随时待命
	没有使用隔离介质	置换介质应采用惰性气体，一般采用氮气
	置换方法选择有误	对置换过程中的天然气、氮气、空气各种参数和施工条件的选择主要靠经验积累和咨询相关专家
	置换连续平稳	置换中操作要平稳，升压要缓慢，一般控制天然气的进气流速不超过5m/s
	未全管线试压、清管、干燥	天然气管线投产前分段试压、清管、干燥
人员方面	施工人员技术差	施工人员必须取得施工的技能证书才能作业
	存在第三方破坏	加强巡线，管线保护
	没有对操作人员进行培训	在投产置换前应对操作人员进行培训，考核通过才能上岗
	人员态度不端正	对员工进行安全宣传和培训，把个人表现纳入员工考核范围
管理方面	违章操作	抽调有经验的操作人员，经过培训后，必须取得作业许可证才能上岗操作
	违章指挥	请甲方、设计、施工、监理等各部门专家共同组织投产领导机构，现场指挥
	在场站吸烟	严禁在场站内吸烟
	没有制定投产方案	制定谨慎严密的方案以保证安全投产
	无关人员进入场站	严禁无关人员进入工艺场站
	操作人员离岗	操作人员在工作时间，没有请假不得随便离开工作岗位
	没有统一的指挥机构	建立施工、设计、运营等部门的统一指挥机构

二、天然气长输管道投产常见危害

天然气长输管道投产期间常见的危害有天然气泄漏中毒、天然气泄漏导致火灾爆炸、管内杂质破坏设备、冰堵、环境污染等。

(一) 天然气中毒

天然气中毒的情况可分为两种：一种是天然气泄漏，使空气中的天然气浓度达到15%以上时，可导致人体缺氧而造成神经系统的损害，严重时可表现为呼吸麻痹、昏迷、甚至死亡；另一种是当天然气在空气中含量过高发生燃烧时，由于空气中氧气不足以使天然气充分燃烧，产生的一氧化碳将造成中毒现象。

1. 天然气化学组成

① 烃类气体：主要是甲烷(CH_4)一般占80%以上，其次为乙烷(C_2H_6)、丙烷(C_3H_8)、丁烷(C_4H_{10})、戊烷(C_5H_{12})等；

② 非烃气体：二氧化碳(CO_2)、硫化氢(H_2S)、一氧化碳(CO)、氮气(N_2)等；

③ 稀有气体：氖气(Ne)、氩气(Ar)等。

2. 天然气主要物理性质

未处理的天然气有汽油味，有时有硫化氢味。经过处理过的天然气是无色、无味、无毒和无腐蚀性的气体。天然气主要物理性质包括：

① 挥发性：天然气密度为$0.71kg/m^3$，空气为$1.29kg/m^3$，相对密度为0.59，比空气轻（最轻的是氢气0.09），易挥发扩散；

② 可压缩性：对天然气进行增压，进行高压运输，或者对天然气进行加压液化为LNG；

③ 溶解性：能溶于水和石油，为建设地下储气库提供了条件；

④ 燃烧性：发热值一般为$36MJ/Nm^3$，是理想的高效燃料。

(二) 火灾爆炸

天然气具有较高的挥发性，管道投产期间，由于施工缺陷、焊缝强度不足，在管道置换升压的过程中可能造成天然气的泄漏，当天然气浓度在爆炸极限内时，遇明火则会发生爆炸事故，当天然气浓度超过爆炸极限，虽然遇明火不会发生爆炸，但是仍然会燃烧，造成火灾事故。

天然气在空气中的爆炸极限为上限15%、下限5%，也就是说，在有限空间内空气含天然气5%~15%就会发生爆炸，当浓度低于5%时，遇火不爆炸，但能在火焰外围形成燃烧层，当浓度为9.5%时，其爆炸威力最大（氧和天然气完全反应）；当浓度在15%以上时，失去其爆炸性，但在空气中遇火仍会燃烧，每燃烧$1m^3$天然气需要$18m^3$空气，由于空气中氧气不足，造成燃烧不彻底而产生一氧化碳，会发生中毒现象。

(三) 杂质

在长输管道建设中，由于施工环境、人员素质等原因，投产初期管内存在大量杂质，这会给管道运行带来安全隐患。

从管道投产初期的运行情况来看，尽管经过清管，但管道中仍有杂质残余。在大排量输气时，这些杂质经管道进入分离设备、仪表、阀门，造成管道粉尘堵塞，破坏分离器排污阀和排污弯头，堵塞过滤器等现象，严重影响了管道正常生产。投产初期管内残余杂质、来源和危害有以下几类：

1. 细沙粒

在沙漠或戈壁滩施工时进入管内，在其他地带施工时较少进入管道。危害：堵塞或刺坏阀门、仪表和管道。

2. 泥土

在平原泥土地带施工时进入管内。危害：堵塞阀门、仪表和管道。

3. 焊渣

管道焊接时进入管内，尤其是在吹扫质量不高的管道内遗存较多。危害：堵塞或刺坏阀门、仪表和管道。

4. 轻质油

来自油田气体处理装置。危害：不利于用户生产，放出时易燃易爆。

5. 硫化氢和硫化铁

来自油田气体处理装置。危害：腐蚀管道、仪表和阀门。

6. 灰分

来自油田气体处理装置。危害：堵塞阀门、仪表和管道。

（四）冰堵

1. 管道游离水存在的原因

天然气管道在投产之前要进行充水、清管、试压操作。试压包括强度试验和严密性试验，采用水或其他经过批准的液体作为试压介质，分段进行。水试压后经通球扫线程序扫除管内存水，但地势低洼地段的积水以及附着在管壁的水膜仍很难通过简单的通球方式加以清除；采用气体试压时，管道中也会含有大量的饱和水蒸气。除水工艺一般采用多个清管器组成的清管列车一次完成，也可多次发送单个清管器分步完成，采用何种形式要视管道情况及干燥工艺确定。除水后，除极个别的低洼管段外，大部分的水都已被清除，但在过大的内壁面上会留下一层薄薄的水膜。管道内壁粗糙，清管器的密封性能差，水膜的厚度越厚，积水量就越多，温度较低时冻结或形成天然气水合物，此种情况多出现在长输管道地势低洼处。

图7-3为天然气管道中游离水产生的阶段分析。

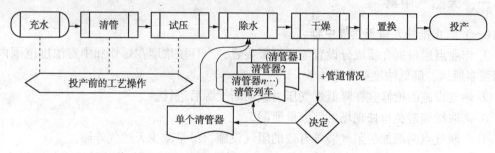

图7-3 天然气管道中游离水产生的阶段分析

天然气在经过分输场站的调压撬、过滤分离器时，由于焦耳-汤姆逊效应，温度急剧降低，当温度低至天然气水露点时，天然气组分中的水分子析出，在高压低温条件下，产生天然气水合物，从而堵塞阀门、流量计和其他工艺设备，此类冰堵易发生在调压撬处。

2. 管道残留游离水存在的危害

天然气长输管道中液态水和水蒸气是造成管道内部腐蚀的主要原因，同时也是形成天然气水合物的必要条件，在低温时管道中的液态水和水蒸气还会造成管道的冰堵，气体水合物不仅可能导致管线堵塞，也可造成分离设备和仪表的堵塞，影响管道的安全运行，降低天然气的输送能力，进而致使天然气的供气品质下降，影响用户的正常使用。

（五）环境污染

天然气泄漏主要由管件腐蚀穿孔、人为破坏等原因造成，一般伴随有火灾或爆炸事故。

天然气中的烃组分挥发进入大气造成大气污染，不仅危及人和动物的健康和生命，也会对周边植物的生产产生破坏性影响。

天然气泄漏的来源：

① 压缩机组包括机体在运行过程中阀门、管线、容器发生天然气泄漏造成环境污染。

② 管线腐蚀穿孔或爆裂发生天然气泄漏造成环境污染。

③ 容器的法兰连接处或容器本体发生天然气泄漏造成环境污染。

④ 阀组间或管线发生天然气泄漏造成环境污染。

(六)起伏地形

天然气长输管道依托地形，管道起伏多、落差大，清管时没及时清扫干净的水会在管道低点形成水洼，腐蚀管道，形成天然气水合物，严重时甚至发生冰堵现象，解决这一系列问题的根本是清除游离水。

另一方面，在水试压阶段，水头翻越高点后，由于自身动能和重力作用，会在管内形成类似瀑布流的流动形态，对管道低点会有一定的冲击力。

进行清管时，当清管器翻越高点后，由于自身的重力作用，会出现清管器下冲的现象，使其移动速度变快、动能增加，为了使压力平衡，上游压力会减小，出现类似抽拉的过程。在大落差管段，清管器的下冲会变得十分明显，由于下冲会使清管器上游压力减小，因此有时会使清管器上游压力小于液体的饱和蒸气压，从而使液体汽化，在高点形成不满流，并且随着上游压力的减小，清管器下游空气的反窜量也会增加，从而增加水段的进气量。

第二节　长输管道常见危害的防治

一、天然气中毒

(一)防止抢修人员天然气中毒

① 作业点应根据介质成分设置浓度报警装置，当环境浓度在爆炸和中毒浓度范围内时，必须强制通风，降低浓度后方可作业。

② 燃气设施的抢修宜在降低燃气压力或切断气源后进行。

③ 采取措施避免抢修现场燃气大量泄漏。

④ 在漏气点两端加装阻气袋等有效的阻气设施，尽量减少天然气外渗。

⑤ 保持抢修现场的空气流通，操作人员必须戴防毒面具。防毒面具的进气口设在漏气点的上风口。

⑥ 当抢修现场无法消除漏气现象或不能切断气源时，应及时通知消防部门做好事故现场的安全防护工作，操作现场必须有专人负责监护，并及时轮换操作人员。

⑦ 天然气中毒后的急救和护理

当发现操作人员或居民天然气中毒后，应及时拨打120向急救中心求救。

(二)人员急救措施

① 迅速把中毒者从天然气污染处救出，平躺在新鲜空气下或通风处。

② 解除中毒者一切有碍呼吸的障碍，敞开领子、胸衣，解下裤带，清除口中异物等，做简易的人工呼吸。

③ 当中毒者处于昏迷状态时，则使其闻氨水，喝浓茶、汽水或咖啡等，不能让其入睡。

如果中毒者身体发冷，则要用热水袋、热毛巾或摩擦的方法使其温暖。

④ 中毒者失去知觉时，除做上述措施外，应将中毒者放在平坦的地方，用纱布擦拭口腔，并做人口呼吸，恢复知觉后，要使其保持安静。人工呼吸应延续，不得中途停止，直至送入医院为止。

⑤ 一般中毒者撤离施工现场，要全部缓解需要几小时甚至一昼夜以上。对重度中毒者在抢救时要仔细观察其心电图，送入高压氧舱，抢救应特别慎重。

二、火灾爆炸

以清管站为例，介绍火灾爆炸事故的预防。

（一）完善接收装置工艺系统

1. 增设氮气置换工艺

在接收筒前端靠近接收阀的部位设置氮气置换接口，同时安装计量仪表，与系统氮气工艺相连接或设置快速接头与移动供氮系统接驳。其作用：一是打开快速盲板前，使用氮气置换出筒内可燃气体；二是在关闭快速盲板后，使用氮气置换出筒内的空气。

2. 增设睡喷淋辅助设施

为了防止硫化亚铁自燃，应在打开快速盲板后迅速对筒内实施水喷淋保护，为筒内硫化亚铁降温，并可避免筒内硫化亚铁直接与空气接触，消除硫化亚铁自燃条件。为此，建议在快速盲板旁增设水喷淋快速接头，为水喷淋保护提供水源。同时，为防治水污染和硫化亚铁自燃，增设污水收集系统，运送至安全地带，实施安全清洁处理。

3. 增设接收筒微正压保护系统

考虑到接受装置筒前接收阀、出气阀和压力平衡阀三者之间存在内漏的可能，为降低三者两端的压差，最大限度减少温室气体泄漏排放，同时防止接收筒负压运行，避免筒外空气进入接收筒形成爆炸混合气体，建议在接收筒放空阀上部增设安全阀，并设置旁路截断阀，共同接入火炬系统。

（二）修订完善接收作业操作程序

① 检查清管器接收装置各部位仪表、阀门是否正常完好、确认氮气置换流程和喷淋水工作正常，直到合格。

② 通过计算和分析，在清管器到达之前半小时左右，关闭接收筒上部安全阀入口的截断阀。

③ 缓开接收筒平衡阀平衡筒压。

④ 全开接收筒的清管器接收阀。

⑤ 全开接收筒出气阀。

⑥ 关闭输气管道生产阀。

⑦ 确认接收筒收到清管器后，打开输气管线生产阀门。

⑧ 关闭接收筒的清管器接收阀，关闭接收筒出气阀，关闭平衡阀。

⑨ 打开安全阀的旁通阀，将桶内天然气排放至放空系统。

⑩ 确认接收筒压力为零后，开启氮气置换阀门，对接收筒进行氮气置换，氮气进入筒内，温度控制在 $5 \sim 25 ℃$。

⑪ 当氮气置换量达到或超过接收筒容积的 1.5 倍后，打开排污阀，先期进行排污，待筒内液体排放干净后，在排污阀处进行氮气浓度监测，确认排放口被测气体可燃气体含量低

于 0.2%。

⑫ 关闭氮气置换阀门，确认筒内压力为 0，卸放松松楔块，打开快速盲板。

⑬ 打开喷淋水阀门，对接收筒内部进行喷淋冲洗，取出清管器。

⑭ 清除接收筒内污物，检查确认接收筒和排污阀内部干净后，关闭水喷淋阀门，关快速盲板，装防松楔块，加装防开锁。

⑮ 关闭排污阀，打开氮气置换阀门，对接收筒进行氮气置换，氮气进入筒内，温度控制在 5~25℃。

⑯ 打开排污阀，在排污阀处进行氮气浓度监测，确认排放口被测气体含氧量低于 2%。

⑰ 关闭排污阀。

⑱ 打开安全阀入口截断阀，关闭安全阀的旁通阀，确认安全阀起跳，使接收筒处于微正压状态。

⑲ 关闭氮气置换阀门。

⑳ 检查测量清管器阀门直径，描述外观操作情况，填写清管记录。

三、杂质

做好投产前清管工作，清除施工阶段遗留在管道内的细砂粒、泥土、焊渣等杂质。

《输气管道工程设计规范》中水露点应低于输送条件下最低管输气体温度 5℃。

天然气中重烃的凝析会使管道积液，降低管道输送能力，但少量凝析油附在管壁上形成油膜，有利于防腐。我国对烃露点的控制较松，规定比水露点高 5~8℃。某些国家如前苏联、荷兰规定的水露点和烃露点相同。

管输天然气中硫化氢含量不超过 6mg/m³。

生活用天然气中含尘量小于 0.2~0.55mg/m³（压缩机含尘量要求）。

四、冰堵

（一）天然气水合物形成的条件

① 天然气中有液态水存在或含有过饱和状态的水汽；

② 一定的低温和高压条件；

③ 气体压力波动或流向突变产生扰动或有晶体存在。

（二）冰堵的位置

根据天然气水合物的形成条件，天然气长输管道易形成冰堵的位置主要为地势低洼且存在游离水的地段，天然气站场易发生冰堵的位置主要有节流阀处、导压管处和管线进站处。易形成冰堵位置及形成原因见表 7-2。

表 7-2　易形成冰堵位置及形成原因

易形成位置		形成原因
管线	地势低洼处	存在游离水，遇低温易形成水合物
站场	节流阀处	节流效应造成急剧温降，形成天然气水合物
	导压管处	管内天然气不流动，加之管道较小，遇低温易被水合物堵塞
	管线进站处	输压较高，站场背压升高为水合物形成提供条件

（三）防止冰堵的方法

① 天然气进入管线前的监督、检测，由供气方定期提供气质化验单（内容有天然气露点、水分、天然气成分等），防止水及污物的进入；

② 根据异常输气运行参数分析产生的原因和可能出现的情况，及时对参数进行调节；

③ 天然气进入干线之前进行脱水，消除形成水化物及冰堵的产生；只要使天然气露点（-15℃）低于管线周围介质最低温度5~7℃，就可以防止水化物的形成；

④ 在压降大的部位及局部转弯处设计电伴热。

（四）防止管线形成冰堵的主要方法

① 工艺措施，包括调整调压阀顺序和二级节流；

② 往输气管线中喷化学反应剂，吸收天然气的水分，降低天然气的水露点；

③ 对于场站的调压阀、分离器、除液器等易产生冰堵部位加电伴热或水加热；

④ 遇有冰堵时，可以对冰堵位置进行加热并提高输送温度；如果压力变化是由于冰堵原因，应尽快根据压降分析找出冰堵点并关断冰堵点前后干线截断阀，放空冰堵管段，以达到减压目的，降解水合物堵管；另外，同时准备开挖冰堵点并进行外部加热以化解水合物；

⑤ 遇有水合物时增大进气，在首站加入化学反应剂；

⑥ 根据季节情况确定进行通球扫线；

⑦ 在遇到形成水合物，暂无其他办法时，可以在本段进行关截断阀截断放空。

（五）注醇

水合物会造成管道堵塞、设备损坏等问题，通常采用向管道中注醇的方式，进行预防。甲醇同其他抑制剂相比具有许多优点：水合物生成温度降低幅度大；沸点低，蒸气压力高；水溶液凝固点低；在水中的溶解度高；水溶液的黏度小；能够再生；低腐蚀性；容易买到且价格比较低廉，所以在天然气工业中多用甲醇作为抑制剂。

甲醇的注入方式可以采用自流或泵送。自流方式设备比较简单，但不能保证甲醇连续注入，不能控制和调节注入量。

一般站场采用注醇撬。撬块主要由柱塞式计量泵、溶液罐、管路和阀门组成，所有与药液接触的设备、部件和管路、阀门均采用不锈钢材料，其具有良好的耐腐蚀性，不仅克服了以上缺点，而且甲醇可通过喷嘴喷入，直接喷射到管壁上，由于甲醇具有良好的分散性，因此甲醇在压力下通过喷嘴以分散状态加入时，与气体有较大的接触面，可保证气相和水溶液被抑制剂饱和，从而获得较好的效果。

（1）注醇量计算

注入天然气系统中的甲醇，一部分与管线中的液态水混合，形成甲醇的水溶液，一部分与气体混合（防止气相中形成水合物）。计算甲醇注入量时，需要考虑气相和液相中的甲醇量。当确定水合物形成的温度降（ΔT）后，可按下式计算液相中必须具有的抑制剂浓度 X（质量分数）：

$$X = \frac{32.04\Delta T}{1297 + 32.04\Delta T} \times 100\% \qquad (7-1)$$

式中　X——水溶液中抑制剂浓度，质量分数；

　　　ΔT——水合物形成温度降，℃；

　32.04——甲醇相对分子质量；

　1297——抑制剂常数。

$$G_m = \frac{Q(G_s + G_g)}{\rho} \quad\quad (7-2)$$

式中　G_m——甲醇注入量，kg/d；

　　　ρ——甲醇密度，g/m^3；

　　　G_s——液相中甲醇量，g/m^3；

　　　G_g——气相中甲醇量，g/m^3；

　　　Q——天然气流量，m^3/d。

其中

$$G_s = \frac{X}{C - X} \times W_f \quad\quad (7-3)$$

式中　W_f——集气站日产水量与日产气量的比值；

　　　C——注入甲醇的浓度，质量分数；

$$G_g = \frac{X}{C - X} \times \alpha \quad\quad (7-4)$$

式中　α——甲醇在每立方天然气中的克数与在水中质量浓度的比值，由图7-4可以查得。

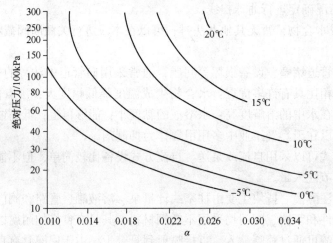

图7-4　甲醇在每立方天然气中的克数与在水中质量浓度的比值

（2）注醇的注意事项

① 山区采气管线起伏程度大，弯头多，降低了气流携液能力，易产生水合物堵塞，计算注醇量时应予以考虑。

② 在气温变化、气井间歇出水等不确定因素影响下，在实际生产中所需甲醇的经济合理注入需要不断摸索，及时完善，使甲醇注入量更加趋于合理。

③ 甲醇的抑制能力在很大程度上取决于压力和组成。在低浓度下其效果不是很明显，浓度越高抑制效果越明显；压力越高，抑制水合物生成的效果越好。

第三节　投产 HSE 管理

一、试运投产组织机构

试运投产组织机构如图7-5所示。

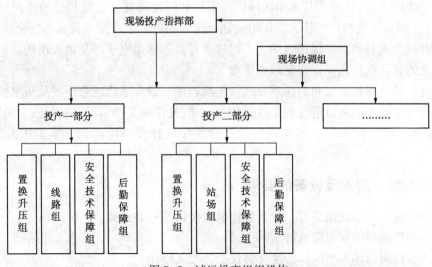

图 7-5　试运投产组织机构

1. 试运投产专项工作领导小组职责

① 领导投产工作，审定、决策投产期间的重要事项；

② 通过投产指挥部下达相关指令，指挥投产工作的主要环节；

③ 负责投产期间重大事宜的协调工作，保障投产的顺利进行。

2. 试运投产指挥部职责

① 接受试运投产专项工作领导小组的指导和工作安排；

② 负责试运投产组织管理及安全管理、外部协调等工作；

③ 组织、协调解决投产过程中出现的问题，并向试运投产专项工作领导小组汇报；

④ 投产总指挥对试运投产专项工作领导小组负责，并在紧急情况下可以直接发布指挥命令处理应急情况。

3. 总调度长职责

① 总调度长负责试运投产过程的具体指挥，接受投产指挥部领导，对投产指挥部负责；

② 负责投产方案的执行，由总调度长统一指挥各专业组；

③ 组织解决投产过程中出现的各种问题，对重大问题提出解决方案，上报投产指挥部审批。[63]

二、对组织人员的要求

① 参加投产的所有人员均应服从投产领导小组的决定，按调度指令行动。树立"安全第一，预防为主"的思想，不违章指挥，不违章操作。

② 投产前组织安排参与试运投产的人员认真学习本方案，进行培训和方案交底，熟悉投产流程、了解操作要求，明确责任分工，达到职责清楚，操作熟练。

③ 投产期间严格禁止无关人员进入场站和阀室。现场操作人员应穿着统一工服(防静电信号服)，配戴胸卡、安全帽。

④ 各场站及阀室的安全消防器材必须配备齐全到位，场站人员及参加投产人员必须会正确使用。

⑤ 进入场站、阀室人员必须关闭手机等非防爆电子产品。

⑥ 对沿线广大居民(特别是米东区铁厂沟附近和乌奇高速公路穿越处的居民区)进行广泛宣传教育，配合管线投产工作，保证沿线居民生命财产、生产生活设施的安全。

⑦ 所有投产人员严禁在现场吸烟，不得将火种及非防爆电子产品带入现场。

⑧ 联系的紧急救护人员在指定地点待命。

⑨ 所有人员熟知相互之间的联系方式，汇报程序、紧急事故应急预案及所承担的责任。

⑩ 组织参加投产的人员进行安全教育和 HSE 相关管理文件学习，进行安全消防培训和事故预案演练，使每位职工了解本岗位投产过程中的操作风险因素，落实相关风险控制措施。

三、对站场、阀室及设备的要求

① 放空设施应具备使用条件，投产置换前应做认真检查试验。

② 站场应设醒目的安全警示牌。

③ 投产置换时站场可燃气体浓度报警仪必须投入使用。

④ 投产前站场所有阀门编号、设备编号、气体流向箭头等标示完毕。

⑤ 现场安装的安全阀、压力表及报警探头等应检定合格并在有效期限之内。

⑥ 暂不投用的管线在阀后应加法兰盲板盲死。

⑦ 所有的仪表、电气、计量器具、安全阀都通过有资质的检验机构检测合格有效。

⑧ 所有设备均已注册，资料齐全完整。

⑨ 所有设备、仪表、阀门、法兰等符合设计的压力等级要求。

⑩ 照明和通信器材必须防爆。

⑪ 场站必须停止一切施工作业，场站周围及沿线管线附近禁止作业、有明火。

⑫ 加强对站场、阀室的安全检查。检查便携可燃气体报警仪、空气呼吸器、护目镜是否按规定如数配置在现场，检查其完好状况并方便操作人员随时取用。

⑬ 严格出入站场，站场应设醒目的安全警示牌，拉好警戒线。

四、对操作的要求

① 线路检测人员进入阀室必须有二人同时在场，一人操作、另一人监护。必须先用便携式可燃气体检测仪测试，确认安全后方可进入。

② 置换升压投产期间人员进入阀室、站场进行置换、检漏等作业前，必须使用可燃气体检测仪，检测阀室、站场内的天然气浓度。为防止发生爆炸事故，"使用便携式可燃气体报警仪或其他类似手段进行可燃气体检测时，被测的可燃气体或可燃液体蒸气浓度应小于其与空气混合爆炸下限的10%(LEL)"，如果达不到上述要求禁止作业。

③ 在氮气置换期间，为防止发生氮气窒息事故，禁止在氧气浓度含量低于19.5%的阀室、站场等场所进行置换、检漏作业。如果氧气浓度低于19.5%，必须经过处理使氧气浓度高于19.5%后才能进行相关作业。

④ 天然气进入管道后，如发现严重漏气必须在500m范围内熄灭一切火源并立即关闭漏气点上、下游阀门。

⑤ 放空、排污口应设警戒区。范围为放空排污处周围300m《天然气管道运行规范》，在放空排污处应有专人携带含氧仪检测、看管。

五、对车辆、消防的要求

① 投产期间各种车辆必须服从 HSE 工作组的指挥，将车辆停放在站外指定的安全位置。

② 投产前要与管道沿线的地方消防部门提前取得联系，说明具体情况，与其商定应对紧急情况的消防预案，如遇突发火警事故，立即拨打 119 请求当地消防部门支援。

六、相关技术要求

投产试运应按照批准的投产试运方案和程序进行，在进气前严格检查和确认进气投产试运应该具备的条件。投产组织管理如图 7-6 所示。置换投产试运应具备以下条件：

1. 各项手续

按照有关要求，完成向政府安全生产监督部门和环境保护部门办理投产试运方案备案的手续。

2. 工程中间交接完成

① 工程质量初评合格。

② 影响投产的设计变更项目已施工完。

③ "三查四定"的问题整改消缺完毕，遗留尾项已处理完。

④ 装置区施工用临时设施已全部拆除；现场清洁、无杂物、无障碍。

⑤ 工程已办理中间交接手续。

⑥ 设备位号和管道介质名称、流向标志齐全。

⑦ 管道和场站工艺系统吹扫、清洗、气密良好。

3. 单台设备调试完成

① 计量器具、安全控保装置等已完成校验。

② 截断、调压、分离等设备处于完好备用状态。

③ SCADA 及通信系统初步调试完成。

④ ESD 系统调试合格。

⑤ 现场消防、气防器材及岗位工器具已配齐。防雷防静电设施准确可靠。

⑥ 调试时出现的问题已整改完。

4. 已完成人员培训

① 国内外同类装置培训、实习已结束。

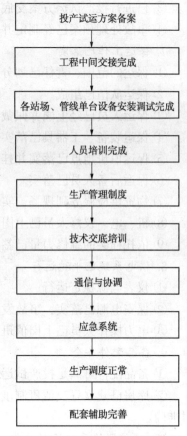

图 7-6 投产组织管理

② 已进行岗位练兵、模拟练兵、反事故练兵，达到"三懂六会"（三懂：懂原理、懂结构、懂方案规程；六会：会识图、会操作、会维护、会计算、会联系、会排除故障），提高"六种能力"（思维能力，操作、作业能力，协调组织能力，反事故能力，自我保护救护能力，自我约束能力）。

③ 各工种人员经考试合格，已取得上岗证（部分工种需要取得当地政府部门资格证）。

④ 已学习国内外同类装置事故案例，对本装置投产试运以来的事故和事故苗头本着"四不放过"（事故原因未查清不放过，责任人员未处理不放过，整改措施未落实不放过和有关

人员未受到教育不放过)的原则已进行分析总结，汲取教训。

5. 各项生产管理制度已落实

① 岗位分工明确，班组生产作业制度已建立。

② 各级投产试运指挥系统已落实，指挥人员已值班上岗。

③ 生产调度制度已建立。

④ 岗位责任、巡回检查、交接班等相关制度已建立。

⑤ 已做到各种指令、信息传递文字化，原始记录数据表格化。

6. 经上级批准的投料投产试运方案已组织有关生产人员学习

① 工艺技术规程、安全技术规程、操作规程等已人手一册。

② 每一投产试运步骤都有书面方案，从指挥到操作人员均已掌握。

③ 已进行投产试运方案交底、学习、讨论。

④ 事故处理预案已经制定并已经过演练。

7. 保运工作已落实

① 保运的范围、责任已划分。

② 保运队伍已组成。

③ 保运人员已经上岗并佩戴标志。

④ 保运装备、工器具已落实。

⑤ 保运值班地点已落实并挂牌，实行 24h 值班。

⑥ 保运后备人员已落实。

⑦ 物资供应服务到现场，实行 24h 值班。

⑧ 机、电、仪修人员已上岗。

⑨ 依托社会的维修力量已签订合同。

8. 供电系统已平稳运行

① 仪表电源稳定运行。

② 保安电源已落实，事故发电机处于良好备用状态。

③ 电力操作人员已上岗值班。

9. 备品配件齐全

① 备品配件可满足投产试运需要，已上架，账物相符。

② 库房已建立昼夜值班制度，保管人员熟悉库内物资规格、数量、存入地点，出库及时准确。

10. 通信联络系统运行可靠

① 指挥系统通信畅通。

② 岗位、直通电话已开通好用。

③ 调度、火警、急救电话可靠好用。

④ 无线电话、报话机呼叫清晰。

11. 上下游协调完毕

① 上游气源能提供足够的置换用气和置换后的连续生产供气。

② 下游用户能够按计划接气。

③ 计量交接协议签署完毕。

12. 安全、消防、应急系统已完善

① HSE 评估完毕，并制定相应的安全措施和(或)事故预案。

② 安全生产管理制度、规程，台账齐全，安全管理体系建立，人员经安全教育后取证上岗。

③ 动火制度、禁烟制度、车辆管理制度等安全生产监督管理制度已建立并公布。

④ 道路通行标志及其他警示标志齐全。

⑤ 消防巡检制度、消防车现场管理制度已制定，消防作战方案已落实，消防道路已畅通，并进行过消防演习。

⑥ 岗位消防器材、护具已备齐，人人会用。

⑦ 气体防护、救护措施已落实，制定气防预案并演习。

⑧ 现场人员劳保用品穿戴符合要求，职工急救常识已经普及。

⑨ 安全阀试压、调校、定压、铅封完。

⑩ 压力容器已经质量技术监督部门在投料投产试运之前完成取证工作。

⑪ 盲板管理已有专人负责，进行动态管理，设有台账，现场挂牌。

⑫ 现场急救站已建立，并备有救护车等，实行 24h 值班。

⑬ 应急、救援、处置力量已落实，应急救援体系已建立并正常开展工作。

13. 生产调度系统已正常运行

① 调度体系已建立，各专业调度人员已配齐并考核上岗。

② 投产试运调度工作的正常秩序已形成，调度例会制度已建立。

③ 调度人员已熟悉各种方案。

④ 投产试运期间纳入调度系统的正常管理之中。

14. 内外部条件已完成

管道保护体系已建立，内外部巡线人员已培训上岗。外部条件准备已完成，无重大遗留问题。

15. 现场保卫已落实

① 入厂制度，控制室等要害部门保卫制度已制定。

② 与地方联防的措施已落实并发布公告。

16. 生活后勤服务已落实

① 岗位值班人员的生活条件达标。

② 野外值守店人员的防寒、交通、通信、就餐问题解决。

第四节　投产期间事故及应急预案

投产期间可能发生的事故种类繁多，这就要求在前期要做好事故预防工作，并针对具体的事故制定具体的应急处理措施，编制应急预案。应急预案是指面对突发事件如自然灾害、重特大事故、环境公害及人为破坏的应急管理、指挥、救援计划等。

一、事故类型

长输输气管道在试运投产期间应急事故主要分为自然灾害、事故灾难、公共卫生、社会安全四类。

（1）重大自然灾害

可能发生的重大自然灾害包括：突发性洪汛灾害、突发性气象灾害、突发性地震灾害、突发性地质灾害 4 种。每种灾害都有造成人员伤害和财产损失的风险。

（2）管道事故

因操作失误造成天然气、氮气泄漏事故；因第三方破坏、设备设施故障等造成氮气、天然气泄漏事故，及其引发的次生事故；污液泄漏引起环境污染。

（3）公共卫生事件

投产试运期间各机构员工有发生重大传染病疫情、群体性不明原因疾病、重大食物和职业中毒，以及新传染病的风险。

（4）社会安全

社会安全包括：恐怖袭击事件，群体性突发事件等。

具体事故类型如下：

① 全线置换期间天然气不经过流量计，给氮气段速度的控制带来一定的困难。

② 置换升压过程中，因节流产生冰堵和过大的振动。

③ 场站阀室管道设备泄漏。

④ 线路截断阀室被毁失效。

⑤ 一般地段线路管道破坏、断裂等事故的处理。

⑥ 线路水工保护遭到毁坏后的恢复。

⑦ 线路穿跨越管道事故的处理。公路、铁路穿越管段要重点关注。

⑧ 仪表自动化系统故障。

⑨ 通信系统故障。

⑩ 配电系统故障。

⑪ 雷电产生的危害。

⑫ 静电产生的危害。

⑬ 管道、设备小的机械损伤。

⑭ 线路管道打孔盗气、线路管道小的漏气。

⑮ 置换期间在有管道和设备的室内场所存在人员窒息的风险。

对投产期间存在的事故风险进行识别，并制定事故风险事前预控、事中控制以及事后应对措施，确保管道投产工作的安全、顺利完成。

二、安全要求

1. 前期处置安全要求、措施

① 出现险情时，及时做好安全警戒布控工作，并切断气源对事故段管内天然气进行放空处理。

② 通知并协助地方应急反应部门进行事故区域的人员疏散，交通控制，防止事态进一步恶化。

③ 除工程抢修车外，其他车辆都要远离危险区域；在便于疏散的地方按划定停车位停

放抢修车辆；抢修车辆必须按要求装上防火帽；作业区内保证人员疏散通道和消防通道畅通。

2. 安全作业要求、措施

① 抢修人员进入现场前，必须按规定要求劳保着装，并进行安全教育、进行技术和任务交底，严格按照抢险作业环节施工，并明确各自的职责，不具备安全施工条件的一律不许作业。

② 消防车、干粉灭火器必须提前安排在施工现场指定地方，施工点必须根据抢修作业区的范围要求放置足够的干粉式灭火器，泡沫式消防车进行保障，并根据情况临时配置救护车和正压式空气呼吸器等救护器材和设备。

③ 指定现场安全监护人员，佩戴明显标志，配备专用可燃气体检测仪器、含氧测试仪器，负责各个程序的监护检测。对抢修过程中票证手续不全、安全措施不落实、消防设施不到位、不执行抢修方案等行为，监护人有权提出整改并终止作业。

④ 所有非防爆电器均应置于上风口距事故地点 50m 以外，现场临时用电及配电箱放置要符合电气安全规程，电气开关和手动电动工具要有漏电保护装置。夜间作业时必须使用防爆灯具。

⑤ 抢修施工前，清理现场易燃易爆物，并用可燃气体报警器检测作业场所，达到作业条件后方可作业。

⑥ 抢修车、发电机、电焊机等必须置于上风口距事故地点 10m 以外，其他抢修用车辆等必须置于上风口距事故地点 50m 以外，并随时检测放置地点的可燃气体浓度。

⑦ 指定地点停放作业机具，如氧气瓶、乙炔瓶、电焊机、发电设备等应放在距离动火点上风 20m 外的地方，氧气瓶和乙炔瓶应相距 10m。

⑧ 抢修施工前，清理现场易燃易爆物，并用可燃气体报警器检测作业场所。

3. 防燃、防爆安全要求及措施

① 操作人员必须穿防静电工作服，使用防爆工具。在使用钢质工具进行断管、凿削时，为防止火星产生，须对锤击部位不停地浇水冷却，并用黄油涂抹击凿部位；使用电动抢修工具时，应装配防爆电机与防爆按钮。

② 使用工具要将工具与阀件、设备等接触点、加力工具与工具的接触部位用黄油涂抹，并且浇水防止火花产生；同时，作业现场保持空气流通。

③ 钢管带气焊接时，为防止管内混合气体引爆，管内必须保持 0.1～0.5MPa 的正压，并派专人负责监控压力。需要切割时应尽量采用机械切割的方法，对于要求不高的切割可以采用电焊冲割的方法，操作时应及时将割穿缝处的火苗扑灭并堵塞泄漏点。严禁使用乙炔焰带气切割。

④ 地下金属管道上可能有电流通过(杂散电流、阴极保护装置等)，在管子切割或连接时，在间隙处可能因电流通过而产生火花，因此必须提前消除或切断电流。

⑤ 夜间抢修，严禁使用碘钨灯，应采用防爆照明灯具。灯具距操作点不宜太近，应根据风向、泄漏量大小确定安全间距。

⑥ 禁止外来火种引入抢修现场。建立以泄漏点为中心，半径 20m 以上的范围作为施工安全区，并指派专人进行安全监护。

⑦ 抢修现场上空有电车架空电缆线时，在正上方应设隔离棚，防止摩擦火星坠落沟内。

⑧ 应事先对靠近抢修现场的建筑物进行逐一检查，确定是否有明火，并通知居民或有关人员在带气操作时禁止明火接近。

4. 带气操作现场安全要求

① 地下管道带气操作坑应选用梯形沟槽或斜沟槽，并应大于一般操作工作坑的尺寸，使泄漏的天然气及时得到扩散。

② 凡带气操作，必须配备二人以上施工人员。大、中型的带气操作工程应配备比正常施工增加一倍的人员，保证带气操作人员能轮流调换。

③ 在大量天然气外泄或在封闭场所带气操作时，施工人员必须戴防毒面具，现场配置消防器材，并由专人现场指挥，操作时必须使用防爆工具，工具应轻拿轻放，堆放整齐有序，不许乱丢乱放。

④ 保驾抢险人员在可燃气体大量泄漏情况下进行抢险作业时，必须按要求穿戴好正压式空气呼吸器、防护眼镜、防静电服等安全设备；在抢险作业时，必须有二人以上同时在现场，并随时保持联系。

三、应急预案

应急预案是应急抢修工作的指导性文件，事故中的应急抢修作业必须严格按照应急预案的要求执行。管道分公司应急预案按其实施主体可分为三级：管道分公司级、管理处级和站场级，每个层次都有各类预案。当发生Ⅰ、Ⅱ级事件时，执行管道分公司应急预案。当发生Ⅲ级事件时，执行管理处级应急预案。

（一）应急申报流程

① 场站操作组人员发现应急信息；

② 阀室操作组人员发现应急信息；

③ 巡查人员（或当地群众）发现应急信息；

④ 其他专业组人员发现事故应急信息；

⑤ 地方预警信息。投产期间一旦出现故障或事故，现场人员应立即将应急信息逐级向上报送。

（二）事故应急处理流程

处理事故的整个过程包括：发生险情、启动预案和隐患解除三个步骤。

① 现场发生险情，立即报 EPC（工程总承包）项目部，EPC 项目部接到险情报告后由 EPC 投产保驾领导小组进行初步评估后，按照程序逐级上报；

② 根据险情的类型，由 EPC 项目部发布指令或转发投产指挥部办公室指令，通知发生险情施工区段的投产保驾小组、抢修组立即赶赴事故地点，迅速确定事故发生的位置、环境、规模及可能引发的危害等具体信息，做好警戒工作；

③ 启动预案，出险区段投产保驾小组抢险人员到达现场后，在职责范围内按照应急预案进行处理，并随时向 EPC 应急领导小组报告情况；

④ 当安全隐患已经解除，周围环境影响得到有效控制，已无次生事故发生可能时，应急终止；或得到投产指挥部办公室的危险解除指令，解除应急状态。

（三）具体事故及应急措施

具体事故及应急措施见表 7-3。

表 7-3 具体事故及应急措施

序号	典型风险	风险描述	风险等级	风险消减措施	应急处置方案
1. 事故、自然灾难类					
1	隧道内天然气管道泄漏事件	隧道管道本体缺陷、管道焊接缺陷、遭受恐怖分子袭击或遭受地震、山体滑坡等自然灾害，造成隧道内管道泄漏或管道断裂后天然气大量泄漏	高度风险	（1）封闭隧道进出口 （2）重点部位建议武警值守 （3）投产保驾人员加强巡护，以防为主 （4）告知地方公安部门将此处作为保护重点部位	（1）穿越长度小于 50m 的，铺设临时旁通管道，恢复临时供气 （2）隧道主体未破坏的，换管作业 （3）破坏严重、无法铺设临时旁通的，重建隧道和管道（72h 内无法恢复供气）
2	大中型跨越断管、严重变形、山体滑坡管道移位、管道崾岘塌陷	由于跨越支撑设施重量、管道焊接缺陷、恐怖分子袭击或遇地震、泥石流等灾害造成断管、管道严重变形，致使天然气大量泄漏	高度风险	（1）做好地质灾害预防，加强支撑设施的检查 （2）及时了解洪水和做好预防措施 （3）加强巡护人员巡查 （4）告知地方公安部门将此处作为保护重点部位	（1）跨度长度小于 50m 的，采用斜拉或支撑方法铺设临时旁通管道，恢复临时供气 （2）跨越主体未破坏的，换管作业 （3）破坏严重无法修复，重建跨越支撑和管道（72h 内无法恢复供气）
3	小型跨越断管（长度小于 30m）	由于跨越应力变形、管道焊接缺陷、恐怖分子袭击或遇地震、泥石流等灾害造成断管或者管道严重变形，致使天然气大量泄漏	高度风险	（1）加强两侧支撑设施的检查 （2）及时了解洪水和做好预防措施 （3）加强巡护人员巡查 （4）告知地方公安部门将此处作为保护重点部位	（1）有水的采用锚式脚手架滚轮支架拖拽换管重建 （2）没水的采用滚轮脚手架拖拽换管重建 （3）长度较小的也可采用吊装安装方法
4	线路截断阀室被毁失效	干线阀室由于天然气泄漏遇明火爆炸，恐怖袭击或关键设备失效，管道撕裂，造成天然气泄漏着火等	高度风险	（1）做好阀室安保措施 （2）做好设备检测工作 （3）投产保驾人员加强试运升压期间巡查 （4）告知地方公安部门将此处作为保护重点部位	（1）全体设施修复（首选方案） （2）铺设临时旁通管线（直接加与干线等径旁通） （3）加三道控制阀的干线等径旁通
5	站场遭破坏失效	站场由于恐怖袭击或关键设备失效，局部设施遭到破坏，造成天然气泄漏、着火、爆炸等	高度风险	（1）做好站场安保措施 （2）做好设备检测工作 （3）站场值班人员加强试运升压期间巡查 （4）确保监测报警信息准确 （5）与地方公安部门建立联动	（1）根据遭破坏区域情况，架设局部临时旁通管线 （2）站内管道损坏时，导通全越站流程，更换损坏设备和管道 （3）全越站区遭受损坏参考截断阀室遭受破坏进行修复
6	阀室、站场内法兰大量泄漏	旁通连接处、法兰连接处出现大量泄漏	中度风险	（1）做好法兰检测工作 （2）确保监测报警信息准确	（1）关闭阀门，更换法兰垫片或阀门 （2）放空后采用法兰补强方式进行堵漏

173

序号	典型风险	风险描述	风险等级	风险消减措施	应急处置方案
7	采空区塌陷断管	黄土塬山区管段由于采空区塌陷造成悬管、断裂泄漏、严重扭曲变形中断供气	高度风险	(1) 做好地质灾害分析,提前做好预防 (2) 做好地质检测工作 (3) 加强巡查人员试运升压期间巡查 (4) 和地方部门做好协调工作	(1) 局部断裂泄漏,采用山地换管方案 (2) 长距离撕裂或严重扭曲变形的,加强日常监测,提前治理,恶化时及时改线
8	人口密集管段、重要铁路和公路箱涵穿越处损毁泄漏	人口密集管段、铁路和公路箱涵穿越处由于施工质量、洪水冲刷断裂或第三方施工破坏造成穿孔泄漏	高度风险	(1) 做好穿越进出点的保护措施,做好警示标志 (2) 巡护人员加强试运升压期间巡查 (3) 加强第三方施工监测与管理	(1) 拖拽换管重建箱涵 (2) 区间放空降压,弧板补强、高压夹具或碳纤维补强
9	小型河流穿越处悬管、管道撕裂	洪水冲刷管道覆层,致使管道悬管、撕裂,由于第三方施工破坏,造成天然气大量泄漏	高度风险	(1) 做好河流穿越的保护措施,做好警示标志 (2) 巡护人员加强试运升压期间巡查 (3) 加强第三方施工监测与管理	(1) 铺设临时旁通管道(支墩) (2) 大开挖或沉管换管重建
10	水网沟渠管段被破坏穿孔,大量泄漏	水网沟渠管段由于第三方施工破坏,造成天然气大量泄漏	高度风险	(1) 做好水网穿越的水泥盖板保护,做好警示标志 (2) 巡护人员加强试运升压期间巡查 (3) 加强第三方施工监测与管理	(1) 围堰降水,换管重建 (2) 区间放空降压,弧板补强、高压夹具或碳纤维补强
11	长距离管道悬空	洪水冲刷、泥石流或塌方造成管道超过 30m 长距离悬空	中度风险	(1) 稳管覆土,加强日常监测,提前治理 (2) 加强防汛工作 (3) 巡护人员加强试运升压期间巡查 (4) 管线悬空长度较长时,应视情况采取降压或停输的措施保证安全	(1) 首先要清理掉悬空管段上方的覆土,减少管线的负重 (2) 利用地锚和钢丝绳牵引管道,防止管道在悬空段下沉,发生塑性变形 (3) 做护坡处理防止继续坍塌;采用钢管脚手架支撑,以钢丝绳做拉索 (4) 直接在管线两侧打钢桩以防止管道摆动 (5) 做顺坝使水流人为改道
12	异物卡堵事件	在试运投产期间,由于施工过程中在管道内遗留杂物在管道转角、变径处造成卡堵,或者管道变形造成清管器卡堵事件	中度风险	(1) 建设期间确保管道内清洁 (2) 加强巡查工作,及早发现 (3) 做好清管器跟踪监控工作	(1) 卡堵事件的确认及卡堵原因分析 (2) 冰堵采用降压、蒸汽加热、向管道注入甲醇方法 (3) 管道变形采用切除管段取出清管器和异物的方法

序号	典型风险	风险描述	风险等级	风险消减措施	应急处置方案
13	管道冰堵事件	由于投产期间管道中试压水清理不干净，形成水化物，致使管道发生冰堵	中度风险	（1）建设期间确保管道内清洁 （2）加强巡查工作，及早发现 （3）做好排污工作	（1）冰堵点的确认 （2）采用后端放空、降压措施 （3）开孔向管道注入甲醇
14	输气管道小孔泄漏事件	由于焊接或其他原因使天然管道出现小孔洞，造成天然气泄漏	高度风险	（1）做好管道检测工作 （2）确保监测报警信息准确 （3）做好试运投产期间巡查工作	（1）焊接管帽 （2）安装夹具 （3）局部换管
15	天然气火灾事故	由于天然气泄漏遇明火引发火灾事故	高度风险	（1）做好天然气泄漏预防措施 （2）采用相应等级防爆设施 （3）加强人员巡查工作 （4）确保天然气泄漏报警装置完好 （5）做好防雷接地监测	（1）站场发生火灾时，应首先立即切断气源，启动ESD （2）利用灭火器，扑灭着火点附近可燃物的明火 （3）采用消防水对着火点附近的管线进行不间断冷却 （4）公安消防队到达现场后，将指挥权交给公安消防队
16	天然气爆炸事故	由于天然气泄漏、违反操作规程或其他原因造成天然气泄漏；由于明火或静电等而引起爆炸，站场动火时，防火措施不到位或不得当而引起爆炸；由于地震自然因素和第三方人为破坏等原因而引起爆炸等	高度风险	（1）做好天然气泄漏预防措施 （2）采用相应等级防爆设施 （3）加强人员巡查工作 （4）确保天然气泄漏报警装置完好 （5）做好防雷接地监测	（1）发生爆炸事故后，投产试运操作人员应首先关闭气源 （2）设置警戒线，做好现场警戒保卫工作 （3）做好周边人员的疏散工作 （4）采取倒流程措施，保护站场主要设备，将损失降低到最小
17	氮气、天然气引起窒息事故	置换放空期间、设备泄漏氮气或天然气泄漏，使操作人员因供氧不足而发生窒息，严重时导致人员死亡	高度风险	（1）置换过程测试人员要站在上风口进行检测 （2）合理选择氮气放空点 （3）随时进行氮气或天然气的浓度检测	（1）在处理渗漏时要戴空气呼吸器 （2）迅速撤离危险地带；一旦有人发生窒息，拨打120，并及时将窒息者转移到空气流通处进行急救
18	有害物（站场排污物过量）泄漏事件	由于站场内排污量过大溢出或管道泄漏时发生污物泄漏事故	中度风险	（1）及时清理污液 （2）加强巡查，及时了解排污量	（1）抢险人员佩戴安全设施关断泄漏源 （2）对有害物泄漏点采取塞堵措施，减少泄漏量 （3）防止泄漏物流入下水道、排洪沟；如泄漏在房间内可开窗通风或用轴流风机吹散

序号	典型风险	风险描述	风险等级	风险消减措施	应急处置方案
19	管道漂管事件	管道由于洪水或临时降水造成低洼处积水,池塘及临时浇灌等大量积水汇集,造成管道本体漂浮,导致管道受力,处于危险状态	高度风险	(1) 及时了解沿线降雨及低洼处排水工作 (2) 对灌溉地区及时监控,杜绝大水漫灌 (3) 及时疏导积水 (4) 做好管道配重块及回填工作	(1) 牵拉、压覆、支撑 (2) 修筑导流渠 (3) 设置围堰 (4) 围堰内抽水 (5) 复位管道 (6) 配重及紧固处理 (7) 修筑拦水坝及后期处理
20	与干线相连的阀门注脂嘴泄漏事件	由于设备本体缺陷或由于注脂操作不当引起阀门注脂嘴泄漏	中度风险	(1) 投产前阀门安装检查和维护保养 (2) 规范注脂作业	(1) 关闭故障阀门 (2) 重新注入润滑脂,再检查是否泄漏 (3) 若注脂嘴仍泄漏,根据阀门结构,对于双关断双活塞效应的阀门和泄漏较小,且内止回阀没有损坏的情况,可以在线更换注脂嘴 (4) 安装锁漏接头,合适时机通过区段放空后更换注脂嘴;若无法更换,则更换阀门
21	与干线相连的温度计套管及温度变送器套管泄漏事件	由于设备本体缺陷或焊接质量问题引起套管泄漏	中度风险	(1) 投产前检查 (2) 投产升压期间检、巡查 (3) 做好丝堵备件准备	(1) 泄漏较小时采用丝堵进行封堵 (2) 焊接疤片堵漏 (3) 关闭相关阀门对故障点放空并置换恢复
21	站场调压阀卡阻事件	由于异物及冰堵造成站场调压阀卡阻事件	中度风险	(1) 启用加热器 (2) 采用备用回路	(1) 关闭上下游阀门 (2) 采用加热方法 (3) 采用放空减少冰堵 (4) 拆卸故障调压阀进行清理 (5) 安装检漏
22	站场气液联动阀引压管冰堵事件	气液联动阀引压管可能会因为环境气温较低、天然气水露点过高等因素造成引压管产生冰堵	中度风险	(1) 入冬前排污检查 (2) 加强巡查	(1) 将阀门保护休眠 (2) 关闭引压管阀门 (3) 排空气缸天然气 (4) 松开卡套,将冰堵部位取下加热后清理冰堵位置 (5) 安装、检漏
23	锅炉房、厨房燃料气泄漏事件	由于管道安装法兰、丝扣及其他可能泄漏点发生泄漏	中度风险	定期检查,更换老化部件	(1) 关闭进气阀 (2) 紧固法兰面或更换垫片 (3) 紧固丝扣或加入密封脂 (4) 更换其他漏气部件

序号	典型风险	风险描述	风险等级	风险消减措施	应急处置方案
24	站控 UPS 电源故障中断供电事件	由于 UPS 故障无法给站控系统供电	中度风险	定期检查，维护保养，更换损坏电池	(1) 将 UPS 供电方式转换为直接供电模式 (2) 检查损坏部件及时更换 (3) 维修完毕后切入 UPS 供电模式
25	站内埋地电缆意外损伤事件	由于施工、地面塌陷等原因造成埋地电缆损伤	中度风险	加强巡查、加强施工管理	(1) 及时开挖查找损伤电缆 (2) 对损伤处进行绝缘和防水处理 (3) 对损伤严重的更换 (4) 短时无法恢复的采用临时电缆确保供电
26	站场放空、排污管线泄漏	由于焊接质量、地面下沉等原因造成站场放空、排污管线泄漏	中度风险	加强巡查检漏工作、加强施工管理	(1) 查找泄漏点 (2) 氮气置换 (3) 补焊 (4) 更换管段 (5) 防腐处理
27	线路截断阀自动关闭事件	阀室截断阀因管道运行压力波动变化大或故障自行关闭，且远程控制失效不能进行开阀操作，管线压力持续升高	中度风险	加强巡查	(1) 迅速打开旁通流程 (2) 查找阀门关闭原因并对故障进行修复 (3) 打开截断阀 (4) 关闭旁通流程
28	阀室 1101 #阀引压管卡套轻微泄漏事件	由于安装质量或卡套缺陷造成轻微泄漏	中度风险	加强巡查、检漏	(1) 关闭引压管焊接球阀及泄漏点上游阀门 (2) 排空气缸天然气 (3) 清理卡套并进行紧固 (4) 若仍然泄漏则进行更换 (5) 升压检漏
29	阀门外漏	密封圈损坏；压盖松动；填料失效	中度风险	加强巡查、检漏	(1) 更换阀门 (2) 均匀地将填料压盖上的螺母旋紧 (3) 更换密封圈或新填料
30	分离器各连接部位泄漏	螺栓松动；垫片损坏；基础沉降造成连接部位受力	中度风险	加强巡查、检漏	(1) 连接部位紧固 (2) 更换垫片 (3) 沉降处理，消除应力
31	快开盲板密封泄漏	密封圈损坏；凹槽内有杂质	中度风险	加强巡查、检漏	(1) 更换密封圈，清洗 (2) 密封面 (3) 清理凹槽内杂质

序号	典型风险	风险描述	风险等级	风险消减措施	应急处置方案
32	管道光缆意外损伤	由于第三方施工、农业地区整修排水渠等挖掘作业造成光缆损坏、手孔处破损，硅管局部断裂，光缆局部破损	中度风险	(1) 埋设警示标志 (2) 加强巡查 (3) 加强第三方施工管理 (4) 本体保护	(1) 接到光缆中断报告后，确定中站区间 (2) 开挖临时接头井；架设临时通信 (3) 修砌正式接头井；光缆接续；光缆测试 (4) 作业过程中严格禁止损伤管道
33	电力中断突发事件	由于主供电设备损坏或供电部门故障引起供电中断	中度风险	(1) 加强设备维护 (2) 加强供电部门沟通	(1) 启用发电机进行供电 (2) 修复损坏供电设备 (3) 供电
34	仪表自动化系统故障	由于仪表自动化设备故障引起系统故障	中度风险	(1) 加强设备维护 (2) 加强厂家保驾 (3) 储备必要备件	(1) 查找故障原因 (2) 更换损坏部件 (3) 测试投用
35	通讯系统故障	由于通讯设备故障引起系统故障	中度风险	(1) 加强设备维护 (2) 加强厂家保驾 (3) 储备必要备件	(1) 查找故障原因 (2) 更换损坏部件 (3) 测试投用
2. 公共卫生类					
36	人员触电事故	由于不慎等原因接触到了带电设备或接触到了平常不带电，由于绝缘损坏而带电的设备的金属外壳发生触电事故	高度风险	(1) 制作警示标志 (2) 接地良好 (3) 验电 (4) 穿戴劳保用品 (5) 采用安全电压（12V、36V) (6) 安装保护开关	(1) 首先要使触电者脱离电源 (2) 触电者处于高处，要采取预防措施 (3) 伤员脱离电源后要急救 (4) 未经医疗人员允许，不得给伤员喂药，不得随意摆弄伤者患处
37	人员高空作业坠落事故	由于不慎等原因从高空跌落	中度风险	(1) 制作警示标志 (2) 穿戴劳保用品 (3) 采取高空保护设施	(1) 及时拨打120 (2) 现场进行救护 (3) 医护人员到达后交医护人员处理
38	人员食物中毒事故	由于试运投产人员就餐引起食物中毒事故	中度风险	(1) 食物检查 (2) 正规饭店用餐 (3) 储备应急药品	(1) 拨打120 (2) 保留中毒食物及时送专业部门化验，查找中毒原因
39	群体性疾病突发事件	由于流行疾病或不预见性流行病引起试运投产人员突发疾病	中度风险	(1) 注意个人卫生 (2) 合理安排休息 (3) 储备应急药品	(1) 拨打120 (2) 注意人员隔离

序号	典型风险	风险描述	风险等级	风险消减措施	应急处置方案
3. 社会安全类					
40	安全保卫与防恐突发事件	管道遭受人为破坏或恐怖袭击，管道断裂或天然气严重泄漏导致火灾、爆炸、人员中毒、窒息等严重事故	高度风险	（1）加强巡查 （2）加强和地方公安部门联系 （3）配备足够人员及反恐物资	（1）全力开展人员及财产救援和事态控制工作 （2）组织人员救援、疏散和现场封闭警戒 （3）配合国家及地方政府有关部门做好治安破坏或恐怖袭击事件的应急处置
41	群体性突发事件	由于施工遗留或其他问题等引起的群体性事件	高度风险	（1）及时解决遗留问题 （2）加强和地方政府沟通 （3）加强沿线宣传	（1）与当地党委、政府、公安部门之间的预案对接、联动配合；对携带凶器、爆炸物品的人员，一经发现，要在稳住情绪的同时，立即通知公安机关进行依法收缴和处理 （2）对发生自杀性伤害事件，要立即制止并就近送医院或急救中心抢救
42	突发新闻事件	由于新闻发布不规范引起公众舆论事件	中度风险	（1）学习新闻发布规范 （2）正确进行发布	成立专门新闻发布机构，专人进行发布
43	交通安全	由于试运投产期间沿线各单位需要频繁车辆行驶，道路交通情况差，容易引发交通事故	高度风险	（1）杜绝疲劳驾驶 （2）保障安全行车速度 （3）及时检查保养车辆 （4）进行安全培训	（1）司机发生交通事故，不论损失大小，首先必须要停车，保护现场 （2）造成人身伤亡的，车辆驾驶人应当立即抢救受伤人员，并迅速报告执勤的交通警察或者公安机关交通管理部门 （3）拨打报警电话122，急救电话120 （4）应当按照规定开启危险报警闪光灯并在车后50～100m处设置警告标志

（四）几种典型事故及具体应急措施

表7-3中列出了43种长输管道投产中可能遇到的具体事故，其中管道穿孔事故、管道断裂事故、管道冰堵事故、管道穿越地段天然气泄漏事故、山区段天然气泄漏事故、隧道段天然气泄漏事故、河床段天然气泄漏事故、站内天然气泄漏事故、自然灾害破坏管线及其附属设施、站外管道天然气火灾爆炸、输气站场火灾爆炸、设备(阀门、仪表等)泄漏、天然气中毒事故等为典型事故。下面将详细介绍这些典型事故的处理方式。

1. 管道穿孔事故

（1）临时修复措施

当泄漏孔较小，不会造成事故和影响生产时，可以考虑安装泄漏夹具和装针眼泄漏夹具的临时修复措施进行临时性修复，对于用临时修复措施修复的穿孔，必须实时进行监测，发现有泄漏危险或到停产检修期间时，必须进行返修或换管等永久性处理。

（2）返修焊接

当由于焊接质量问题等造成焊缝处出现小型泄漏（10mm 以下），且焊缝未经过返修工序时，可以考虑采取直接在破损焊缝处进行返修焊接的永久性修复措施。焊接工艺流程见图 7-7。

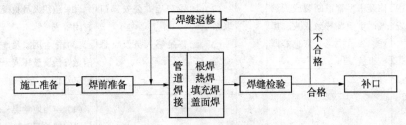

图 7-7　焊接工艺流程图

根据焊接工艺标准要求，焊缝在同一部位的返修不得超过 2 次，根部返修只能进行一次，因此如检测结果显示施焊不成功，应立即报告现场应急指挥部，采取割管换管方式进行抢修作业。

（3）管道防腐补口

焊口无损 X 射线检测、超声波检测合格后，即可进行管道防腐补口工作。工艺流程见图 7-8。

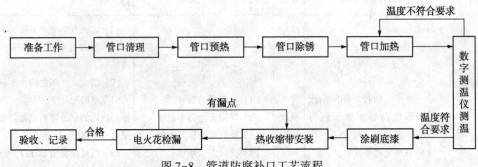

图 7-8　管道防腐补口工艺流程

（4）补伤

由于施焊作业中可能对管体本身防腐层造成破坏，因此在补口作业完成后，要使用电火花检漏仪对开挖管线段管体进行电压检漏。如发现有防腐层破损现象，则应对防腐层进行补伤。

① 管体 3PE 防腐层的补伤。

直径不大于 30mm 的损伤（包括针孔），采用补伤片补伤；

直径大于 30mm 的损伤，先用补伤片进行补伤，然后用热收缩带包裹。用小刀把损伤的边缘修齐，边缘应切成坡口形，坡角小于 30°；

补伤后的外观要 100% 目测，表面要平整、没有烧焦碳化现象，不合格要重新补伤；

补伤处要进行 100% 电火花检漏，检漏电压为 15kV。25℃±5℃时补伤处的剥离强度不低于 50N/cm²。

② 环氧粉末防腐管补伤。

将破损处的杂质及松脱的涂层弄干净；

采用热溶修补棒修补时，用火焰加热器把热溶修补棒溶融到补伤区，待涂层完全固化成膜后，用挫刀将高出防腐涂层的补伤区修平；

补伤完毕后，采用电火花检漏仪检测是否合格。

2. 管道断裂事故

当天然气管道出现较大裂口，甚至出现管道断裂、扭曲、变形时，采用安装夹具或返修焊接的方式已经不能修复管道、保证生产安全和施工质量，此时必须采取更换管段方式进行处理。施工总工序如图7-9所示。

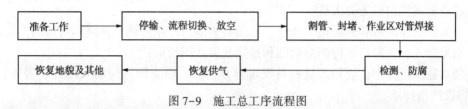

图7-9 施工总工序流程图

3. 道路穿越段天然气泄漏事件

（1）事件控制

① 接到事件信息后，如事故发生地上下游有RTU阀室，调控中心进行远程关闭，管理处通知RTU阀室看护人员进行确认（若调控中心远程关闭失效，则由阀室看护人员实施手动关断）；管理处（巡线队）立即通知就近巡线工到手动截断阀室关闭截断阀；

② 调控中心根据事件所在发生地和上下游压缩机运行情况，通知上下游站场调整压缩机运行工况，通知上游和下游采取相应措施。发生Ⅰ、Ⅱ级事件时，同时启动《天然气供应应急预案》；

③ 管理处立即组织应急人员赶赴事件现场，安排有关人员赶赴事件发生地上下游阀室；

④ 最先到达事故现场人员对事件情况进行确认并汇报；

⑤ 管理处立即向公安部门（110）、医疗急救（120）等部门求援；

⑥ 设立危险区，进行警戒隔离；

⑦ 疏散警戒线内的无关人员；

⑧ 现场人员或管理处立即请求交通、铁路管理部门协助封锁交通，防止无关人员和机动车辆进入警戒区；

⑨ 指派专人在叉路口等待消防部门和抢险救援队伍到来；

⑩ 现场监测过程中，监测人员一旦发现异常情况，应立即向现场人员发出警告，同时报告现场投产指挥部。

（2）具体抢险步骤

① 在事故段上下游阀室处对事故段管线进行放空点火；

② 开挖抢险作业坑；

③ 在两端作业坑内进行动火换管。

4. 山区段天然气泄漏事件

（1）事件控制

① 接到事件信息后，如事故发生地上下游有RTU阀室，调控中心进行远程关闭，管理处通知RTU阀室看护人员进行确认（若调控中心远程关闭失效，则由阀室看护人员实施手动

关断）；管理处（巡线队）立即通知就近巡线工到手动截断阀室关闭截断阀；

② 调控中心根据事件所在发生地和上下游压缩机运行情况，通知上下游站场调整压缩机工况参数，通知上游净化厂和下游用户采取相应措施。发生Ⅰ、Ⅱ级事件时，同时启动《天然气供应应急预案》；

③ 管理处立即组织应急人员赶赴事件现场，安排有关人员赶赴事件发生地上下游阀室；

④ 最先到达事故现场人员对事件情况进行确认并汇报；

⑤ 管理处立即向公安部门（110）、医疗急救（120）等部门求援；

⑥ 设立危险区，进行警戒隔离；

⑦ 疏散警戒线内的无关人员；

⑧ 当天然气泄漏威胁到运输干线时，通知有关部门停止公路、铁路和河流的交通运行；

⑨ 指派专人在叉路口等待消防部门和抢险救援队伍到来；

⑩ 现场监测过程中，监测人员一旦发现异常情况，应立即向现场人员发出警告，同时报告现场投产指挥部。

（2）具体抢险步骤

① 在事故段上下游阀室处对事故段管线进行放空点火；

② 设备进场；

③ 作业坑开挖；

④ 根据事故现场情况，选择采用穿孔补焊或换管的抢修方案，并在现场应急指挥部统一指挥下实施抢修作业；

⑤ 作业过程中对作业区域内的天然气浓度进行实时监测，如应急抢险过程中出现异常情况应紧急疏散；

⑥ 恢复通气，恢复现场。

5. 隧道段天然气泄漏事件

（1）事件控制

① 接到事件信息后，如事故发生地上下游有 RTU 阀室，调控中心进行远程关闭，管理处通知 RTU 阀室看护人员进行确认（若调控中心远程关闭失效，则由阀室看护人员实施手动关断）；管理处（巡线队）立即通知就近巡线工到手动截断阀室关闭截断阀；

② 调控中心根据事件所在发生地和上下游压缩机运行情况，通知上下游站场调整压缩机工况参数，通知上游净化厂和下游用户采取相应措施。发生Ⅰ、Ⅱ级事件时，同时启动《天然气供应应急预案》；

③ 管理处立即组织应急人员赶赴事件现场，安排有关人员赶赴事件发生地上下游阀室；

④ 最先到达事故现场人员对事件情况进行确认并汇报；

⑤ 管理处立即向公安部门（110）、医疗急救（120）等部门求援；

⑥ 设立危险区，进行警戒隔离；

⑦ 疏散警戒线内的无关人员；

⑧ 指派专人在叉路口等待消防部门和抢险救援队伍到来；

⑩ 现场监测过程中，监测人员一旦发现异常情况，应立即向现场人员发出警告，同时报告现场投产指挥部。

（2）具体抢险步骤

① 在事故段上下游阀室处对事故段管线进行放空点火；

② 强排风措施，用大排量风机进行对流强排，必要时可以采用架设临时导风管的措施对隧道内进行排风；

③ 设备进场；

④ 作业坑开挖，由于隧道内空间限制，大型机具难以施展隧道内作业坑的开挖，主要利用风镐或人工完成；

⑤ 根据事故现场情况，选择采用穿孔补焊或换管的抢修方案，并在现场应急指挥部统一指挥下实施抢修作业；

⑥ 作业过程中对隧道内的天然气浓度进行实时监测，如应急抢险过程中出现异常情况应紧急疏散；

⑦ 恢复通气，恢复现场。

6. 河床段天然气泄漏事件

（1）事件控制

① 接到事件信息后，如事故发生地上下游有 RTU 阀室，调控中心进行远程关闭，管理处通知 RTU 阀室看护人员进行确认（若调控中心远程关闭失效，则由阀室看护人员实施手动关断）；管理处（巡线队）立即通知就近巡线工到手动截断阀室关闭截断阀；

② 调控中心根据事件所在发生地和上下游压缩机运行情况，通知上下游站场调整压缩机工况参数，通知上游净化厂和下游用户采取相应措施。发生Ⅰ、Ⅱ级事件时，同时启动《天然气供应应急预案》；

③ 管理处立即组织应急人员赶赴事件现场，安排有关人员赶赴事件发生地上下游阀室；

④ 最先到达事故现场人员对事件情况进行确认并汇报；

⑤ 管理处立即向公安部门（110）、医疗急救（120）等部门求援；

⑥ 设立危险区，进行警戒隔离；

⑦ 疏散警戒线内的无关人员；

⑧ 当天然气泄漏威胁到运输干线时，通知有关部门停止公路、铁路和河流的交通运行；

⑨ 指派专人在叉路口等待消防部门和抢险救援队伍到来；

⑩ 现场监测过程中，监测人员一旦发现异常情况，应立即向现场人员发出警告，同时报告现场投产指挥部。

（2）具体抢险步骤

① 在事故段上下游阀室处对事故段管线进行放空点火；

② 设备进场；

③ 作业坑开挖；

④ 根据事故现场情况，选择采用穿孔补焊或换管的抢修方案，并在现场应急指挥部统一指挥下实施抢修作业；

⑤ 作业过程中对作业区域内的天然气浓度进行实时监测，如应急抢险过程中出现异常情况应紧急疏散；

⑥ 恢复通气，恢复现场。

7. 站内天然气泄漏事件

（1）事件控制

① 采取工艺应急措施，避免遭受更大破坏。站场出现大面积泄漏时，调度中心、站场值班人员和现场作业人员可直接启动 ESD 装置，并按照汇报流程汇报现场有关情况；

② 若进出站阀已关闭，紧急放空阀门已打开，则按放空流程进行放空操作；

③ 若远程操作无法关闭 ESD，在生产区域可以进入的情况下，值班员现场手动关闭站控 ESD，打开紧急放空阀，按放空流程进行放空操作；在生产区域无法进入的情况下，则到站外关闭进出站球阀，并通知管道分公司调度对上下游阀室采取相应措施；

④ 当天然气大量泄漏时，值班员应对值班室内天然气浓度进行检测，必要时立即切断电源，并对现场流程切断情况进行确认；

⑤ 如有必要，现场人员或管理处立即向公安部门（110）、消防部门（119）、医疗急救（120）等部门求援；

⑥ 在现场进行检测，在以事故中心点外 320m 的道路上设置警戒带，消除警戒区内火源；经管道分公司应急指挥中心批准后，请求地方政府协助进行警戒和人员疏散；地方政府到达后，协助地方政府进行警戒疏散；

⑦ 若现场情况无法控制，组织现场人员进行撤离。

（2）抢险措施

① 根据事故现场情况，选择采用穿孔补焊或换管的抢修方案，并在现场应急指挥部统一指挥下实施抢修作业；

② 作业过程中对作业区域内的天然气浓度进行实时监测，如应急抢险过程中出现异常情况应紧急疏散；

③ 恢复通气，恢复地貌。

8. 自然灾害破坏管线及其附属设施

（1）地质灾害应急处理方案

管线所经地段地质条件复杂，表现出一些地质灾害，如崩塌、滑坡、沟谷及坡面强烈切烛、泥石流等；人为改变自然坡脚（修建道路、开荒等）所造成的山区滑坡、泥石流，滑坡、泥石流可造成埋设管道被拉断或切断、管线移位，管线扭曲变形或塑性变形等。主要采取的应急措施有：

① 停止受灾区域内的生产作业和管线输送作业，做好切断和防护措施，并加强灾区管线的监控。

② 尽快安排工程抢险力量进行现场清理工作，清除道路淤泥，保持交通畅通，保证救援物资的运送。

③ 对管道上方覆土层进行开挖，释放由于泥石流产生的附加应力；对管道状况进行检查，如发现管道椭圆度大于 10%、凹坑深度大于 6%，采取换管等措施，发现管道椭圆度大于 5% 小于 10%、凹坑深度大于 2% 小于 6% 采取夹具注环氧树脂、碳纤维及其他补强技术对管道本体损伤进行修复，对于椭圆度小于 5%、凹坑深度小于 2% 的监测使用。

④ 地质灾害导致的管线移位，如果没有造成管道本体结构性能丧失，可进行弹性复位的方法进行复位。

⑤ 采取相应的防护措施，增设挡土墙，管线周围 50m 范围内进行锚固或打桩等临时处理。

⑥ 滑坡、泥石流造成管段周围土方塌陷而没有产生管道本体损伤的，可采用护棚添土加固的方法进行临时处理方法。

⑦ 和国家权威部门联系，对滑坡、泥石流造成自然危害进行永久加固措施。

⑧ 配合地方医疗队伍做好生产区域消毒等疫情防治工作。

⑨ 当地质灾害导致传染性疾病传播时，同时启动管道分公司《公共卫生事件应急预案》。

（2）洪讯灾害应急处理方案

洪讯灾害引起的事故包括冲管、漂管、管道悬空、管道冲断等，由于有水压、水速存在，使现场的事故抢修存在很大的难度。主要采取的应急措施有：

① 切断与关闭措施。

② 根据周围情况设置警戒区，派人进行警戒，防止无关人员和车辆进入警戒区。

③ 加强设施监控和监护。

④ 冲管严重情况下，在被冲管的上下游铺石笼，用 8 号铁线连网成一体；在管道附近冲沟用编织袋装土堆积防护并打钢管固定，以防冲管发展。

⑤ 对沼泽地、季节性河流中的管道采用石笼或水泥 U 形块压在管道之上的方式限制住管道上漂，并且对管道两端进行打桩加固限制住管道两边悠动。

⑥ 由于水流冲刷、施工等原因造成的水下管线的悬空，用草袋子装土，或直接用（根据现场条件）围堰，进行排水，清淤弹性沉管，进行围堰深埋。枯水季节，对这段采取相应的水工保护。

⑦ 对悬空跨度较长的管段，通过强度计算，按照一定的结构跨度，对悬空管段进行打桩加固，管和水泥接触面要加绝缘材料。

⑧ 及时清理现场。

⑨ 对站内、阀室的管道状况进行检查，如发现管道椭圆度大于 10%、凹坑深度大于 6%，采取换管等措施，发现管道椭圆度大于 5%小于 10%、凹坑深度大于 2%小于 6%采取夹具注环氧树脂、碳纤维及其他补强技术对管道本体损伤进行修复，对于椭圆度小于 5%、凹坑深度小于 2%的监测使用。

⑩ 当洪讯灾害同时导致传染性疾病传播时，同时启动管道分公司《公共卫生事件应急预案》。

9. 站外管道天然气火灾爆炸

（1）事件控制

① 接到事件信息后，如事故发生地上下游有 RTU 阀室，调控中心进行远程关闭，管理处通知 RTU 阀室看护人员进行确认（若调控中心远程关闭失效，则由阀室看护人员实施手动关断）；管理处（巡线队）立即通知就近巡线工到手动截断阀室关闭截断阀；

② 调控中心根据事件所在发生地和上下游压缩机运行情况，通知上下游压气站调整压缩机运行，采取气量协调处理措施并通知上游净化厂和下游用户采取相应措施；发生Ⅰ、Ⅱ级事件时，同时启动《天然气供应应急预案》。

③ 管理处人员达到现场后，若地方政府未到现场，协助地方基层行政单位疏散周边人员；若地方政府已到达，告知隔离区范围，配合地方政府进行全面疏散。

④ 当事件威胁到运输干线时，通知有关部门停止公路、铁路和河流的交通运行；

⑤ 外来车辆未经允许一律在警戒线以外沿路边停放，保持道路的畅通；

⑥ 指派专人在十字路口等待消防部门和抢险救援队伍到来。

（2）抢险步骤

① 在事故段两侧阀室对事故段管线进行放空点火；

② 在力所能及的情况下，采取必要措施控制火势扩大，防止对周边居民设施、建筑物、工厂、林地、自然保护区造成更大影响乃至发生次生灾害；

③ 现场救援、灭火完毕后，对事故段管线进行换管抢修。

10. 输气站场火灾爆炸

（1）事件控制

① 采取工艺应急措施，避免遭受更大破坏。站场出现大面积泄漏时，调度中心、站场值班人员和现场作业人员可直接启动 ESD 装置，并按照汇报流程汇报现场有关情况；

② 立即与调控中心联系确认事故点上下游截断阀是否关闭，如未关闭，立即请求调控中心远程关闭 RTU 阀或指令就近工作人员实施手动关断阀；

③ 值班员立即切断电源，并对现场流程切断情况进行确认；

④ 站场人员向消防部门(119)求援，管理处向公安部门(110)、医疗急救(120)等部门求援；

⑤ 迅速帮助受伤、中毒人员脱离现场，采取必要急救措施，并送往医院抢救；

⑥ 若火灾扩散到整个站区，现场情况无法控制，组织现场人员进行撤离；

⑦ 在距事故中心点外 320m 的道路上设置警戒带，禁止无关人员进入，并派人引导地方公安、消防和医疗救援队伍或车辆；

⑧ 经应急指挥中心批准后，请求地方政府协助进行警戒和人员疏散。

（2）抢险步骤

① 使用站内消防设施、器材对初起火灾进行扑救；

② 立即使用站内消火栓对附近管道、设备设施采取降温、隔离措施防止火势蔓延和次生火灾的爆炸；

③ 当协议单位、地方消防队抵达现场时，应服从消防机构的指挥，全力配合消防队伍进行灭火；

④ 火势完全扑灭后，要对管线进一步冷却，驱散周围可燃余气；

⑤ 现场救援、灭火完毕后，对事故段管线进行换管抢修。

11. 设备(阀门、仪表等)泄漏

（1）确定漏气设备(阀门、仪表)的型号、规格，准备好待更换的钢短管、螺栓、垫片、黄油、灭火器及所需工具。

（2）若需要吊车，应安排吊车及时赶赴事故现场，吊离时要操作平稳，避免出现火花。

（3）查明漏气点及漏气原因，确定抢修方案。

（4）关闭相关阀门，进行放散降压。

（5）拆除已坏设备，操作时要使用防爆工具，操作现场要有专人监护。

（6）恢复供气后要对各接口用肥皂水进行验漏，确认不漏。

（7）工程抢修完毕要做好抢修记录，根据实际情况，确定抢修费用及故障原因，编写抢修报告。

12. 其他情况

置换升压阶段，场站人员应编号上岗，1 号为在岗值班人员、2 号、3 号为在站人员。如果场站出现大量泄漏、火灾、爆炸等重大事故，按照 A 类事故应急预案程序及时响应，1号值班运行人员立即启动 A 类应急预案，按下 ESD 按钮，呼唤、通知场站所有人员，迅速撤离现场，上报调度、投产领导小组；2 号运行人员在保证自身安全前提下，迅速关闭配电间电源总开关，并撤离现场；3 号运行人员负责打开逃生路线所有门窗，带领场站其他人员迅速按逃生图撤离现场至安全地带后，拨打 119 报警请求消防支援、120 求救、110 或公安电话请求危险区警戒，设置隔离区，并详细向上级汇报，等待救援；撤离时应注意观察风向，逆风撤离。

第八章 天然气长输管道投产技术应用

川气东送管道工程西起川东北普光首站，东至上海末站，是继西气东输管线之后又一条贯穿我国东西部地区的管道大动脉。管道途经四川、重庆、湖北、安徽、浙江、上海等四省二市，设计输量 $120 \times 10^8 m^3/a$，设计输气压力为 10.0MPa，管径为 1016mm，钢管材质为 X70，全长 2206 km，其中普光–宜昌山区段约 800km，宜昌–上海平原段约 1206km。沿线设输气站场 19 座，阀室 74 座。

本章以川气东送天然气长输管道为例，介绍天然气长输管道的投产方式。其中主要根据梁平分输站–武汉分输站，来详细介绍长输管道投产置换过程。最后将现场采集数据与理论值作比较，验证理论推导和数值结果的正确性。

第一节 川气东送管道投产工艺

一、投产工艺流程

川气东送管道(见图 8-1)干线、达化专线、川维支线、南京支线共计 2070.90km。管道分一期三投、二期三投进行投产，其中一期分为达化专线燕子窝–达化输气站(54.14km)、干线燕子窝–梁平及川维支线(217.42km)、干线普光–燕子窝(59.59km)进行投产，二期中分梁平–武汉(766.27km)、武汉–上海(756.25km)、南京支线(227.02km)管道进行投产，其中干线梁平–武汉管段具有管径大、管道长、途径地形地质复杂等特点。下面将介绍梁平分输站–武汉分输站试运投产方案。

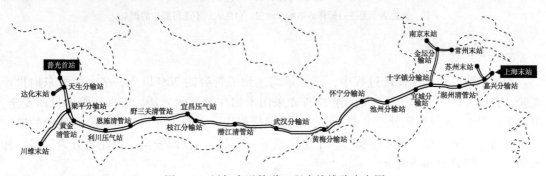

图 8-1 川气东送管道工程全线线路走向图

(一) 投产方式

主要采用天然气–氮气–空气、无隔离器置换，先站场后管线，管道分段投产，人员进驻沿线各阀室，管段精细投产的模式。

首先进行工艺站场和阀室的单体设备及辅助系统调试，再进行置换。置换时，首先置换利川压气站、野三关清管站、宜昌分输站和潜江压气站，在确定好的氮气封存段，置换相关站场阀室，封存氮气。各站场阀室准备好后进行注氮作业，注氮后，进行置换升压作业。检查无误后方可投产供气。

（二）梁平-武汉投产流程

梁平-武汉投产流程如图8-2所示。

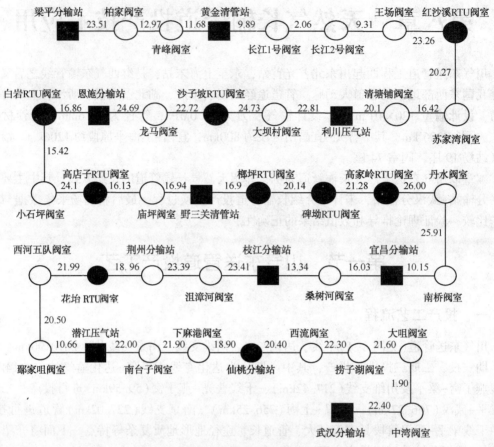

图8-2　梁平-武汉投产工艺流程框图

注：黑色表示要进行操作的站场或阀室，白色表示不进行操作的阀室。

二、投产数据

西气东输、陕京线投产过程中，注氮量均达到了管容的20%以上，结合西气东输投产经验，在川气东送管道工程一期三投中首先采用增加注氮量的方法，来保证管道投产安全。由于干线梁平-武汉管段地形非常复杂，管道翻越起伏，为国内外第一条途经此地形的输气管道，结合一期三投的投产经验，为了保证梁平-武汉管段投产安全，将注氮分为三段，注氮量约为全部管容的20%。

梁平输气站-武汉输气站管段数据分析如下：

梁平输气站-武汉输气站管段之间有特大型长江隧道穿越3处，包括重庆忠县长江钻爆隧道穿越、湖北宜昌长江盾构隧道穿越、湖北武汉长江盾构隧道穿越；大型河流隧道穿越1处，为湖北恩施清江隧道穿越；大型河流悬索跨越1处，为湖北恩施野三河悬索跨越；山体隧道52条。梁平-宜昌段沿线地形地貌极端复杂，管线穿越崇山峻岭、山谷河流，管道在多处形成大落差起伏，因而给管道的试运投产带来了极大的不确定性和风险因素。其中，忠县-石柱段管线地貌为丘陵区；石柱-利川段管线地貌为中山地貌，地形起伏大，深切峡谷；利川-野三关段管线地貌为鄂西南褶皱山地，区域地势陡峻，河谷深切，地形高差变化大，

188

地形复杂，起伏较大；野三关-宜昌段管线地貌为中山地貌，管道走向地形起伏大；宜昌-武汉段管线地貌为丘陵和平原区。

经过对该段管道地形地貌以及地质特点的深入研究，并结合一期投产管道的成功经验，该段管道投产置换首次采用了"先站场后管线"的置换模式，但是为了安全稳妥、万无一失，该段管道依然采用了20%左右的高注氮量。

梁平-武汉管段投产过程中，首先对沿线站场进行了氮气置换，在置换过程中大大减少了站场的操作，大大缩短了置换时间和提高了置换效率，同时也降低了氮气损耗量，并检查了站场漏点约108项。梁平-武汉管段置换过程中，发现枝江输气站放空立管因施工问题被泥土堵塞，因此枝江-沮漳河管段间氮气段全部成为混气段，氮气段在余积湖阀室进行放空，因此在本次投产中未能进行有效利用，二期一投进行武汉输气站站内置换时，放空纯氮气约为3h。最终除去枝江输气站-沮漳河阀室之间封存氮气所产生的混气段，此次投产有效利用纯氮气长度为104.54km，利用的氮气长度约占整个管长的13.7%，共产生的混气长度为11.362km，约占整个氮气段长度的13.5%。置换完毕后，对管道全线分三个阶段进行升压作业使管道依次升压至1.2MPa、4.0MPa和7.8MPa，并保证管道运行良好。

由于该段管道地形较为复杂，对投产置换过程会产生一定的影响，事实上该影响是多方面的。同时在管道升压过程中发现由于管道高程会影响到站场压力，压力差会随着管道压力、高程差发生变化。

从图8-3可以看出，梁平-宜昌段管道地形高程起伏剧烈，这会对保证天然气流速、控制混气段长度产生一定的影响，进而威胁管道的安全投产置换。所以对川气东送管道系统来讲，该段管道为全线的技术关键点，解决好该段管道的投产置换对整个管道来讲具有重要的战略意义。

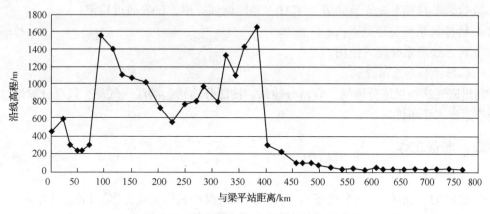

图8-3　梁平输气站-武汉输气站高程图

第二节　川气东送管道投产置换

一、投产条件确认

1. 管道清管

川气东送管道二期梁平分输站-武汉分输站管道投产前，完成川气东送管道工程一期清管工作。

2. 管线和阀室

① 全线完成管道强度试压、严密性试压，并检验合格；

② 全部线路阀室安装完毕，试压合格；

③ 站间完成清管、干燥作业，并由运行单位、项目部、监理单位确认；

④ 管道水工保护通过预验收；

⑤ 管线"三桩"已埋设到位并按要求进行编号及定位；

⑥ 阴极保护系统安装调试完毕，各测试点数据达到设计要求；

⑦ 沿线阀室设备完成调试，阀室基建设施全部完成。

3. 站场工艺与设备

① 站场工艺设备安装完毕；

② 完成吹扫、强度试压；

③ 完成气密性试验并干燥合格，由运行单位、项目部、监理单位确认；

④ 放空、点火设施具备操作条件；

⑤ 压力容器检测校验合格，按规定办理注册登记与使用许可手续；

⑥ 安全阀校验合格；

⑦ 站场预留口或连接点必须确保在运行压力下密封不泄漏；

⑧ 不参与投产工艺管线和设备进行有效隔离。

4. 辅助系统

① 电气与防雷防静电接地系统施工完毕，符合设计及规范要求，并检验合格；

② 消防与可燃气/火灾检测报警系统，经当地消防部门检定验收，并检定合格投入使用；

③ 仪表、自控系统安装完毕，SCADA 系统调试完毕，仪表通过检定；

④ 给排水系统安装完毕；

⑤ 污水处理系统投入使用。

5. 站场办公和生活设施

利川压气站、恩施分输站、宜昌分输站、枝江分输站、潜江压气站、武汉分输站站场综合楼应达到入住条件。

二、准备工作

1. 方案准备

① 投产前，完成《川气东送管道工程二期试运投产总体实施方案》并通过上级部门审批；

② 投产前，编制完成各站场、阀室《试运投产实施细则》。

2. 人员准备

① 投产前，所有试运投产人员均应到位。投产前置换升压操作人员应进行工艺操作培训并经考试合格。需持证操作的岗位，持证率应达到100%。

② 由项目部、施工单位、设备供应商人员组成的保驾抢修队伍应全部到位。

3. 规章制度准备

① 健全本工程运营管理组织机构，制定投运管理制度，配备岗位人员；建立站场管理制度、操作规程；

② 编制完成投产站场所需的工艺、设备、自控、阴极保护、电气、通信、安全消防等

专业的操作维护手册；

③ 编写完成管理处 HSE 作业文件及管理处级、站场级应急预案。

4. 气源准备

① 氮气资源。需要液氮 240.5t。其中 84.3t 封存在干线梁平分输站-黄金清管站管段内，封存压力 0.04MPa（表压）；91.6t 封存在恩施分输站-高店子 RTU 阀室管段内，封存压力 0.03MPa；32.2t 封存在枝江分输站-沮漳河阀室管段内，封存压力 0.01MPa；恩施分输站、枝江分输站各储备 15t 液氮备用；提前置换利川压气站、野三关清管站、宜昌分输站和潜江压气站，用氮气 2.4t。如图 8-4 所示。

② 天然气资源。天然气气质达到《天然气》规定的二类气质要求，本次梁平-武汉分输站管段置换升压需天然气 $4887 \times 10^4 \text{m}^3$。

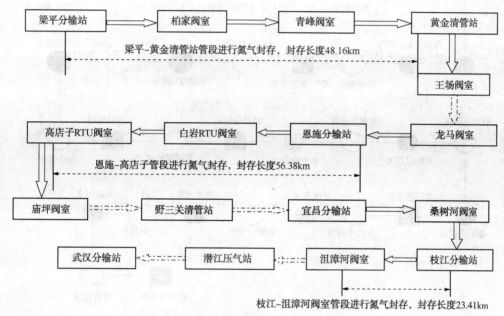

图 8-4　氮气封存区段示意图

5. 工艺操作准备

整个置换过程中，分别在红沙溪、清塘铺、沙子坡、碑坳、丹水、花垭、鄢家咀、下麻港、西流、大咀阀室和利川压气站、恩施分输站、野三关清管站、宜昌分输站、枝江分输站、潜江压气站、武汉分输站进行放空。

除武汉分输站、恩施分输站和枝江分输站外，其他放空点在检测到氮气-空气混气头后立即关闭放空流程。

恩施分输站在检测到纯氮气后，关闭放空流程，第一段剩余纯氮气汇合第二段氮气继续进行下游管道置换；枝江分输站在检测到纯氮气后，关闭放空流程，第二段剩余纯氮气汇合第三段氮气继续进行下游管道置换；武汉分输站在完成站内氮气和天然气置换作业后关闭放空流程。

沿线放空操作阀室干线和旁通全部导通，放空阀门打开。

沿线氮气封存阀室（高店子 RTU 阀室和沮漳河阀室）干线截断阀和旁通阀门全关。

沿线不进行操作的阀室，保持干线和旁通全部导通，放空阀门关闭。

沿线所有阀室的气液联动执行机构必须在投产前，阀门与执行机构的限位准确；储液罐内的液压油位已检查；动力气源与检测管根部阀关闭并确认执行机构储气罐内无气压；气液联动阀门能灵活操作，阀门可通过液压方式开关到位。

梁平-武汉管段置换投产示意图见图8-5。图中灰色表示氮气封存站场、阀室，黑色表示置换时进行放空操作的站场和阀室，白色表示不进行操作的阀室。

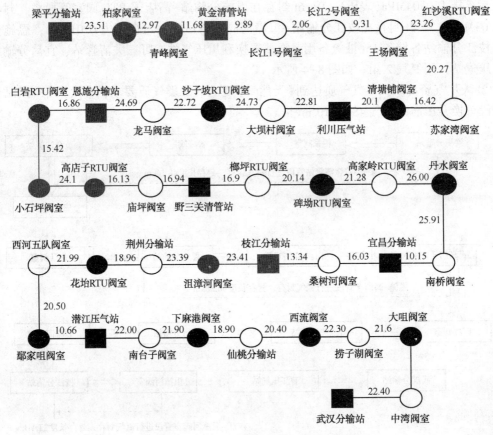

图8-5 梁平-武汉管段置换投产示意图

6. 保运准备

投产前，请上级单位组织管道工程建设项目部确定保驾抢修组织机构，完成保驾抢修物资准备，保驾抢修队伍和设备机具在所有阀室和站场待命并处于随时行动的状态；完成应急预案的编制，制定不同事故状态下的应急措施和方案。

7. 资料及运行准备

① 工艺流程图、工艺管道仪表流程图等主要图纸齐全；

② 主要设备、电气、自控、通信、消防报警系统图纸资料齐全；

③ 运行用值班记录、报表等准备就绪；

④ 现场工艺设备、阀门编号，介质流向标识到位；安全警示牌等配备到位。

三、置换参数

（一）注氮量

1. 川气东送梁平-武汉段注氮方案

分析了川气东送管道一期置换投产的实际用氮量及其他管线置换投产时纯氮气段长度的

变化情况，考虑场站氮气用量以及管道沿线地形地貌影响，管道氮气注入量按被置换管段容积的 16.97% 考虑。

第一段氮气封存区间：梁平分输站-黄金清管站 48.16km 管段，注氮量为 84.3t，封存压力 0.04MPa(表压)；

第二段氮气封存区间：恩施分输站-高店子 RTU 阀室 56.38km 管段，注氮量为 91.6t，封存压力 0.03MPa；

第三段氮气封存区间：枝江分输站-沮漳河阀室 23.41km 管段，注氮量为 32.2t，封存压力 0.01MPa；

投产前，提前完成利川压气站、野三关清管站、宜昌分输站、潜江压气站站内氮气置换，并经氮气封存在站内；共用 2.4t 液氮。

由于本次投产管段的地形地貌极其复杂，为确保安全，防止置换作业过程中氮气量不足，在恩施分输站和枝江分输站分别储备 15t 液氮。

本次投产需注氮 210.5t，备用 30t，共计 240.5t。

2. 实际投产过程中注氮量

对于梁平-武汉管段，投产过程中，注入液氮为 203.08t，标准状况下转化为气体体积为 164089m³，注入管道内纯氮气约为 128387m³，平均损耗率为 19.38%。投产过程中，由于枝江输气站-沮漳河阀室氮气全部放空，即实际利用氮气 107211m³ 约 168t，约占管容的 18.6%，实际注入利用氮气长度为 104.54km，氮气段在余积湖阀室未放空前实际长度约为 70km，在武汉站纯氮气长度仍约为 60km，约为 4.5×104m³，约 71t 氮气，因此从梁平-武汉管段投产过程看，保守考虑注入氮气约 110t，即管容的 12% 就能保证满足投产要求。

(二) 管道天然气推进速度

混气段性质是置换效果的重要研究对象。菲克定律指出，混气实际上是气体扩散运动，而实际充气时气体流态起着更关键的作用。紊流动量传递理论——普兰特混合长度理论认为：在紊流的固体边壁或近壁处，混合长度正比于质点到管壁的径向距离，基于此，紊流状态下混合长度不会很大，是可以接受的，而如果是层流状态，则气体容易形成"楔头"，混合长度就比较大。为减小混合长度，气体必须保持在紊流状态。

因此，在置换过程中，天然气推进速度在很大程度上决定了混气长度，尤其是天然气注入压力比注入的氮气压力大、流速高时，会相互挤压，加速气体扩散，导致混气段增长。若天然气推进速度不当，在层流状态下运动，会产生大量的混气，而在保证实际作业可行前提下，用于置换的时间越少越好，但一定要确保管道置换安全可靠。因此在置换过程中，要科学地确定天然气推进速度。

天然气推进速度控制在 3~5m/s 时，混气速度最小，为了保证置换过程能高效完成，可适当增大天然气推进速度，这也能够满足投产要求，但混气段有所变长；天然气推进速度变小时，混气段明显变长，因此建议天然气推进速度不小于 3m/s。

(三) 站间天然气推进速度

站间速度的突然变化，对混气段有较大的影响。站间运行速度控制为 3~5m/s 时，混气段明显变小，当站间速度大于 5m/s 或小于 3m/s 时，混气段均有一定程度上的变长。但从一期三投和二期一投梁平-武汉管段的置换过程可以看出，无论是整体的平均速度还是站间速度，稍大于投产试运行规范中要求的 3~5m/s 时并没有出现混气段急速增长现象，整个投产过程较为安全。适当地增加置换速度是可行的，《天然气管道试运行规范》中要求置换速度不应超过 5m/s 的要求是比较保守的。

通过以上分析，管道进行注氮作业时，氮气注入时氮气的推进速度控制在 0.6m/s 以上；天然气注入时天然气-氮气-空气的置换平均推进速度建议控制在 3~5m/s。为保证管道投产高效安全完成，可适当增大流速，但置换速度过高会使管道内的焊渣等可移动物在高速气流的携带下运动，易与管道碰撞，产生电火花，给投产安全带来隐患；且置换速度过高，也会增大混气段长度。因此天然气推进速度不宜大于 10m/s 或小于 3m/s。

四、注氮置换

梁平-武汉管段投产过程中，采用了先站场后干线的"气推气"置换工艺。首先对沿线站场进行了氮气置换，在置换过程中大大减少了站场的操作，大大缩短了置换时间和提高了置换效率，同时也降低了氮气损耗量，并检查了站场的漏点，梁平-武汉管段置换过程中，发现枝江输气站放空立管因施工问题被泥土堵塞，但通过先站场置换的生产模式，避免了对全线的影响，确保了投产一次成功。

（一）氮气封存区间

氮气封存区间如图 8-4 所示。

（二）氮气封存段注氮流程

黄金清管站、恩施分输站、枝江分输站及氮气封存区间的阀室在注氮期间完成氮气置换作业。

梁平分输站-黄金清管站：注氮时首先分别打开柏家阀室、青峰阀室的放空阀门，并在柏家阀室、青峰阀室检测氮气-空气混气头气头，检测到氮气-空气混气头后立即关闭放空阀门；

恩施分输站-高店子 RTU 阀室：注氮时首先分别打开白岩 RTU 阀室、小石坪阀室放空阀门，并在白岩 RTU 阀室、小石坪阀室检测氮气-空气混气头，检测到氮气-空气混气头后立即关闭放空阀门。

分别在黄金清管站、高店子 RTU 阀室、沮漳河阀室进行氮气隔离，检测到纯氮气后立即关闭放空，确保封存段氮气的纯度。

（三）各站场、阀室注氮置换

1. 梁平分输站注氮作业

① 梁平分输站注氮点选定为 CV106 处，接口尺寸 50mm（2in），法兰连接（注氮需要拆装 CV106）。

② 注氮作业前流程：

CV106→BV109→下游阀室。

③ 注氮作业操作。打开 BV109，向下游管线注入氮气，注氮速度控制在 3~5m/s。

2. 柏家、青峰阀室氮气置换作业

置换流程见图 8-6。

① 上游来气→ESDV101→下游阀室；

② 上游来气→BV101→CV101→BV102→下游阀室；

③ 放空阀门 CV102 打开；

④ 检查点：PG101；

⑤ 氮气置换操作。在压力表 PG101 处，当检测人员检测到氮气-空气混气头后（含氧量低于 18%并 3 次确认），关闭 CV102 阀，其余阀门状态保持不变。

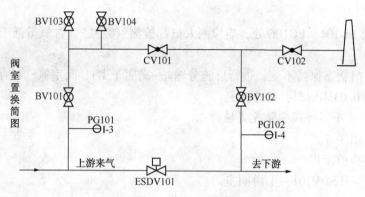

图 8-6　柏家、青峰阀室置换简图

3. 黄金清管站氮气置换作业

（1）氮气置换前流程

① 上游来气→进站 ESDV122→分离区（ROV105A/D、ROV106A/D）→发球筒（ROV103、ROV104）→下游阀室；

② 上游来气→BV101→CV101→放空；

③ 收球筒 ROV101、ROV102 全部打开；收球筒、分离区排污阀门、排污罐放空阀门全部打开；

④ 干线 ESDV121 及其旁通全关，出站 ESDV123 阀门及其旁通全关。

（2）检测点

PG101、PG106、PG104、PG301。

（3）氮气置换操作

① 在压力表 PG101 处，当检测人员检测到纯氮气（含氧量低于 2%）后，关闭 BV101、CV101；

② 在压力表 PG106 处，当检测人员检测到纯氮气（含氧量低于 2%）后，关闭 ROV104；

③ 在压力表 PG104、PG301 处，当检测人员都检测到纯氮气（含氧量低于 2%）后，由近及远依次关闭收发球排污阀门、分离器排污阀门；

④ 其余阀门状态保持不变，进行梁平分输站-黄金清管站氮气封存作业，当黄金清管站压力达到 0.04MPa 时，停止注氮。

4. 恩施分输站氮气置换作业

恩施分输站注氮点选定为 BV115 处，接口尺寸 50mm（2in），法兰连接。

（1）氮气置换前流程

① 注氮设备→BV115、BV114→ESDV121 及其旁通→ROV104、ROV105、ROV106→下游阀室；

② 注氮设备→BV115、BV114→ROV103→排污罐；

③ 进站 ROV101 及其旁通全关；ROV102 阀门全关。

（2）检测点

PG102、PG301、PG104、PG106。

（3）氮气置换操作

① 在压力表 PG102、PG301 处，当检测人员检测到纯氮气（含氧量低于 2%）后，关闭收

球筒排污阀门；

② 在压力表 PG104、PG106 处，当检测人员都检测到纯氮气(含氧量低于 2%)后恩施分输站置换完毕；

(4) 其余阀门状态保持不变，进行恩施分输站-高店子 RTU 阀室氮气封存作业，当高店子阀室压力达到 0.03MPa 时，停止注氮。

5. 白岩 RTU、小石坪阀室氮气置换作业

置换流程见图 8-7。

(1) 氮气置换前流程

① 上游来气→ESDV101→下游阀室

② 上游来气→BV101→CV101→BV102→下游阀室

③ 放空阀门 CV102 打开

(2) 检测点

PG101。

(3) 氮气置换操作

在压力表 PG101 处，当检测人员检测到氮气-空气混气头后(含氧量低于 18% 并 3 次确认)，关闭 CV102 阀，其余阀门状态保持不变。

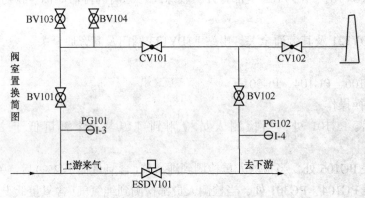

图 8-7　白岩 RTU、小石坪阀室置换简图

6. 高店子 RTU 阀室氮气置换作业

(1) 置换前流程

上游来气→BV101→CV101→CV102 放空；ESDV101、BV102 全关。

(2) 检测点

PG101。

(3) 氮气置换操作

在压力表 PG101 处，当检测人员检测到氮气-空气混气头后(含氧量低于 18% 并 3 次确认)，关闭 CV102 阀，其余阀门状态保持不变。

7. 枝江分输站氮气置换作业

枝江分输站注氮点选为 BV143 处，接口尺寸 250mm(10in)，法兰连接。

(1) 氮气置换前流程：

① 注氮设备→BV143→进站 ESDV122→BV102→下游阀室；

② 注氮设备→BV143→分离区(BV109A/B、ROV102/B)→加热炉区→计量区(FB-

BV130A/B、ROV104A/B）→调压区（ROV105A/B、BV132A/B）→放空（BV135、BDV102、BV138、GLV109）→分离器→排污罐→放空 BV104→自用气撬→放空；

③ ESDV121、BV101、BV112 阀门全关。

（2）检测点

PG104、PG120、PG301、PG165。

（3）氮气置换操作：

① 在压力表 PG104 处，当检测人员检测到纯氮气（含氧量低于 2%）后，关闭 BV114B，打开 BV112；

② 在压力表 PG165 处，当检测人员检测到纯氮气（含氧量低于 2%）后，关闭放空；

③ 在压力表 PG301 处，当检测人员检测到纯氮气（含氧量低于 2%）后，关闭分离器排污阀及排污罐放空阀门；

④ 在压力表 PG120 处，当检测人员都检测到纯氮气（含氧量低于 2%）后，关闭放空阀门；

⑤ 检测到纯氮气（含氧量低于 2%）后，关闭分离器排污阀及排污罐放空阀门。

8. 沮漳河阀室氮气置换作业

（1）注氮前准备

① 上游来气 BV101→CV101→CV102 放空

② ESDV101、BV102 全关。

（2）检测点

PG101。

（3）氮气置换操作

在压力表 PG101 处，当检测人员检测到纯氮气后，关闭 CV102 阀，其余阀门状态保持不变。

9. 利川压气站氮气置换作业

利川压气站注氮点选为 BV128 处，接口尺寸 50mm（2in），法兰连接。

（1）氮气置换前流程

① 注氮设备 → BV128 → 分离区（ROV105A/D、ROV106A/D）→ ROV201 → 发球筒（ROV103）→放空（BV110、BDV102、BV111、GLV103 以及发球筒放空）；

② 注氮设备→BV128→分离器（收球筒）→排污罐→放空；

③ BV126→自用气撬→放空；

④ ESDV121、ROV101、ESDV122、ROV104、ESDV123 阀门全关。

（2）检测点

PG107、PG301、PG164、PG165。

（3）氮气置换操作

① 在压力表 PG107 处，当检测人员检测到纯氮气（含氧量低于 2%）后，关闭出站、发球筒放空；

② 在压力表 PG164、PG165 处，当检测人员检测到纯氮气（含氧量低于 2%）后，关闭自用气撬放空；

③ 在压力表 PG301 处，当检测人员检测到纯氮气（含氧量低于 2%）后，关闭分离器和收球筒排污阀及排污罐放空阀门。

10. 野三关清管站氮气置换作业

野三关清管站注氮点选为 BV117 处，接口尺寸 50mm(2in)，法兰连接。

（1）氮气置换前流程

① 注氮设备→BV117→进站 ESDV122→BV102→下游阀室；

② 注氮设备→BV117→分离区（ROV105A/D、ROV106A/D）→发球筒（ROV103）→放空；

③ 注氮设备→BV117→分离器（收球筒）→排污罐→放空；

④ BV126→自用气撬→放空；

⑤ ESDV121、ESDV122、ESDV123、ROV101、ROV104 阀门全关。

（2）检测点

PG106、PG301、PG164、PG165。

（3）氮气置换操作

① 在压力表 PG106 处，当检测人员检测到纯氮气（含氧量低于 2%）后，关闭出站和发球筒放空；

② 在压力表 PG164、PG165 处，当检测人员检测到纯氮气（含氧量低于 2%）后，关闭自用气撬放空；

③ 在压力表 PG301 处，当检测人员检测到纯氮气（含氧量低于 2%）后，关闭分离器和发球筒排污阀及排污阀放空阀门。

11. 宜昌分输站氮气置换作业

宜昌分输站注氮点选为 BV117 处，接口尺寸 50mm(2in)，法兰连接。

（1）氮气置换前流程

① 注氮设备→BV117→进站 ESDV122→BV102→下游阀室；

② 注氮设备→BV117→分离区（ROV105A/D、ROV106A/D）→发球筒（ROV103）→放空；

③ 注氮设备→BV117→分离器（收球筒）→排污罐→放空；

④ BV126→自用气撬→放空；

⑤ ESDV121、ESDV122、ESDV123、ROV101、ROV104 阀门全关。

（2）检测点

PG106、PG301、PG164、PG165。

（3）氮气置换操作

① 在压力表 PG106 处，当检测人员检测到纯氮气（含氧量低于 2%）后，关闭出站和发球筒放空；

② 在压力表 PG164、PG165 处，当检测人员检测到纯氮气（含氧量低于 2%）后，关闭自用气撬放空；

③ 在压力表 PG301 处，当检测人员检测到纯氮气（含氧量低于 2%）后，关闭分离器排污阀及排污罐放空阀门。

12. 潜江压气站氮气置换作业

利川压气站注氮点选为 BV128 处，接口尺寸 50mm(2in)，法兰连接。

（1）氮气置换前流程

① 注氮设备 → BV128 → 分离区（ROV105A/D、ROV106A/D）→ ROV201 → 发球筒（ROV103）→放空（BV110、BDV102、BV111、GLV103 以及发球筒放空）；

② 注氮设备→BV128→分离器（收球筒）→排污罐→放空；

③ BV126→自用气撬→放空；

④ ESDV121、ROV101、ESDV122、ROV104、ESDV123 阀门全关。

（2）检测点。

PG107、PG301、PG164、PG165。

（3）氮气置换操作

① 在压力表 PG107 处，当检测人员检测到纯氮气（含氧量低于 2%）后，关闭出站、发球筒放空；

② 在压力表 PG164、PG165 处，当检测人员检测到纯氮气（含氧量低于 2%）后，关闭自用气撬放空；

③ 在压力表 PG301 处，当检测人员检测到纯氮气（含氧量低于 2%）后，关闭分离器和收球筒排污阀及排污罐放空阀门。

（四）全线置换

梁平分输站-黄金清管站：注氮时首先分别打开柏家阀室、青峰阀室的放空阀门，并在柏家阀室、青峰阀室检测氮气-空气混气头，检测到氮气-空气混气头后立即关闭放空阀门；

恩施分输站-高店子 RTU 阀室：注氮时首先分别打开白岩 RTU 阀室、小石坪阀室放空阀门，并在白岩 RTU 阀室、小石坪阀室检测氮气-空气混气头，检测到氮气-空气混气头后立即关闭放空阀门。

分别在黄金清管站、高店子 RTU 阀室、沮漳河阀室进行氮气隔离，检测到纯氮气后立即关闭放空，确保封存段氮气的纯度。

置换速度在梁平分输站进行控制，在武汉分输站进行放空点火。

1. 置换气源

川气东送管道梁平分输站-武汉分输站管段置换和升压气源：采用清溪气井的天然气做为置换气源，采用普光净化厂的天然气做为升压气源。

梁平分输站-武汉分输站置换升压共需 $4887×10^4 m^3$ 天然气，其中置换用天然气 $100×10^4 m^3$。

2. 置换程序

（1）气质检测

置换前，对天然气进行取样化验，并给出气质报告，合格后方可向梁平下游管道进气，开始进行置换作业。

（2）投产指令发布

① 确认具备投产条件；

② 现场投产指挥部根据气质情况和投产条件发布投产指令；

③ 各指挥分部、站场、阀室进入投产状态，按投产指令实施。

（3）置换作业汇报流程

置换作业期间，各站场（阀室）置换升压作业组负责人在检测到氮气空气混气头、纯氮气、氮气-天然气混气头、纯天然气头时，通知下游进行置换操作作业的站场（阀室），同时向现场指挥部汇报。由现场指挥部向各分部发布信息。

（4）置换流程示意图

置换流程示意图见图 8-8~图 8-12。

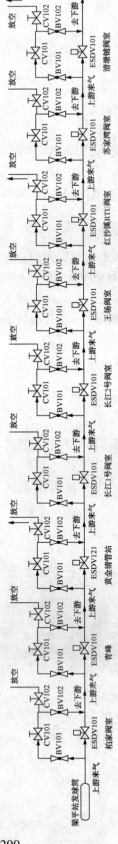

图 8-8 梁平分输站-清塘铺阀室置换流程图

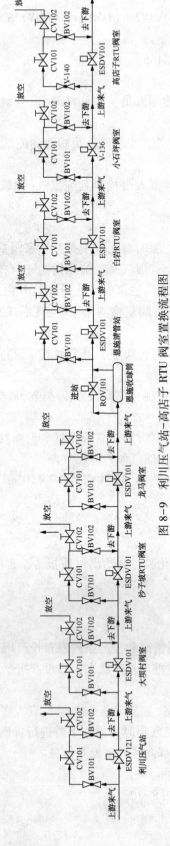

图 8-9 利川压气站-高店子 RTU 阀室置换流程图

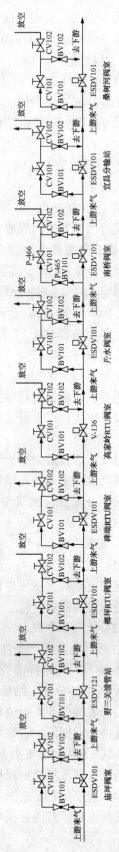

图 8-10 庙坪阀室-柔树河室置换流程图

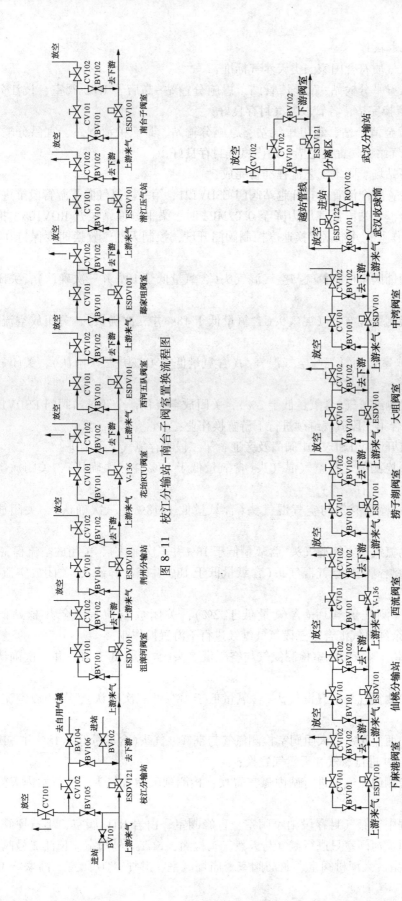

图 8-11 枝江分输站-南台子阀室置换流程图

图 8-12 下麻港阀室-武汉分输站置换流程图

说明：上图为梁平-武汉区段置换投产前各站场、阀室的工艺流程，有放空箭头标注的为放空站场或阀室。

3. 置换过程的基本操作

① 置换前，确认气质符合国家二类天然气标准；

② 置换前，确认梁平分输站-黄金清管站、恩施分输站-高店子 RTU 阀室、枝江分输站-沮漳河阀室氮气置换完毕，各管段氮气封存良好；

③ 置换前确认黄金清管站、利川压气站、恩施分输站、野三关清管站、宜昌分输站、枝江分输站、潜江压气站氮气置换完毕，站内氮气封存良好；

④ 置换前确认各站场、阀室工艺流程准备完成；

⑤ 按照投产指令，黄金清管站打开越站阀门 ESDV121，第一段氮气向下游管段推进；

⑥ 当梁平—黄金清管站段氮气压力降至 0.02MPa 时，梁平分输站缓开 ROV105，推进第一段氮气进行置换作业；并根据置换速度控制阀门开度，控制天然气置换速度保持在 3~5m/s；

⑦ 红沙溪、清塘铺阀室检测氮气与空气混气头（含氧量低于 18%并三次确认），关闭放空流程；

⑧ 利川压气站检测氮气与空气混气头（含氧量低于 18%并三次确认），关闭放空流程，保持全越站流程；

⑨ 沙子坡 RTU 阀室检测氮气与空气混气头（含氧量低于 18%并三次确认），关闭放空流程；

⑩ 恩施分输站检测纯氮气（含氧量低于 2%），关闭放空流程，全开越站阀门 ESDV121，第一段剩余纯氮气汇合第二段氮气继续进行下游置换作业；

⑪ 高店子阀室打开干线 ESDV101 阀门及旁通，第二段封存氮气下游推进；

⑫ 野三关清管站检测氮气与空气混气头（含氧量低于 18%并三次确认），关闭放空流程，保持全越站流程；

⑬ 碑坳 RTU 阀室检测氮气与空气混气头（含氧量低于 18%并三次确认），关闭放空流程；

⑭ 丹水阀室检测氮气与空气混气头（含氧量低于 18%并三次确认），关闭放空流程，；

⑮ 宜昌分输站检测氮气与空气混气头（含氧量低于 18%并三次确认），关闭放空流程，保持全越站流程；

⑯ 枝江分输站检测纯氮气后（含氧量低于 2%），关闭放空流程，全开越站阀门 ESDV121，第二段剩余纯氮气汇合第三段氮气继续进行下游置换作业；

⑰ 花垱 RTU 阀室、鄢家咀阀室检测氮气与空气混气头（含氧量低于 18%并三次确认），关闭放空流程；

⑱ 潜江压气站检测氮气与空气混气头（含氧量低于 18%并三次确认），关闭放空流程，保持全越站流程；

⑲ 下麻港阀室、西流阀室、大咀阀室检测氮气与空气混气头（含氧量低于 18%并三次确认），关闭放空流程，并进行氮气和天然气置换；

⑳ 武汉分输站检测纯氮气，进行站内氮气置换；检测到天然气气头，进行站内天然气置换；

㉑ 整个置换过程中，氮气封存段柏家阀室、青峰阀室、白岩 RTU 阀室、小石坪阀室、高店子 RTU 阀室、沮漳河阀室只进行氮气与天然气头检测，长江 1 号阀室、长江 2 号阀室、王场阀室、苏家湾阀室、大坝村阀室、龙马阀室、庙坪阀室、椰坪 RTU 阀室、高家岭 RTU

阀室、南桥阀室、桑树河阀室、西河五队阀室、荆州分输站、南台子阀室、仙桃分输站、捞子湖阀室、中湾阀室进行氮气与空气混气头、纯氮气、氮气与天然气头检测，放空操作的阀室(红沙溪、清塘铺、沙子坡、碑坳、丹水、花垱子、鄢家咀、下麻港、西流、大咀阀室)进行氮气与空气混气头、纯氮气、氮气与天然气混气头、纯天然气检测，黄金清管站进行氮气与天然气头、纯天然气检测，利川压气站、恩施分输站、野三关清管站、宜昌分输站、枝江分输站、潜江压气站、武汉分输站进行氮气与空气混气头、纯氮气、氮气与天然气混气头、纯天然气检测；

㉒ 置换完毕后，武汉分输站进行放空点火，置换成功。

4. 站场置换

(1) 梁平分输站

置换前，梁平分输站出站阀 ROV104 及其旁通全关，发球筒 ROV105 及其旁通全关；当梁平-黄金清管站段氮气压力降至 0.02MPa 时，梁平分输站缓开 ROV105。

(2) 黄金清管站

置换前，进、出站阀门和收发球筒阀门全关，越站 ESDV121 及其旁通阀门全关；接到投产指令，全开越站 ESDV121 阀，并保持越站流程。

(3) 恩施分输站

置换前，越站阀门 ESDV121 及其旁通 BV102 全关，进站阀 ROV101 及其旁通全开，越站旁通 BV101 和越站放空 CV101 全开。

当在压力表 PG101 处检测纯氮气(含氧量低于 2%)后，关闭放空流程，全开越站阀门 ESDV121，并保持全越站流程。

(4) 枝江分输站

置换前，越站阀门 ESDV121 及其旁通 BV106、BV104 全关，进站阀 BV101、BV102 全关，越站旁通 BV105 和越站放空 CV101 全开。

当在压力表 PG101 处检测纯氮气(含氧量低于 2%)后，关闭放空流程，全开越站阀门 ESDV121，并保持全越站流程；

(5) 利川压气站、野三关清管站、宜昌分输站、潜江压气站

置换前，越站截断阀 ESDV121 及其旁通阀门全开，越站放空 CV101 全开，进、出站阀门和收发球筒阀门全关。

当在压力表 PG101 处检测纯氮气后(含氧量低于 2%)，关闭放空流程，全开越站阀门 ESDV121，并保持全越站流程。如图 8-13 所示。

(6) 武汉分输站

置换前，越站阀 ESDV121 及其旁通 CV101、BV102 全关，出站阀 ESD123 及其旁通阀门全关，发球筒阀门 ROV104 全关；越站放空阀 CV101 全开，进站阀门全开，站内流程通畅。

当在压力表 PG101 处检测纯氮气(含氧量低于 2%)后，进行站内氮气置换；检测到天然气气头，进行站内天然气置换；

5. 阀室置换作业

阀室置换简图如图 8-14 所示。

① 进行放空操作的阀室(红沙溪、清塘铺、沙子坡、碑坳、丹水、花垱子、鄢家咀、下麻港、西流、大咀阀室)：

置换前，越站截断阀 ESDV101 及其旁通全开，放空阀全开，去 TEG 的阀门全关，预留

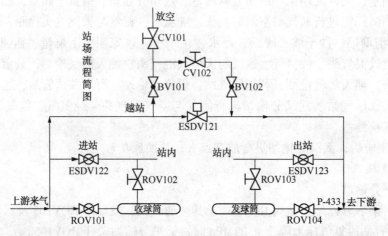

图 8-13　站场置换流程简图

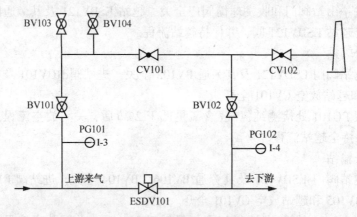

图 8-14　阀室置换简图

阀门全关；当在 PG101 处检测到空气氮气混气头，关闭 CV102。

② 置换投产时，不放空操作的阀室(柏家、青峰、王场、苏家湾、大坝村、龙马、白岩、小石坪、庙坪、椰坪、高家岭、南桥、桑树河、西河五队、南台子、捞子湖、中湾阀室)：置换前，越站截断阀 ESDV101 及其旁通全开，放空阀全开，去 TEG 的阀门关，预留阀门全部关闭；置换时，仅在 PG101 处检测，不进行任何操作。

③ 注氮封存管段下游的最后一个阀室起隔离作用的阀室：置换前，越站截断阀 ESDV101 及其旁通 BV102 全关，放空阀全关，去 TEG 的阀门全部关闭，预留阀门全部关闭；当接到指令后，全开越站截断阀 ESDV101 及其旁通 BV102，并在压力表 PG101 处检测。

五、升压作业

(一) 升压方法

干线梁平分输站-武汉分输站管道的升压采用逐步升高的方式，分三个阶段进行：

① 第一阶段：管道升压到 1.2MPa，进行全线稳压检漏作业；

② 第二阶段：管道升压到 4.0MPa，进行全线稳压检漏作业；

② 第三阶段：梁平分输站-武汉分输站管道升压到 7.8MPa，进行全线稳压检漏作业。

（二）升压步骤

升压前，在普光首站对净化厂来气进行气质检测，达到合格后方可进行升压作业；如气质超标（硫化氢>20mg/m³ 或二氧化氮>3% 或水露点>−15℃），则普光首站关闭进站阀门，停止升压。梁平分输站-武汉分输站升压共需 4787×10⁴m³ 天然气。

（三）升压方案

1. 方案一

采用清溪气井的天然气作为二期一投置换作业的气源，置换期间清溪气井向管道供气 50×10⁴m³/d，以维持置换期间一期管道 4.5MPa 运行压力；采用普光净化厂的天然气作为梁平-武汉管段升压气源；升压期间，不向下游用户供气。

在投产前调整一期管道的运行压力至 4.5MPa，此时川气东送一期管道管存为 634×10⁴m³。

表 8-1　方案一升压数据

升压	升压时间/d	稳压时间/h	升压所需气量/×10⁴m³	累计进气量/×10⁴m³	稳压期间一期管道压力/MPa
升压第一阶段（1.2MPa）	3.6	10	662	744	5.08
升压第二阶段（4.0MPa）	9.4	14	1750	1860	5.86
升压第三阶段（7.8MPa）	21.6	9	2375	2645	7.8

2. 方案二

采用清溪气井的天然气作为二期一投置换作业的气源，置换期间清溪气井向管道供气 50×10⁴m³/d，以维持置换期间一期管道 4.5MPa 运行压力；采用普光净化厂的天然气作为梁平-武汉管段升压气源；升压期间，普光净化厂开第一列联合装置即外输气量为 186×10⁴m³/d 时，不对达州化肥厂和四川维尼纶厂供气，外输气量全部对梁平-武汉管段进行升压，当普光净化厂供气量达到 437×10⁴m³/d 时，开始向四川维尼纶厂、达州化肥厂供气，销四川维尼纶厂 130×10⁴m³/d，达州化肥厂 100×10⁴m³/d，在普光净化厂停机检修期间停止向四川维尼纶厂和达州化肥厂供气。

在投产前调整一期管道的运行压力至 4.5MPa。

表 8-2　方案二升压数据

升压	升压时间/d	稳压时间/h	升压所需气量/×10⁴m³	累计进气量/×10⁴m³	累计销气量/×10⁴m³
升压第一阶段（1.2MPa）	3.6	10	662	744	0
升压第二阶段（4.0MPa）	9.4	14	1750	1860	0
升压第三阶段（7.8MPa）	27.9	10	2375	4852	2760

表 8-3　普光净化厂产销计划

时间/d	日外供商品气/（×10⁴m³/d）	备注
1~15	186	普光净化厂投产第一联合装置
16~30	0	停机检修15d
31~41	437	普光净化厂投产第一、二联合装置

第三节 川气东送管道投产过程混气规律

一、地形起伏对投产的影响

在实际情况中，由于高程差的存在致使管道站场存在一定压差。在二期一投管线站场中野三关输气高程为1112m，是全线站场中高程最高的站场，而碑垭阀室高程为1662m，是全线高程最高的阀室。

从图8-15~图8-18中可得出：

① 压力越高，由于高程差造成的压力差越明显；

② 高程差越大，压力差越大；

③ 压力越高，压力差线性性质越明显；

④ 由于输气量较低，气体输送的水力损失对管道沿线压力影响不是很明显，高程差引起的压力差起主导作用；

⑤ 在地形起伏较大的管道中，高程差会造成一定的压力起伏，甚至起点压力低于终点压力；

⑥ 从选取的数据看，当管道平均压力为0.5MPa时，武汉与野三关站场的压差为0.01MPa，所以当天然气置换时，由于高程差引起的压力差就更小，所以置换时产生的压力差是可以忽略的。

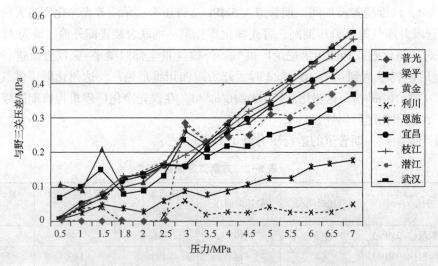

图8-15 不同压力下各站与野三关输气站压力差

川气东送管道梁平-武汉段地处鄂西山区，地形起伏很大，氮气-空气混气量以及天然气-氮气混气量并没有随着管线沿程高程的剧烈起伏而引起大幅增加，而且整个置换过程中置换速度没有因管线的起伏产生较大波动，但在地形起伏段纯氮气长度有所变小；平原地区混气段较为平稳。所以地形的起伏在投产置换过程中不会决定混气段的长度，对注氮量没有明显的影响。天然气管道投产置换过程中可以忽略沿线高程对投产产生的影响。

混气段的长短，不取决于沿线地形的变化，主要取决于气体的推进速度。当气体速度控制在3~5m/s时，混气段长度较小，一般不超过5km，当推进速度大于10m/s或小于3m/s

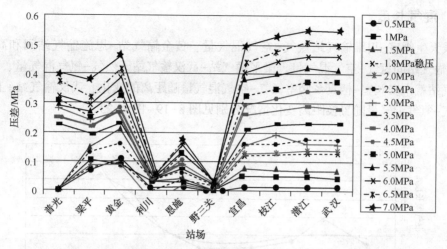

图 8-16　不同压力下全线与野三关输气站压力差

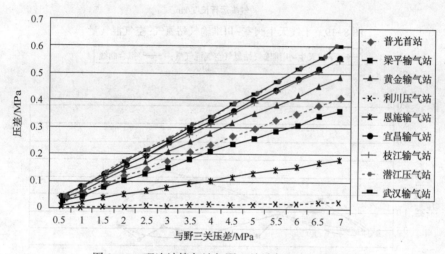

图 8-17　理论计算各站与野三关站各压力下的压差

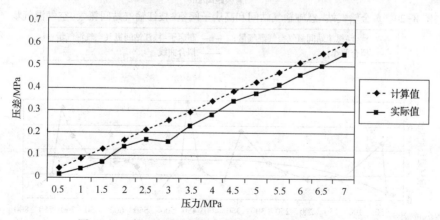

图 8-18　武汉输气站与野三关压差计算值与实际值比较

时，混气段将会明显增长。整个气推气投产过程中，大高程差对混气段并没有明显的影响，但在地形起伏段纯氮气长度有所变小；平原地区混气段较为平稳。

二、混气长度

干线天生阀室-川维输气站氮气-空气混气量、黄金输气站-恩施输气站间和高店子阀室-枝江输气站间氮气-空气混气量、梁平输气站-武汉输气站天然气-氮气混气量、刘如山-池州输气站就木安阀室-栖真乡阀室氮气-空气混气量随距离的变化、武汉输气站-上海输气站天然气-氮气混气量随置换距离变化情况分别见图8-19~图8-23。

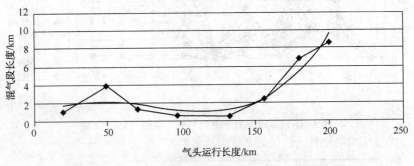

图8-19 干线天生阀室-川维输气站氮气-空气混气量

干线天生-川维输气站氮气空气混气量；—— 拟合曲线

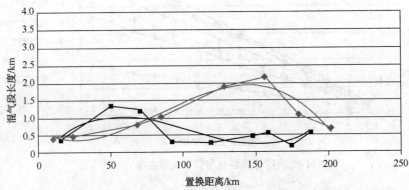

图8-20 黄金输气站-恩施输气站间和高店子阀室-枝江输气站间氮气-空气混气量

黄金-恩施站间氮气空气混气量；　高店子-枝江站间氮气空气混气量；
—— 拟合曲线；　　　　　　　　　—— 拟合曲线

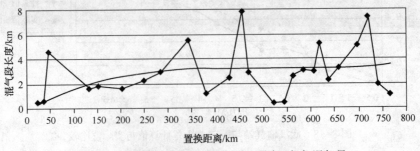

图8-21 梁平输气站-武汉输气站天然气-氮气混气量

天然气氮气混气量；　—— 拟合曲线

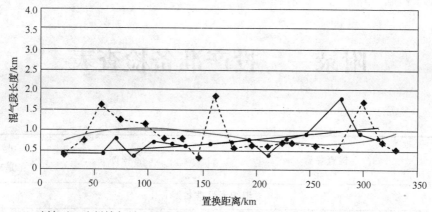

图 8-22　刘如山-池州输气站和木安阀室-栖真乡阀室氮气-空气混气量随距离的变化曲线

- - ◆ - - 刘如山-池州输气站氮气混气量；　　—●— 木安-栖真乡氮气空气混气量；
———— 拟合曲线；　　　　　　　　　　———— 拟合曲线

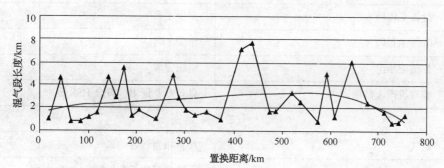

图 8-23　武汉输气站-上海输气站天然气-氮气混气量随置换距离变化曲线

—▲— 武汉-上海天然气-氮气混气量；　　———— 拟合曲线

从图 8-19~图 8-23 中可以得到：

① 沿线混气量与置换距离成正比关系，但是由于影响因素众多，混气段长度的增长率并不会随着投产距离成正比，而是投产置换管段距离愈长，混气段增长愈缓慢。

② 氮气-空气的混气量稍小于天然气-氮气混气量，主要是因为氮气与空气的物理性质比较接近，分子扩散以及对流运行比较缓慢，而天然气和氮气的物理性质相差比较大，混气量则多于氮气-空气混气量。

③ 由于枝江站阻火器被堵致使置换速度下降，相应的混气量也有所增加，尤其是天然气-氮气混气量，这说明在较小的速度下置换会增大置换混气量。

附录一　投产准备检查表

序号	检查要素	合格标准	是否合格（是√ 否×）
组织人员准备			
1	站长	至少1名	
2	副站长	至少1名	
3	自控工程师	至少1名	
4	设备工程师	至少1名	
5	电气工程师	至少1名	
6	各功能小组	组织完成	
7	参与投产人员培训	具备专业证书，符合HSE要求	
气源准备			
8	氮气	具备相当管容的氮气	
9	天然气	天然气气质符合标准	
规章制度及各系统投产方案			
10	管理制度、操作规程、工艺流程	粘贴或绘制上墙	
11	压缩机辅助系统投产方案	具备	
12	压缩机本体投产方案	具备	
记录表			
13	注氮参数记录表	已绘制完成	
14	天然气参数记录表	已绘制完成	
电气与防雷防静电接地系统			
15	与地方电力局签订供、用电协议	已签署	
16	检查站场防雷击装置	检查合格	
17	检查测试站场接地网的接地电阻	测试检查合格	
18	调试变频电机驱动系统	调试合格	
19	低压配电系统	正常工作	
20	MCC系统	安装调试完毕	

序号	检查要素	合格标准	是否合格 （是√ 否×）
21	UPC 系统	安装调试完毕	
消防与可燃气/火灾检测报警系统			
22	可燃气/火灾检测报警系统	安装调试合格	
23	当地部门验收检测报警系统	验收合格	
24	消防设施	配备齐全	
仪表、自控系统			
25	校验所有仪表	校验合格	
26	调试所有控制阀门	调试完毕	
27	压缩机组控制及保护系统	安装调试合格	
28	机组监控系统软件及站控软件调试	调试正常	
29	工业电视监控系统调试	调试、使用正常	
通信系统			
30	租用的公网有线通信系统	安装调试完毕	
31	临时及应急的通信手段	具备	
厂房系统			
32	厂房通风换气系统	合格	
33	厂房照明系统	合格	
34	厂房给水系统	合格	
35	厂房避雷接地系统	安装调试合格	
消防系统			
36	消防水系统投用可靠	验收合格	
37	消防道路畅通	畅通	
38	室内室外消防设备	配备齐全	
站场工艺条件			
39	站场工艺管网施工、清吹、试压	合格	
40	过滤分离器到压缩机进口法兰管段	无杂质无液滴	
41	压缩机进出口管线	无杂质无液滴	
42	压缩机热旁通回路管线	无杂质无液滴	
43	压缩机防喘回路管线	无杂质无液滴	
44	压缩机出口到密封气过滤器进口管段	无杂质无液滴	
45	空压机出口到机组各用气接口管段	无杂质无液滴	
46	油箱出口-油冷器-供油总管-回油汇管-油箱进口管段	无杂质无液滴	

序号	检查要素	合格标准	是否合格 （是√ 否×）
47	泵站出口-冷却器-泵站入口管段	无杂质无液滴	
48	设备编号	设备编号完成	
压缩机空气系统			
49	空压机系统的空气管道	安装探伤完毕	
50	管道连接阀门	安装完毕	
51	监测仪表	安装完毕	
52	储罐	安装完毕	
53	空压机撬	安装完毕、无缺陷，配件齐全	
54	空压机系统的管道试压、清扫	完成	
55	储气罐办理登记、使用许可	完成	
56	储气罐安全阀	校验合格	
57	压缩空气管路与各设备接口	正确连接	
58	空压机动力电供应	正常	
59	空压机系统各单体设备装置资料	齐全	
循环水冷却系统			
60	管道敷设、阀门、仪表、水处理设备	安装完毕	
61	循环冷却水系统的管道试压、清洗	已完成	
62	管道防腐和保温按标准规范制作完毕	校验合格	
63	软化水系统	已注满软化水	
64	循环水路与各设备接口	无泄漏	
65	循环水路连接单体用电设备	电力供应正常	
66	各单体设备装置资料	齐全	
润滑油系统			
67	润滑油系统清扫完毕	管道中无污物	
68	润滑油加注完毕	达到加装线	
69	所有电气线路接头	牢固、绝缘、无腐蚀	
70	管路无磨损，配件无损坏	管路接头无泄漏	
71	油位和油箱盖处用惰性气体冲洗	已完成	
72	润滑油系统连接单体用电设备	电力供应正常	
73	润滑油系统各单体设备装置资料	齐全	
干气密封系统			
74	隔离气供压	符合要求	
75	密封气供给到压缩机驱动和非驱动端	能正确供给	

序号	检查要素	合格标准	是否合格 （是√ 否×）
76	管路无磨损、配件无损坏、接头无泄漏	合格	
77	干气密封、隔离气密封管线	吹扫干净	
压缩机空冷系统			
78	各连接处牢固，螺丝拧紧	合格	
79	电机周围无杂物	合格	
80	电机轴承润滑脂加足	合格	
81	电机接地线接触良好	合格	
电气系统			
82	变电所的主接线图、二次部分的接线图	具备	
83	阻尼柜、隔离变压器、变频器、滤波器、电机的系统设计及安装图纸	具备	
84	电机参数资料及等效图	具备	
85	设备随机资料及设备操作手册	具备	
86	调试投运期间的数据记录表格	具备	
87	变电所已送电，高低压配电系统工作正常	合格	
88	微机综保系统工作正常	合格	
89	开关柜、滤波器安装、检查、单调、联调完成	完成	
90	变频器、电机、UCP 的联调完成	完成	
91	电机 24h 空载测试完成	完成	
92	电机带载测试完成	完成	
自控系统			
93	资料及安装图纸	具备	
94	设备随机资料及设备操作手册	具备	
95	控制功能说明及控制逻辑图	具备	
96	UCP 系统接线图和 I/O 点表	具备	
97	工艺管道仪表流程图	具备	
98	自控系统、通信、消防报警系统图纸资料	具备	
99	电气系统调试完成	调试合格	
100	站内工艺管网及机组上仪表安装完毕	调试合格	
101	机组监控系统软件及站控软件调试完毕	功能具备，监控正常	
102	压缩机组控制及保护系统	调试合格	
103	PLC 系统机柜及硬件设备	安装到位	
104	站控 HMI 系统设备	安装到位	

序号	检查要素	合格标准	是否合格 （是√ 否×）
105	电气系统 UPS 设施	安装到位	
106	SCS 应用软件组态和操作员计算机显示画面完整、准确	满足要求	
107	接地系统检查测试	测试合格	
108	可燃气、火焰、感温、感烟探头	安装到位	

附录二　方案编制

一、天然气长输管道投产试运方案编制指南

1. 投产试运方案的编制要求

投产试运方案的编制应以相关法律、标准、规范、规定等强制性文件，管道设计资料文件，管道投产有关会议文件和要求等为依据制编方案。

应明确方案编制的对象和范围。

方案编制遵循"安全第一、试运平稳、技术适用、成本控制"的原则。

2. 方案的内容

应至少包括以下内容：

——管道工程概况简介

——编制依据

——投产试运组织机构、职责

——投运的必要条件

——各系统调试方案

——注氮作业

——置换升压作业

——投产期间 HSE 管理要求

——保驾维抢修要求

——应急预案

——附件

3. 方案编制导则

（1）管道工程概况

工程总体概况，描述线路走向；沿途地形、地貌、气候；重要穿、跨越；主要设计参数；特殊点的位置及高程；线路走向图及线路纵断面图；场站、阀室分布表；管道防腐等情况。

场站工程概况，描述场站设置，包括位置、数量、类型、功能、主要输气设备等情况。

仪表自动化系统概况，应包括自动化系统主要功能、控制水平、主要设备配置等内容。

通讯系统概况，应包括主备用通信方式、主要通信设备配置等内容。

电气系统概况，应包括场站、阀室电压等级、供电方式、主要输配电设备配置等内容。

阴保系统概况，应包括阴极保护方式、阴极保护站设置、主要阴极保护设备配置等内容。

消防、供热、给排水等相关系统概况，应包括消防功能简介、主要消防设施配置等内容。

主要设备配置及工艺参数，应包括压缩机组、气液联动阀、调压撬等主要设备配置及工艺参数。

基础数据，应包括天然气组分、天然气水露点和烃露点、地温、气温、重要穿跨越列表等内容。

（2）编制依据

编制依据应报告：

——国家法律、法规

——国家相关规范、行业标准

——上级有关文件

——设计文件

——天然气供、输、销及供电、供水、供气、通信协议（合同）

——与投产试运有关的文件，如投产方案审查会会议纪要等。

（3）投产试运组织机构

投产试运组织机构应明确投产组织机构框图、投产人员、现场职责等。

（4）投产试运的必要条件

投产试运的必要条件应包括：

——工程必备条件

——生产准备条件

（5）各系统调试方案

各系统调试方案应包括：

——电气系统调试投运方案

——消防系统调试投运方案

——通信系统调试投运方案

——自控系统调试投运方案

——工艺设备调试投运方案

——阴保系统调试投运方案

（6）注氮作业

注氮作业应包括：

——注氮量及氮气封存区

——注氮作业计划

——注氮作业技术要求

——注氮作业注意事项

——注氮作业参数记录

——注氮置换过程检测

——注氮作业操作实施

（7）天然气置换升压及试供气

天然气置换升压及试供气应包括：

——置换升压作业基本思路

——天然气置换升压气源及要求

——置换升压作业实施程序

——天然气置换作业流程

——天然气置换作业检测及实施要求

——站场/阀室置换作业实施

——置换作业氮气–空气混气头及天然气–氮气头时间预测

——升压及稳压检漏作业

——带压负荷调试

——气量匹配预测

——试供气

（8）投产试运 HSE 管理要求

投产试运 HSE 管理要求应包括：

——投产试运 HSE 管理体系

——安全措施及要求

——环境保护措施

——医疗救护措施

——进场教育及培训

——对站场、阀室及设备的要求

——对车辆及消防的要求

——投产期间管道巡护管理暂行规定

——保运维抢修工作要求

（9）应急预案

应急预案应包括：

——可能出现的事故

——各类事故应急抢险方案

（10）方案的附件

应至少包括以下内容：

——场站、阀室工艺流程图；

——管道线路走向图；

——投产准备及应具备的条件；

——投产时间安排表；

——投产期间人员通信联系表；

——投产所需主要物资、工器具、备品备件表；

——投产前条件确认检查表；

——投产试运数据记录表。

二、天然气长输管道投产总结报告编写纲要

1. 管道投产工程概况

简要说明该投产管段工程概况，投产情况及意义。

2. 投产实施情况

（1）生产准备工作总结；

（2）投产试运组织情况；

（3）投产试运工作实施完成情况；

（4）投产实施内容与原投产方案或核准内容有较大变更或调整的情况说明；

（5）投产投资节约或超支情况及原因分析。

3. 项目建成投产后的效果

（1）技术进步情况（投产前后企业新增生产能力或企业生产纲领的变化情况，产品质量、技术水平变化情况，新工艺、新设备、新材料推广应用情况。）

（2）管道投产前后的经济效益情况（用数据说明），预计年新增产值及利税。

（3）管道投产后的社会效益（包括对环保、就业的贡献情况）

4. 投产所取得的经验

（1）投产组织及管理方面的经验

（2）投产技术方面的经验。

5. 投产中存在的问题及建议

（1）投产过程发现的问题及解决办法

（2）建议。

6. 投产水平总体评价

参 考 文 献

［1］ 宋军．浅析我国长输管道概况及胜利油田管道安全管理现状［J］．当代青年月刊，2015，(3)：28.

［2］ 潘家华．西气东输工程［J］．油气储运，2002，3(3)：1-4.

［3］ 程志辉，王群，杨树鑫．国产化天然气长输管道压缩机组的应用［J］通用机械，2016，(3)：29-31.

［4］ 赵京艳，葛凯，褚晨耕，李积科．国产天然气压缩机应用现状及展望［J］安全与管理，2015，35(10)：151-156.

［5］ 蒲丽珠．天然气管道投产过程中混气规律的研究［D］．西南石油大学，2014.

［6］ 章申远．国外输气管道建设［J］．天然气与石油，2000，18(4)：1-10.

［7］ 朱喜平，杨英忠．长输天然气管道投产技术［J］．油气储运，2009，28(8)：63-66.

［8］ 孟祥启，彭顺斌．长输管道的试压［J］．油气储运，2008，27(9)：50-54.

［9］ 周玲．长输管道的清管、测径、试压技术［J］．石油化工建设，2002，24(1)：37-38.

［10］ 向波．长输天然气管道试压研讨［J］．天然气与石油，2002，20(4)：1-6.

［11］ 于晓民．浅谈长输管道试压与清通技术［J］．安装，2005，(7)：29-31.

［12］ 陈胜男．浅谈新建天然气管道的干燥技术［J］．商品与质量，2010，(4)：107-108.

［13］ 苏欣，黄坤等．国内外天然气长输管道干燥技术，油气储运，2006，25，(1)：1-4.

［14］ 邱青原．天然气长输管道气体置换分析［D］．西安石油大学，2015.

［15］ 吴凤芝，张火箭，屠明刚．清管作业在天然气管道上的应用［J］．中国新技术新产品，2010，(11)：56-57.

［16］ 刘刚，陈雷，张国忠等．管道清管器技术发展现状［J］．油气储运，2011，30(9)：646-653.

［17］ 褚云恒．浅谈天然气管线清管技术［J］．中国石油石化，2016(z1).

［18］ 朱喜平．天然气长输管道清管技术［J］．石油工程建设，2005，31(3)：12-16.

［19］ 刘雪梅，谢英等：输气管道气体置换方案的比较及应用，油气储运，2008，27(1)：47- 50.

［20］ 曾学军，张鹏云，武喜怀，等．天然气长输管道氮气隔离法投产置换工艺研究［J］．石油工业技术监督，2006，22(8)：24-28.

［21］ 刘雪梅，谢英，袁宗明，等．输气管道投产安全的探讨［J］．天然气与石油，2007，25(4)：11-14.

［22］ 陈莉，寇振夺．天然气管道安全置换方法的探讨［J］．煤气与热力，2010，30(11)：17-21.

［23］ 张青勇．从川气东送管道工程投产探讨天然气长输管道投产工艺［J］．石油与天然气化工，2011，40(1)：90-94.

［24］ 刘良生，刘建臣．西气东输东段管道投产过程中应注意的几个问题［J］．石油规划设计，2003，14(5)：59-60.

［25］ 蒲丽珠．天然气管道投产过程中混气规律的研究［D］．西南石油大学，2014.

［26］ 李长俊．天然气管道输送［M］．石油工业出版社，2008：187.

［27］ QSY GDJ 0356—2012 天然气管道试运投产技术规范．

［28］ 刘雪梅，谢英，袁宗明等．输气管道投产安全的探讨［J］．天然气与石油，2007，25(4)：11-14.

［29］ Bansal J S, Bhattachrya A. Simple solutions to flange leakage［J］. Hydrocarbon Processing, 2005, 84(5)：55-57.

［30］ 刘润刚，杨海军．新阀门投产前的预维护［J］．油气储运，2009，28(07)：69-72.

［31］ 郝晓东．海上油田开发项目电气系统调试［J］．科技创新与应用，2012，(15)：25-26.

［32］ Huber, Jim. Commissioning electrical distribution systems［J］. Consulting-Specifying Engineer, 2010, 47(3)：32-38.

［33］ 王金星．浅谈蓄电池的使用与维护［J］．科技创新与应用，2014，(28)：140.

［34］ 伍家骏．火灾自动报警系统设计［D］．大连海事大学，2012：19.

［35］ 李兆玉．长输管道 SCADA 系统简介［J］．中国石油和化工标准与质量，2016，0(11)：88-89.

[36] Mackie K. Characterizing Performance of Enterprise Pipeline SCADA Systems[J]. Pipeline & Gas Journal, 2014, 241(8): 97-101.

[37] 刘洪彬. 长输油气管道 SCADA 系统应用与研究[D]. 厦门大学, 2013: 54-56.

[38] 刘居江. 离心式压缩机控制系统及轴监控仪表安装调试方法[J]. 石油化工自动化, 2004(4): 25-31.

[39] 刘培军. 天然气管道压缩机站投产试运应注意的问题[J]. 油气储运, 2008, (07): 51-53.

[40] 谭力文, 敬加强, 戴志向, 等. 天然气管道氮气置换工艺参数的确定[J]. 石油规划设计, 2007, 18 (5): 43-45.

[41] 陈传胜, 敖锐, 姚琳, 等. 大口径, 高压力长输天然气管道的投产技术[J]. 油气储运, 2013, 32 (5): 469-473.

[42] 张青勇. 从川气东送管道工程投产探讨天然气长输管道投产工艺[J]. 石油与天然气化工, 2011, 40 (1): 90-94.

[43] 朱喜平, 杨英忠, 等. 长输天然气管道投产技术. 油气储运, 2009, 28(8): 63-66, 72.

[44] 邱青原. 天然气长输管道气体置换分析[D]. 西安石油大学, 2015.

[45] 白忠涛, 王福文, 董文章. 长输天然气管道氮气置换技术[J]. 油气田地面工程, 2008, 27(8): 42-43.

[46] 张鹏云. 输气管道气体置换混合长度变化规律研究[J]. 油气储运, 2007, 26(11): 38-40.

[47] 蒲丽珠. 天然气管道投产过程中混气规律的研究[D]. 西南石油大学, 2014.

[48] 郭小龙, 刘茂龙, 白博峰. 管道气体置换混合长度变化规律研究[C] // 2007 多相流学术会议. 2007: 22-25.

[49] 张翼. 山区起伏天然气管道投产混气规律研究[J]. 建筑工程技术与设计, 2016(4).

[50] 蒲丽珠, 陈利琼. 投产期间升压阶段的划分方法[J]. 科技创业家, 2013, 17: 126.

[51] 朱喜平. 长输天然气管道投产技术. 油气储运, 2009, 28(8): 63-66.

[52] 刘建新, 李刚川. 川气东送管道江西支线的投产置换[J]. 油气储运, 2011, 4: 276-278.

[53] GB50369—2006 油气长输管道工程施工及验收规范[S].

[54] 冯亮. 天然气管道投产充压时间的预测[J]. 油气储运, 2016(01): 59-62.

[55] Q/SY GDJ 0356—2012 天然气管道试运投产技术规范[S].

[56] 陈利琼. 油气储运安全技术与管理[M]. 石油工业出版社, 2012: 1-3.

[57] 王保群, 赵永强, 王小强等. 长输天然气管道冰堵治理与案例分析[J]. 石油规划设计, 2015, 26 (5): 22-25.

[58] Koren′Kov V A, Morozov G A, Nikolaev A F, et al. Experience with use of ice-cutting machines for preventing ice-jam formation[J]. Power Technology and Engineering, 1975, 9(2): 174-179.

[59] 张圣柱. 油气长输管道事故风险分析与选线方法研究[D]. 中国矿业大学(北京), 2012: 27.

[60] Peng Z, Wang D, Tian J. Influence of undulating terrains on operation conditions of condensate gas gathering lines[J]. Natural Gas Industry, 2013, 33(8): 108-113.

[61] 李思惠. 液化气、天然气及煤气中毒的诊断与治疗. 中华全科医师杂志, 2005, 4(11): 652-655.

[62] 潘永东, 刘玉祥, 魏红霞. 天然气输送管道清管器接收装置火灾爆炸事故危害及预防. 石油化工安全环保技术, 2016, 32(4): 24-26.

[63] 邱青原. 天然气长输管道气体置换分析[D]. 西安石油大学, 2015: 30.

[64] 付钰婧. 榆林-济南管线投产方案研究[D]. 西南石油大学, 2014: 53-55.

[65] 丁玲. 天然气长输送管道危险应急管理行动方案研究. 全文版: 工程技术, 2016, 0(1): 80.

[66] 郭涵忠. 天然气输气站场风险分析和应急管理[D]. 华南理工大学, 2012: 50-51.

[67] 卢彦博. 川气东送管道的应急处置技术研究[D]. 西南石油大学, 2013: 42.

[68] 吕希权. 天然气输气站场的风险管理[J]. 文摘版: 工程技术, 2016(2): 59.

[69] 张国军, 高志国, 申龙涉等. 天然气管道泄漏爆炸事故风险分析[J]. 辽宁石油化工大学学报, 2012, 32(3): 68-71.